魚たちの愛すべき知的生活

何を感じ、何を考え、どう行動するか

ジョナサン・バルコム
桃井緑美子 訳

What a Fish Knows
The Inner Lives of Our Underwater Cousins
by JONATHAN BALCOMBE

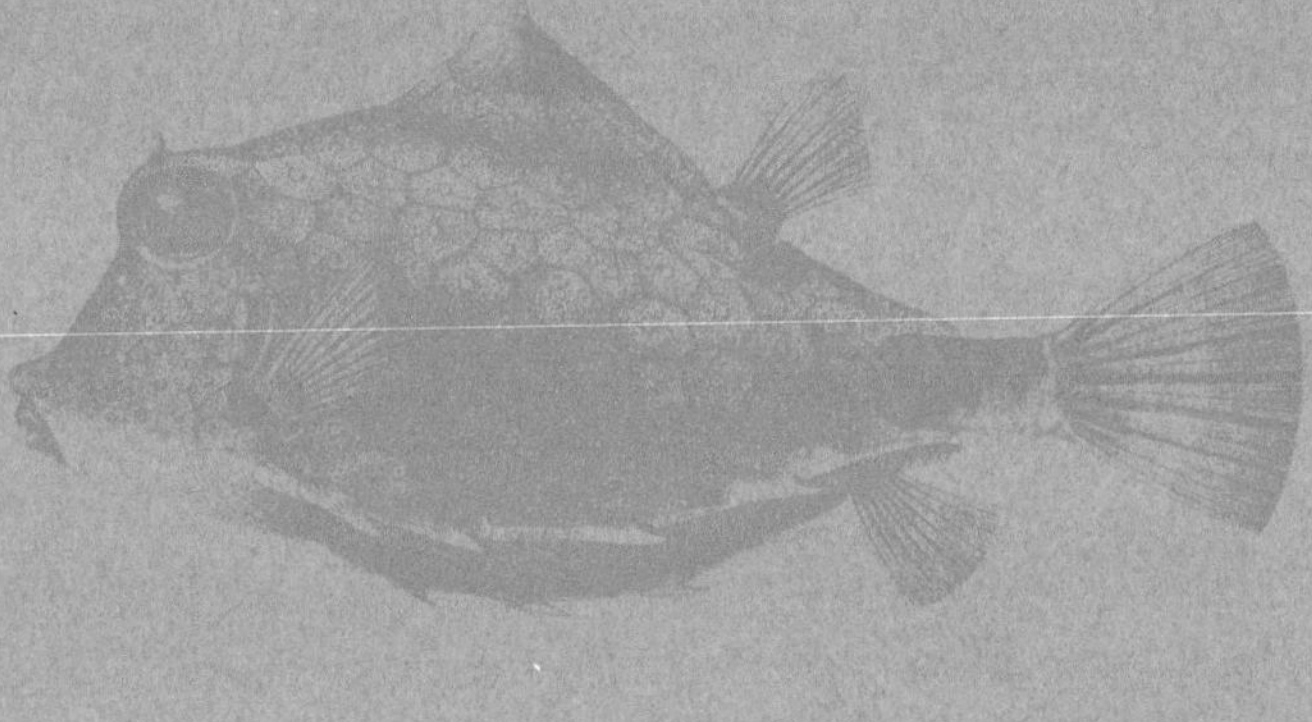

白揚社

1　いかにも得体が知れないといった雰囲気のクロアンコウ。深海の巨大な怪物のように見えるが、このアンコウが体長20センチになることはめったにない。光る誘引突起で何も気づいていない獲物をおびき寄せる。

2　たのしさは役立つ行動をする動機になる。イトマキエイがジャンプする理由は正確にわかっていないが、たのしいからしていると一部の科学者は考えている（メキシコ、オアハカ州）。Aaron Goulding Photography

---

3　ピンク色のクマノミがカメラマンを見つめる。いつものイソギンチャクの家に隠れているから安心だ。© Mary P. O' Malley

4　手のない魚には使える道具が限られている。岩を金床のかわりにして貝を割るグレートバリアリーフのシロクラベラ。Scott Gardner

5　日本の南の海で、小さいフグが何時間もかけてつくった円形の巣。中央の円の左上に見えているのが建築主のオスだ。© Yogi Okata / Minden Pictures

6　マラウィ湖のシクリッドの母親は安全を確かめてから、口内保育中の子供たちを口から出す。
© Georgette Douwma / Minden Pictures

7　口を開けてホンソメワケベラに口内のチェックと掃除をさせているムスジコショウダイ。
© Fred Bavendam / Minden Pictures

8　捕食性のハタは体をふるわせたり、頭で指したりしてウツボを狩りに誘う。地中海で。
© Reinhard Dirscherl / Minden Pictures

9　多くの魚が求愛行動をする。カリブ海のバードハムレットのペアはお熱い仲だ。
© Alex Mustard / Minden Pictures

10　絶滅危惧種のアマノガワテンジクダイは観賞魚として人気があり、インドネシアからアメリカやヨーロッパへ輸出される。© Nicolas Cegalerba / Minden Pictures

11　モザンビークのエビ漁でトロール網にかかったエビと混獲物。たくさんの幼魚も混獲の犠牲になる。© Jeff Rotman / Minden Pictures

12　インドネシアのラジャ・アンパット諸島の外洋で撮影されたこのパープルビューティーのように、ほとんどの魚は人間よりも可視スペクトルが広い。
© NPL / Minden Pictures

13　魚は個体認識をする。ニセネッタイスズメダイは紫外線が見えるのでおたがいの顔の模様を見分けられる。この 2 枚の写真は同じ魚を撮影したもので、右が紫外線写真。
Ulrike Siebeck, University of Queensland, Australia

14　モンダルマガレイがカムフラージュの技を披露する。この 4 枚の写真は同じ魚を数分置きに撮影したものだ。右下の最後の写真では、すっかり砂に埋もれて目しか見えない。

15　タリ・オヴェイディアと9才の淡水フグ、ファハカのマンゴーがじっと見つめあう。
Corky Miller

16　クリスティーナ・ゼナトがすっかり彼女を信頼しているサメをやさしくなでてリラックスさせている（写真は3匹のペレスメジロザメ）。サメの体をチェックして、口に刺さった釣り針をとってやることもある。
Victor Douieb

17　顔なじみのダイバーになつく魚もいる。キャシー・アンルーになでてもらってよろこんでいるのは、ラリーと名づけられたハタ。

18　テッポウウオは、仲間のすることを観察し、練習を重ねることで射撃の腕を上げていく。
© Kim Taylor / Minden Pictures

名もなき無数のものたちへ

魚たちの愛すべき知的生活　目次

◉〔　〕で示した個所は翻訳者による捕捉です。

◉『　』で括った書名のうち、邦題のないものは原題を初出時に併記しています。

はじめに

八歳のときのこと、わたしはトロントの北の湖畔で催されたサマーキャンプに参加して、監督者のネルソンさんと一緒にアルミ製のボートに乗り込んだ。ネルソンさんが四〇〇メートルくらい漕いでボートを浅い入り江に出し、それから二時間くらい二人で釣りをした。穏やかな夏の夜、水面は鏡のように静かだった。小さいボートに乗るのは初めてで、かすかに波立つ暗い水の広がりに浮かんだわたしは胸がわくわくした。足の下にはどんな生きものがひそんでいるのだろう？　木の枝に糸と針をつけただけの簡単な釣竿がピクンと動く。魚が餌に食いついた合図だ。そのたびに胸はいっそう高鳴った。

その日、わたしは一六匹の魚を釣った。放してやったのもある。バスとパーチの何匹かは翌日の朝食のためにとっておくことにした。汚れ仕事はネルソンさんがすっかりやってくれた。のたうつ虫を針につけたり、魚の口から針をはずしたり、魚の頭にナイフを刺して息の根を止めたり。そういうことをしているとき、ネルソンさんはへんに顔をしかめている。気持ち悪いのか、さもなければ作業に熱中して自分で気がついていないのだろうとわたしは思っていた。

　あのときのことはなつかしい思い出だ。しかし、動物好きの多感な少年に成長していくにつれて、わたしはあの日ボートに乗って見たいろいろなことが気になってしかたがなくなった。餌にした虫のことを気に病んだ。大きく目を見開いていた魚は、肉のうすい顔からなかなかはずれない針を抜いたとき、痛かったのではないかと心配になった。ナイフを刺してもまだ生きていた入り江の「主」は、ボートからつり下げた金属製のかごのなかでゆっくりと死んでいっただろう。だが、ボートにすわっていたあの親切な男性は、悪いことをしていると思っているようには見えなかったから、気になどしなくてよいのだとわたしは思った。それに翌朝食べた生きのよい魚の味は、前夜に感じた不安をうすれさせ、あとにはもやもやしたものがかすかに残るばかりだった。

　子供時代に冷血の友の扱いのことで良心が咎《とが》めたのはそのときだけではない。トロントの小学校の四年生のとき、わたしを含む数人の生徒が教室の備品を隣の部屋へ移動させる手伝いを頼まれた。備品のなかにガラスの金魚鉢もあって、なかに金魚が一匹だけいた。金魚鉢は四分の三くらい水が入っていて重かった。友だちがぞんざいに扱うといけないと思い、わたしは隣の部屋の流しのわきまで自分が運ぶことにした。

　それなのに、なんてことだ。

　子供の小さい手で金魚鉢をしっかり持ち、気をつけてそろそろとドアを抜け、廊下を通って隣の部屋へ入ったまではよかった。ところが目的の場所に慎重に近づく途中で、どうしたことか手がすべってしまったのだ。金魚鉢は床に落ちて粉々に割れた。あっと思ったその瞬間は、まるでスローモーションのようだった。ガラスの破片が飛び散り、床に水がぶちまけられる。わたしは茫然《ぼうぜん》として立ちつくした。わたしより先にわれに返った友だちがモップをひっつかんでガラスと水を隅に寄せ、それから四人で金魚を探した。どこにもいない。まさか！　天国へ運び去られてしまったのか？　やっと誰かが見つけた。温水ヒーターのうしろで跳ねて放熱板に乗っかってしまっていたのだが、床から五センチの高さのところだったのでまったく目に入らなかったのだ。金魚はまだ生きていて、力なく口をパクパクさせている。大急ぎですくって水道水を入れたビーカーに放してやった。きっと無事だったといまも思っている。

金魚事件は四〇年後のいまも鮮明に憶えているほど記憶に深く残っているにもかかわらず、そのあと魚への共感がとくに深まることはなかった。なるほどわたしは釣りを好きにはならなかった。ネルソンさんに連れられて行ったあとは多少その気になっていたが、いざ餌をつけたり針を抜いたりする段になると、その気持ちもしぼんでしまった。それでもスタージョンベイで無造作に釣り上げたパーチとバス、あるいはエディスベイル小学校で床に落としてしまったかわいそうな小さい金魚、あるいは家族でマクドナルドへ行って食べたフィレオフィッシュにされた名もない魚を結びつけて考えることはなかった。あれは一九七〇年代後半、マクドナルドが「一〇億個以上を売った」と鼻高々だったころだ。何を一〇億個なのか、鶏なのか魚なのか。ひょっとするとマクドナルドがはっきりいわなかったのは、考えてみてごらん、ということだったのか。だが、北米の文化では誰でもそうであるように、わたしも自分の昼食になった生きものがその前は生きて呼吸をしていたことに、おめでたくも思いをめぐらすことはなかった。

そうでなくなったのは一二年後のことだ。生物学の学士号を取得しようとしていた大学の最後の年に魚類の授業を取り、生きものと自分との関係を真剣に考えるようになった。一方では魚の多様な形態と適応に夢中になりながら、もう一方ではさっきまで生きていたぐったりした死骸を解剖顕微鏡と分類学の手引書を使って分類していく作業に心がかき乱された。あるとき授業でロイヤルオンタリオ博物館へ行き、カナダの一流の魚類学者に魚類の展示を案内してもらったことがある。その途中で、彼は大きな木箱の鍵を開けてなかを見せてくれた。油性の保存剤に浮いていたのは大きなレイクトラウトだった。一九六二年にアサバスカ湖で捕らえられたその魚は、四七キログラムの最大重量記録をもつ。こんなに大きく、よく太っているのは、不妊のせいでホルモンのバランスがくずれたためと考えられるという。通常なら卵を産むための仕事に惜しみなくそそがれるはずのエネルギーが、体の大きさのほうへいってしまったのだ。

わたしはその魚がかわいそうになった。それまでに見たほとんどの魚と同じように、彼女も名がなく、どんなふうに生きていたのか誰にも知られていない。木箱に収められるよりももっと威厳ある葬られ方をされるべきだと思った。暗い箱のなかで化学薬品にまみれて何十年も浮かんでいるよりも、食べられて食物連鎖でほかの生きものの体をめぐったほうがましだ。

魚の多様性、生態、多産性、生存戦略——魚に関する本は非常にたくさん書かれている。また、釣りの本や雑誌も本棚がいくつも埋まるほどある。だが、魚の側に立って書かれた本はこれまでない。絶滅のおそれのある動物の窮状や魚類の乱獲を非難する保護活動家の訴えのことをいっているのではない（「乱獲」という言葉が、行き過ぎなければ搾取は許されると認めるものだということにお気づきだろうか。動物を「資源」というのも、小麦のような、ただ人間に供給されるだけが目的の商品として扱うことになる)。この本のねらいは、これまではできなかったやり方で魚に発言の機会をあたえることにある。動物行動学、社会生物学、神経生物学、生態学の各分野が大きく進歩したおかげで、わたしたちはいま、魚は世界をどう見ているのか、魚はどのように世界を知覚し、感じ、経験するのかがこれまでよりも深く理解できるようになったからである。

本書執筆の準備中に、わたしは人々の個人的な体験談を科学にまぶしてみようと思い立った。読み進めていただくなかでそのいくつかをご紹介しよう。個人が見たこと、感じたことは科学的な根拠がほとんどないが、科学がまだ明かしていない動物の能力について洞察をもたらしてくれる。そして、人間と動物の関係をいま一度、今度はもっと深く考えてみようと思うきっかけをあたえてくれるものだ。

本書が探ろうとしているのは、単純だが深い意味のある可能性である。単純な可能性とは、魚*は儲けのためとか娯楽のためといった人間本位の価値を押しつけてよい存在ではなく、個としての彼ら本来の価値をもって生きる存在だということだ。深い意味とは、魚は倫理をもって考えるべき対象の範疇に入る生きものだということである。

なぜそうしなければならないのだろう? 理由はおもに二つある。第一に、魚は地球の脊椎動物

*英語では複数の魚に複数形を使わない。二匹だろうと一兆匹だろうと、まるでトウモロコシの粒のようにひと塊にしてすませている。わたしはこの生きものに性格と個性、社会関係があることを認めて、「s」をつけた複数形で表わしたいと思うようになった。

のなかで最も搾取されている（乱獲されている）こと、第二に、魚類の知覚能力と認知能力に関する科学が進歩し、わたしたちが魚をどう考え、どう扱うかについてパラダイムシフトが起こってよい時期にきていることである。

いったいどれだけ搾取されているのだろうか。著述家のアリソン・ムードは、国連食糧農業機関（FAO）による一九九九年から二〇〇七年の漁業漁獲量の統計にもとづいて、人間に殺される魚類の数を年間一兆匹から二兆七〇〇〇億匹と推計している。* 兆という数がどれだけの量かを把握しやすく言い換えると、一匹の体長を一ドル札の幅（約一五センチ）として魚をならべていったときに、太陽まで行って帰ってきて、まだ二〇〇〇億匹あまるのである。

ムードの推計値は通常とは違っている。ふつうは人間が犠牲にした魚が個体数で表わされることはないからだ[1]。つまりFAOは二〇〇〇年の商業漁業の漁獲量を一億トンと、重量で算出しているのである。一方で、個体の死亡数で表わした例も数は少ないながらあり、たとえば魚類生物学者のスティーヴン・クークとイアン・カウクスの二〇一四年の推計値[2]によると、世界中で年間四七〇億匹の魚が娯楽としての釣りで釣り上げられ、その三六パーセント（約一七〇億匹）が殺され、残りが海に返された[3]。そこで商業漁業の漁獲量一億トンを個体数に換算してみると、一匹平均の重さを〇・六三五キログラムとして、一五七〇億匹ということになる。

しかし、ある研究が指摘するところによると、世界の漁獲量に関する公式の統計値（すなわちFAOの算出した数値）は、小規模漁業や違法漁業、廃棄された混獲物などを計算に入れていないため、過去六〇年間にわたり半分を超える程度にしか見積もられていないという[4]。

いずれにせよ、どのような切り口から見ようと莫大な量であることに変わりはなく、しかも魚たちは安楽に死んでいったわけではない。商業漁業で獲られた魚のおもな死因は、水から揚げられたための窒息、減圧、巨大な網で一緒に引き上げられたほかの魚の重量による圧迫、陸での内臓処理なのである。[5]

どの推計値をとるにしても、こうしたためまいのしそうな数字は、一匹一匹の魚が生物《バイオロジー》であるばかりでなく、個人史《バイオグラフィー》のある固有の存在であることを覆い隠してしまう。マンボウ、ジンベイザメ、マンタ（オニイトマキエイ）、レオパードグルーパーは見た目もはっきり違うが、中身もそれぞれの個性をもつ一個の命なのである。それこそが人間と魚の関係を変えねばならない理由だ。よく一粒一粒の砂にというが、それと同じように一匹一匹の魚にほかにはない個性がある。ただし魚は砂と違って生きものだ。その違いは途轍《とてつ》もなく大きい。魚が意識をもつ固有の存在であることが理解できれば、魚との新しい関係をはぐくんでいくことができるだろう。作者不詳の永遠に色褪せないこんな言葉がある。「ほかの何も変わらなくても、わたしが変わればすべてが変わる」[6]

＊ムードの推計値には、娯楽としての釣り、違法漁業、混獲によって釣られた魚のほか、網から逃げたあとで死んだ魚、投棄された漁具による「幽霊漁業」で死んだ魚、漁師が餌として使用したが記録されていない魚、魚およびエビの養殖に使われた（記録のない）魚は含まれていない。

I

誤解されている魚たち

われらは探検を已《や》めることなし、
すべてわれらの探検の終わりは
われらの出発の地に至ること、
しかもその地を初めて知るのだ。

——T・S・エリオット[1]（岩崎宗治訳）

わたしたちは普段、なんの気なしに「魚」といっているが、ひと口に魚といっても、それはもう千差万別、多種多様な魚がいる。最大にして最もよく参照される魚類のデータベース〈フィッシュベース〉には、二〇一六年一月現在で三万三二四九種の魚が六四目五六四科に分類されて記載されている。[2]この三万三二四九種という数は、哺乳類、鳥類、爬虫類《はちゅうるい》、両生類を合計したよりも多い。ただ「魚」といっただけで、地球の脊椎動物の既知種のうち六割をさしていることになるのだ。[3]

現在、魚のほとんどは二つの大きなグループに分けられる。硬骨魚類と軟骨魚類である。硬骨魚類（正式には硬骨魚綱という）は魚類の大部分が相当し、サケ、ニシン、バス、マグロ、ウナギ、カレイ、キンギョ、コイ、カワカマス、ミノウといったおなじみの魚を含む約三万一八〇〇種がこのグループに含まれる。もう一方の軟骨魚類（同じく軟骨魚綱という）は約一三〇〇種で、サメ、エイ、ギンザメの仲間がここに属する（ギンザメを別のグループに分ける分類もある）。どちらの綱の魚も、陸生の脊椎動物と同じく一〇の器官系で体が成り立っている。[4]骨格系、筋（肉）系、神経系、心臓血管系、呼吸器系、感覚系、消化器系、生殖器系、内分泌系、排泄系である。このほか三つめに無顎類という小さいグループがあり、約一一五種のヤツメウナギとヌタウナギのことをいう[5]。

脊椎のある生物は、魚類、両生類、爬虫類、鳥類、哺乳類の五つに分類されている。しかし、この分類は便宜的なものであって、厳密にはそうではない。ここには魚類の根本的な区別が表わされていないからである。硬骨魚類と軟骨魚類のあいだには、少なくとも分岐系統上は哺乳類と鳥類くらいの違いがあるのだ。マグロはサメよりもヒトに近縁だし、さらにいうと一九三七年に最初に発見された「生きた化石」、すなわちシーラカンスは系統樹上でマグロよりもわたしたち人間に近いところから分岐している[6]。したがって軟骨魚類を独立させれば、脊椎動物のグループは全部で六つになるのである。

わたしたちが魚はみな近縁だと思い込むのは、一つには水中を効率的に動きまわるように進化した生きものとしてひとくくりにしてしまうせいだ。水の密度は空気の密度の八〇〇倍以上もある。そのために水中で生きる脊椎動物は抵抗を小さくしつつ推進力を生むように、筋肉質で流線形の体に平たい付属器官（ひれ）をもつものが多い。

密度の高い生息環境では、重力の負担が非常に小さくなりもする。水中では浮力がはたらくおかげで、水生生物は陸生生物を苦しめる重さから逃れられる。だから地球で最大の生物であるクジラは陸ではなく海に棲んでいる。ほとんどの魚が相対的に脳が小さい（体重に対する脳の重さの比率が小さい）理由もここにあるのだが、脳が大きい生きものほど高等だというわたしたち人間の思い込みのせいで魚はずいぶんと損をしている。魚が空気よりも抵抗の大きい水のなかをすいすい泳ぐことができるのは、大きく強い筋肉を発達させているからだ。実質的に重さを感じない環境に生きているなら、脳の大きさに対する体の大きさを制限することになんら特典はないのである。

いずれにしても、脳の大きさは認知能力の拡大という点で、さほど大きい意味をもたない。著述家のサイ・モンゴメリーがタコの知性について考察した著書に書いているとおり、なんでも小さくするのはエレクトロニクスの世界ならお手のものだ。[7] イカは小さいけれども、迷路の出口を犬よりも早く見つけられるし、ハゼは潮だまりの地形を満潮のときにたった一度泳いだだけで覚えてしまう。人間にはちょっとできない離れ業だ。

魚に似た最初の生物はおよそ五億三〇〇〇万年前のカンブリア紀に出現した。* そのころはまだ小さくて、パッとしない生きものだった。魚（とそのすべての子孫）の進化が急進展して、顎《あご》のある魚が現われたのは約九〇〇〇万年後のシルル紀〔約四億四〇〇〇万年前〜約四億一六〇〇万年前〕である。この初期の脊椎動物は顎で食べものをがっちりはさんで引きちぎることができ、さらに顎があることで頭部が大きくなって獲物をしっかり飲み込めたので、食事のメニューが格段に増えた。顎は自然の万能ナイフと考えてよいかもしれない。ものを動かす、穴を掘る、材料を集めて巣をつくる、

＊さらに一億年ほどすると、勇気ある肉鰭類《にくきるい》の魚が水中から陸上を目ざして最初の一歩を踏み出した。この時間の長さをとらえるために、現生人類の属するホモ属が出現してから現在まで約二〇〇万年しか経っていないことを考えてほしい。その長さを一秒とすると、魚類は出現から四分以上になる。陸に上がる以前にヒトよりも五〇倍も長く地球を飾っていたのだ。

子を運んだり守ったりする、音を発する、意思を伝達する（近づくと噛みつくぞ）等々、さまざまな用途に使える。[8] 顎をもったことで、魚の生活は「魚の時代」とも呼ばれるデボン紀〔約四億一六〇〇万年前～約三億六〇〇〇万年前〕に大きく広がって新しい段階に入った。最初の超捕食動物もこの時期に現われている。デボン紀の魚は大半が板皮類《ばんぴるい》だった。頭から胴体が頑丈な骨板で覆われた、軟骨質の骨格をもつ魚類のグループで、最大のものになると、なんともおそろしげな姿をしている。ダンクルオステウスとティタニクティスの仲間には、体長が九メートルをゆうに超える種がいた。歯はないが、鋭い二枚の顎の骨板で獲物を切り裂いて砕く。噛み砕かれた消化途中の魚の骨と一緒に見つかる化石が多いことから、現代のフクロウのようなやり方で食物を摂取していたと考えられる。

　デボン紀が終わるとともに板皮類は姿を消してしまい、それから三億年以上が経つが、ありがたいことに自然が標本をそっと保存しておいてくれたおかげで、その生態の複雑な面を推測することができる。なかでも重要な発見につながったのは、オーストラリア西部のゴーゴー累層から出土したマテルピスキス・アッテンボローイ（「アッテンボローの母魚」の意）である。この名はイギリスの動物学者デヴィッド・アッテンボローにちなんでつけられたもので、アッテンボローは一九七九年に自身が案内役をつとめる自然ドキュメンタリー番組「地球に生きる」でこの生きものについて熱弁をふるった。完全な状態で保存されていた化石の層を上から慎重にはがしていくと、魚の腹の内部が見えた。そこに現われたのは、なんとへその緒で母体とつながったままかなり成長したマテルピスキス・アッテンボローイの胎仔だったのである。この発見により、進化史の舟は大きくゆれた。体内受精の起こりが二億年早まったのだ。また、初期の魚の生活が味気ないものではなかったこともうかがわれた。体内受精をする方法はわかっているかぎり一つしかない。挿入器官で交接するのだ。ということは、セックスの「おたのしみ」を知ったのは魚が最初だったらしい。このことを発見して発表したのはオーストラリアの古生物学者ジョン・ロングである。アッテンボローはあるとき講演で、ありがたいような困ったような気持ちをこう打ち明けている。「これは交尾をした脊椎動物の生命史上最初の例です……そしてロングはその生物にわたしの名をつけてしまいました」[9]

交尾することはともかくとして、板皮類と同時期に出現した硬骨魚類のほうにはもっと明るい未来が待っていた。ペルム紀〔約二億九九〇〇万年前〜約二億五一〇〇万年前〕の幕を引くことになった三度めの大絶滅で硬骨魚類もほとんどが死に絶えたのだが、にもかかわらずその後の三畳紀からジュラ紀、白亜紀にかけての一億五〇〇〇万年で着々と多様化していった。そして、およそ一億年前にいよいよ躍進の時代を迎えたのである。そのときから今日までに、硬骨魚類は既知の科の数が五倍以上に増えている。ただし化石記録は彼らの秘密をそうあっさり暴いてはくれない。古い仲間がまだ岩石にたくさん隠されているだろう。

一方の軟骨魚類も、爆発的な多様化こそしていないものの、骨の硬い魚たちと同様にペルム紀にいったん後退したあと勢いを盛り返した。今日では、わかっているかぎりサメとエイの種の数が過去最大に達している。そして凶暴な生物という評判とは裏腹の本当の姿がわかりはじめているのである。

魚はこんなにも多種多様

魚は陸生の動物よりも観察しにくいせいで、本当の姿が容易に知れない。[10] 米国海洋大気庁によれば、地球の海洋で探索されているのは全体の五パーセントにも満たない。[11] 深海は地球最大の生物生息域で、地球の生物の大半がここに棲んでいる。中深層（一〇〇〜一〇〇〇メートル）を七カ月にわたって音響測深機で調査した結果が二〇一四年初めに発表されたが、それによるとこれまで考えられていた一〇倍から三〇倍の魚がいるという。

それはそうだろう。深海は生物が棲むには過酷な環境だという話を聞いたことがあるかもしれないが、その考え方は上っ面しか見ていないものだ。深海の生物が海水の莫大な圧力で不自由を強いられているとしても、それはわたしたち陸上の生きものが一平方メートルあたり約一〇トンの気圧で強いられる不自由となんら変わりがない。[12] 海洋生態学者のトニー・コスロウが著書『静寂の深海』（*The Silent Deep*）で述べているとおり、水は空気よりも圧縮されにくいため、深海の水圧はわたしたちが思うほど大きな影響をおよぼさないのだ。外部からかかる圧力と生体の体内圧力がほぼ同じだからである。

技術の進歩のおかげでようやく深海の様子がわかりかけてきたが、到達できる深さの海にさえもまだ発見されていない生物種がたくさんいる。[13] 一九九七年から二〇〇七年までのあいだに、アジアのメコン川流域だけで新種の魚が二七九種も見つかった。[14] 二〇一一年には新種のサメ四種が発見された。この調子でいくと、魚類の総種数は三万五〇〇〇ほどになると専門家は見ている。[15] テクノロジーがさらに進歩して遺伝子レベルで魚を分類できるようになれば、さらに数千種は増えるのではないだろうか。わたしは一九八〇年代後半の大学院生時代にコウモリを調べたことがあり、当時は八〇〇種が確認されていたが、今日その数は一三〇〇種にふくらんでいる。

多様化によってさまざまな異種が生まれ、魚類界の異種の豊富さからどこにもない奇妙な生活史のパターンが生まれる。最小の魚――実際には脊椎動物で最小――は、フィリピン諸島のルソン島の湖に棲むパンダカ・ピグミアである。[16] この小型のハゼは成魚でも体長一センチ以下、体重は約〇・〇〇四グラムしかない。[17] 三〇〇匹集めて秤にのせても一セント硬貨一枚の重さに満たないのだ。

深海に棲むアンコウのオスも体長一センチかそこらと、パンダカ・ピグミアに負けず劣らずの小ささだが、チョウチンアンコウの仲間にはオスが大胆な生き方で体の小ささを補っているものがいる。[18] メスを見つけるとその体に食いつき、なんと一生をその状態ですごす。どこであろうとかまわず食らいつき――腹かもしれないし頭かもしれない――そのままメスの体に同化してしまうのだ。メスのほうが何倍も大きいので、オスはメスのひれか何かにしか見えず、メスから血液を供給されて生きながら卵を受精させる。退化した手足のようなオスを三匹も四匹もぶら下げているメスもいる。

セクハラここに極まれり。科学者はこの行動をまさに「性的寄生」と呼ぶ。しかし、いたって型破りなこの繁殖様式がそもそもどうしてはじまったかを考えると、下劣だ、卑怯だとはいっていられない。チョウチンアンコウのメスは海水八〇万立方メートルに一匹の割合でしかいない。ということは、オスは真っ暗なサッカースタジアムでサッカーボールを探すに等しいことをしなくてはならないのだ。[19] 深海の闇のなかでオスがメスにめぐり会うのは至難の業というしかない。だからうまいことメスが見つかったなら、何がなんでも放さずにそのメスをパートナーにするのが賢いやり方なのである。ピーター・グリーンウッドとJ・R・ノーマンが一九七五年に『魚の博物学』を改定したところは、自由に泳ぎまわっているオスの成魚は見つかっていなかったので、二人はメスに噛みつきそこねたオスは死ぬしかないのだろうと推測していた。[20] しかし、深海アンコウの世界的権威で、バーク自然史文化博物館の魚類のキュレーターを務めるワシントン大学のテッド・ピーチから聞いた話では、(かつては)泳ぎまわっていたオスの標本が現在では世界中に数百はあるとのことだ。

メスからすれば、オスはヒモのような存在ではあっても、どこかへふらふら遊びに行ってしまう心配はしなくてすむ。本当のところは、オスはヒモというよりもメスに厄介になっている居候というほうが正しいだろう。

もう一つ、魚の見事なところは多産であることだ。脊椎動物のなかにはその点で肩をならべるものはいない。体長一・五メートル、重さ二五キロのクロジマナガダラは、卵巣に二八三六万一〇〇〇個の卵が入っていた。[21] しかし、この数でさえ最大の硬骨魚であるマンボウの三億個とくらべると見劣りしてしまう。この堂々たる生きものでも、もとは親が水中に垂れ流したちっぽけな卵だったということが、魚など真剣に考えるほどのものではないというありがちな偏見を生んでいるのかもしれない。だが、忘れてもらっては困るが、たった一つの細胞から生まれるのはどんな生きものも同じだ。そして魚とて、卵を産みっぱなしとはかぎらない。「子育てのスタイル」の章で見ていくとおり、子の世話をする親の行動は多くの魚に見られるのである。

このページの一つの文字よりも小さい卵から頼りなげな一生をスタートしたクロジマナガダラも、成長すれば体長が二メートル近くにもなる。そしてこのようにぐんと大きくなれることも魚の見事な点の一つである。なかでも脊椎動物の成長率のチャンピオンはヤリマンボウだろう。[22]この魚は、体長わずか二・五ミリから成長時には三メートルにまで大きくなり、体重は六〇〇〇万倍以上にもなる。

多産という点では、サメはその対極をいく。サメには一年に一匹の割合でしか子を生まない種がある。それも完全に成熟してからの話で、種によっては成熟するまでに二五年以上もかかる。アブラツノザメ——たくさん漁獲されるので大学で生物学を専攻した人は授業で解剖したことがあるかもしれない——は、繁殖できるようになるのが平均で三五才だ。[23]サメの胎盤は哺乳類と同じくらい複雑な構造をしている。[24]妊娠の頻度は低く、妊娠期間は長い。ラブカという深海ザメにいたっては三年以上も子を腹に抱えるが、これは既知の生きもののなかで最長の妊娠期間である。[25]つわりがないとよいのだが。

ツノザメにしろ、ほかのどんな魚にしろ、空を飛ぶことはできないが、滑空ということなら魚は世界でも指折りの名手といってよいだろう。よく知られているのがトビウオで、この仲間は世界の外洋の浅い層に約七〇種が生息している。トビウオには非常に大きい胸びれがあり、これが翼のようなはたらきをする。いままさにジャンプしようとするときには、時速六五キロメートルの速度にも達する。空中に跳び出すと尾びれの下葉《かよう》を水に浸け、これをスーパーチャージャーのように使って飛距離三六〇メートルを記録することもある。[26]水面に近いところを飛ぶのがふつうだが、風のひと吹きに後押しされれば、空中曲芸師のごとく四・五〜六メートルの高さにまで跳ね上がるだろう。ときどき船の甲板に着地してしまうのはそのせいだ。水中呼吸をする生きものの限界さえなければ、「羽ばたいて」持続飛行をするのではないだろうか。トビウオのほかにも空中に跳び出す魚はいくつかいて、南米とアフリカに生息するカラシンなどがその例である。

指折りといえば、名前にも無類のものがある。まず、長い名前ということではハワイの州魚になっているタスキモンガラが最長だろう。現地の人々はフムフムヌクヌクアプアアと呼んでいるのだ（訳すと「豚のように鳴く角張った魚」）。また、身もふたもないあだ名をつけられたのがアンコウで、「もじゃひげアゴの大口」という。突拍子もない名前はコケギンポの仲間のサーカスティックフリンジヘッド。「皮肉屋のふさふさ頭」といった意味だ。沿岸の浅い海で見られるホンベラの仲間の小さい魚、スリッパリーディックは最もえげつない名前賞にノミネートしよう（イチモツがポロリだなんて）。

まじめな話にもどろう。魚に関する最近の最も耳よりなニュースは、魚が何を考え、どう感じ、どのように生きているかについて発見がつづいていることである。魚の生態と行動について新しい発見があったかと思うと、一週間もしないうちに次の発見がある。岩礁を注意深く観察すると、掃除魚と客のもちつもたれつの微妙な社会関係がわかってきて、魚など本能だけで生きている低能な生きものだという人間のえらそうな決めつけが否定される。よく魚の記憶力は三秒だといわれるが、これもまちがいであることが簡単な実験からわかっている。魚は知覚する能力があるばかりでなく、意識し、意思疎通を図り、社会性をもち、道具を使い、美徳を備え、策略さえめぐらせる。このあとそこを見ていこう。

下等だなんてとんでもない

脊椎動物――哺乳類、鳥類、爬虫類、両生類、魚類――のなかで、わたしたち人間の心に一番訴えかけてこないのが魚類である。表情は読みとれず、口もきけなさそうだとなれば、わたしたちと同じように空気呼吸をする生きものほど相手にされない。世界のほぼどの文化においても、魚は相互に関連する二つのカテゴリーに位置づけられている。釣るもの、そして食べるもの、だ。針に魚を引っかけて水から引き上げるのはなんら悪いことではなく、それどころか人生のたのしみの代表的なものの一つでもある。釣り人の写真がなんの気もなく広告宣伝に使われるし、人気映画を制作するアメリカの映画会社ドリームワークスのロゴは、のんびり糸を垂れるトム・ソーヤー風の少年だ。自称ベジタリアンでも魚は食べるという人にあなたも会ったことがあるだろう。まるでタラとキュウリは倫理的に区別しなくてかまわないとでもいうように。

　なぜわたしたちは倫理的判断から魚を締め出すのだろう？　一つには、魚が俗にいう「冷血動物」だからというのがあるが、この言葉は科学的には正しくない。そもそも自動温度調節器が体に備わっているかいないかがその生きものの倫理的な地位とどうして関係するのか、わたしにはわからないが[27]、それはともかくとして、ほとんどの魚は血液が冷たいわけではない。魚類は外温動物である。体温が外部の温度、おもに水温によって変動する。だから南の温かい海に棲んでいれば、血液の温度は高くなる。多くの魚がそうであるように深い海や極地域の冷たい海域に生息していれば、体温は氷点に近い。

しかしこれだけでは説明不足というものだろう。マグロ、メカジキ、一部のサメは部分的に内温動物なのである。[28] これらの魚が体温を周囲の温度よりも高く維持できるのは、強い筋力を使って泳ぎまわることで発生する熱を逃さないからだ。[29] クロマグロは水温約七～二七℃の水域で筋肉の温度を約二七～三二℃のあいだに保つ。同様に、多くのサメも中枢神経系を温める太い静脈をもち、遊泳筋肉から脊髄へ温かい血液が流れ込む。[30] 大型のビルフィッシュ（マカジキ、メカジキ、バショウカジキ、フウライカジキ）はこの熱で脳と目の周辺を温め、深く冷たい海でも最適なはたらきをするようにしている。[31] 二〇一五年三月に、アカマンボウが真に内温性の生きものであることが魚類で初めて確認された。[32] アカマンボウは水深数百メートルの海に棲み、周囲の海水よりも五℃ほど高い体温を保つことができる。えらのなかに対向流系の熱交換器としてはたらく構造があり、胸びれを動かして発生する熱がそれによって維持されるおかげである。

人間のもう一つの偏見は、魚は「原始的な」生きものだというもので、この場合の原始的という言葉には実際に反した意地の悪い意味が多々含まれている。単純、未発達、愚鈍、柔軟性がない、感情がない……。D・H・ロレンスは一九二一年に「魚」という詩に、魚は「おれの日の出の前に生まれた」と書いた。

魚類がごく古い時代から生息していることには誰も疑問をもたないが、魚は原始的だという誤った決めつけはそこから生まれている。少数の仲間が陸に上がったときに水中にとどまった生きものは、進化するのを止めたというのだ。しかし、この偏見は進化という不断のプロセスに完全に逆らう考え方である。なぜなら現存するすべての脊椎動物の脳と体は、原始的な特徴と進歩した特徴が混ざりあっているものだからだ。自然選択は時間をかけて、しかも長い長い時間をかけて、役に立つ特徴を残し、そうでないものを捨て去って少しずつ最適化させていく。

足と肺を発達させつつあったころの魚は、とうのむかしにすっかり姿を消した。今日地球に生きる魚類のおよそ半分はスズキ系に属する。スズキ系は五〇〇〇万年前に活発に種分化し、一五〇〇万年前ごろに多様化のピークに達した。わたしたち人間と大型類人猿の属するヒト上科が進化したころである。

したがって魚の種の半数は人間と同じ程度に「原始的」だということなのである[33]。だが、古代魚の子孫は陸に上がった生きものよりもはるかに長い時間をかけて進化し、その意味で魚は脊椎動物のなかで最も高度に進化している。魚には指をつくる遺伝子セット――現在の哺乳類にどれだけ近いかを示す特徴――があるといったら、驚く人もいるかもしれない。ただ魚は指を形成せず、かわりに指よりも泳ぐのに適したひれを形成するのである。また、わたしたちの分割された筋肉構成のことも忘れてはいけない。鍛え上げたアスリートの引き締まった腹に浮き出ている腹直筋（アスリートでなくても誰でもそうなのだが、たっぷりついた脂肪組織に埋もれている）は、最初に魚類に発達した体幹筋の体節を思い起こさせる。ニール・シュービンの『ヒトのなかの魚、魚のなかのヒト』という書名が教えるとおり、初期の魚はわたしたち（と現在の魚）の祖先であり、人間の体には水生動物だった共通の祖先の体構造にもとをたどれる構造がたくさんある。

生物は古いほど単純だとはかぎらない。進化とはただひたすら洗練度と大きさを増すものではないのだ。最大級の恐竜は現在の爬虫類よりもはるかに大きいばかりでなく、親が子の世話をしたり、少なくとも現在の爬虫類と同じ程度に複雑なコミュニケーション能力があったりする社会的生物でもあったことを示す証拠が最近見つかっている。同様に、最大級の陸生哺乳類は哺乳類の多様化が大きく進んだ数百万年前から数千年前に死に絶えた。真の哺乳類の時代は終わったのである。哺乳類の時代は六五〇〇万年前から現在までつづいていると思われているが、硬骨魚類はその間にもっと多様化している。硬骨魚類の時代といってもあまりわくわくしないかもしれないが、そのほうが正確なのは確かだ。[34]

進化は複雑さを増すプロセスとはかぎらず、また完成を目ざすプロセスでもない。生物が適応によって最適な生き方ができるようになるのは見事ではあるが、そうなった生きものの体や能力が生息環境に完全に適していると考えるのは誤りだ。そうはなりえない。なぜなら環境は不変ではないからである。気象パターン、地震や噴火のような地質変動、絶え間ない侵食作用などは、いわば動く標的のようなものだ。また、こうした不安定性を別にしても、自然は完璧に効率のよいものではない。妥協は避けられない。人間の場合なら、虫垂、親知らず、視神経が網膜をさえぎるために存在する盲点がその例である。魚の場合は、呼吸をするのにえらぶたを閉じる必要があるが、そのときにどうしても前方に動いてしまう。じっとしていたければ――休むとき――この推進力を打ち消す必要がある。胸びれを動かさずにじっとしている魚がめったに見られないのはそういうわけなのだ。[35]

進化に関して、また行動に関して、魚のことがさらにわかってくるにつれて魚への親近感が増し、魚を人間に関連づけて考えられるようになる。共感とは他人（この場合は他魚？）の立場に身を置いて考えられることであり、その中心にあるのは相手の経験を理解することである。そのためには、魚がどのように世界を感じとっているかを正しく認識しなくてはならない。

II 魚は何を知覚しているか

真実などない。あるのは感じとっていることだけだ。
——ギュスターヴ・フローベール[1]

魚は何を見ているか

赤金の、水の純質の、鏡のように平たい、輝やく眼
――「魚」D・H・ロレンス[2]（安藤一郎訳）

視覚、嗅覚、聴覚、触覚、味覚と、感覚は五つあることになっている。じつをいうと、これは最少にしぼった数だ。考えてみてほしい。もしよろこびを感じなかったら、人生はどんなに退屈なことか！　また、痛みや苦しみがなければどんなによいだろうと思うけれども、もし熱いコンロに手がふれているのに気づかなかったら危険きわまりない。平衡感覚がなければ自転車に乗るどころか、うまく歩くことすらできないだろう。圧力を感じなければ、ナイフとフォークをまともに扱うのに四苦八苦するにちがいない。長い時間をかけて進化した生物は知覚が発達していると考えられるが、魚にも高度に発達したさまざまな知覚がある。

わたしは学生時代に動物行動学を学んだが、そのころ知った概念のなかで好きなものの一つが環世界である。この概念は、二十世紀初頭にドイツの生物学者ヤーコプ・フォン・ユクスキュルが提

唱した。環世界とはその生物の固有の感覚世界だと考えればよい。生きものの感覚器官はさまざまだから、同じ生息域に棲んでいても世界の感じ方は種によって違うだろう。

たとえばフクロウやコウモリやガは夜間に飛びまわるが、体のつくりの違いから環世界もそれぞれ異なると考えられる。フクロウが獲物を捕まえるときにはおもに視覚と聴覚を頼りにする。コウモリも聴覚を使うが、そのやり方はフクロウとはまったく違う。高周波の鳴き声を発し、それが何かにぶつかった反響を受け止めてそのものの位置を知る。これをエコロケーション(反響定位)というが、コウモリはこの方法で飛び、狩りをする。また、いま挙げた三つの生きもののうち、ガは無脊椎動物だから、その環世界はわたしたちの環世界と最もかけ離れているだろうが、ガが非常に視力がよいこと、また嗅覚も鋭く、繁殖相手の出すにおいを遠くから嗅ぎつけられることはよく知られている。どんな感覚のはたらかせ方をしているかは、その生物が世界をどう感じとっているかという謎の解明にいくらか役立っている。

魚は水中で進化した生物なので、その環世界はわたしたち人間のそれとは違っていると考えられる。だが、進化は設計者として保守的で、簡潔を旨とする。その好例が魚の目だ。まぶたがないことを別にすれば、魚の目は人間の目とよく似ている。人間を含むほとんどの脊椎動物の目玉と同様に、魚の眼球も三対の筋肉で上下左右に回転させられる。[3]また毛様小帯と毛様体筋のはたらきで、魚はエアポンプから立ち上る泡に焦点を合わせられ、二本足で直立した生きものは水槽の外側からそれを見つめることができる。陸生生物の祖先である初期の魚がこのような視覚システムを発達させたからである。小さい魚では眼球が回転しているのがわかりにくいが、今度水族館へ行ったら水槽に近づいて、大きい魚をよく見てみてほしい。どこかに目を転じるときに眼球が動いているのがわかるはずだ。

魚の目は屈折率の大きい球形レンズで——屈折率は真空中の光速を媒質(この場合はレンズ)中の光速で割った値——それによって水中でもわたしたちが陸で見るのと同じようにはっきりものを見ることができる。[4] いうまでもないが、魚は傷つきやすい目の表面をうるおわせるための涙腺も涙管もないし、まぶたもない。水中にいるので眼球がつねにきれいでうるおっているから、その必要がないのだ。

タツノオトシゴ、ギンポ、ハゼ、カレイは目の筋肉構造がもっと複雑で、カメレオンのように左右の眼球を別々に動かすことができる。[5] だとすると、そういうことのできる生きものは二つの視野を同時に処理できるとしか考えられない。人間の脳がしていることとはまったく違うようだが、意識的に制御できる二つの視野があるとどういうことになるのかを想像しようとしても、わたしの環世界の限界をはるかに超えていて、宇宙の果てがどうなっているかを考えるのとまるで変わらない。イスラエルとイタリアの研究者グループが別々に動くカメラを取りつけた「ロボットの頭部」を製作してカメレオンの視覚システムをシミュレーションしているが、[6] その情報を一つの脳がどうやって処理しているかまで踏み込んでいる研究をわたしは知らない。隣の枝にとまっているむっちりしたバッタを片目でにらみ、もう片方の目でそれにうまく近づけそうな枝を探しているカメレオンは二つのことを同時に考えているのだろうか。タツノオトシゴはパートナー候補に片目で色目を使いながら、こっそり近づいてくる捕食者をもう片方の目で追うことができるのだろうか。わたしのシングルタスクの脳では、とてもそんなことはできない。新聞を読みながらネットラジオで音楽番組を聴けば、二つのあいだを行ったり来たりすることはできても、両方を同時にというのは無理だろう。

それにカレイに世界がどんなふうに見えているのかもわからない。とくに幼魚はどうなのだろう？　カレイの子はふつうの魚と同じかたちをしていて、目が顔の左右に一つずつつき、縦になって泳ぐ。それが成長するにつれておかしな姿に変身する。片方の目が顔の反対側に移動するのだ。まるでゆっくり時間をかけて、切ったり縫ったりせずに整形手術をしているようではないか。いや、ゆっくりとはかぎらない。ヌマガレイならたった五日で移動が完了するし、一日すらかからない種もいる。[7]不安でいっぱいの思春期をすごす魚がいるとしたら、このカレイにちがいない。

両眼が顔の片側に寄っている不細工さと引き換えに、カレイはすばらしい立体視の能力を手に入れた。二つの目は競いあうように張り出していて、なおかつ別々に回転する（カレイとその仲間は自分で自分を見てドキッとする唯一の魚かもしれない）。海底の砂や岩の上に横たわって巧妙にカムフラージュし、何も気づかずに通りかかった不運な小エビなどを目にもとまらぬ速さで一撃する。立体視はそんな生活様式に役立つ適応である。奥行知覚にすぐれたカレイは、待ち伏せしてタイミングを見計らうのが得意だ。

カレイなどの体の平たい魚にとって、目が片側に移動するのが生き残り戦略として有効なのは明らかである。そういう魚は、カレイ、ヒラメ、オヒョウ、ウシノシタなど、六五〇種以上を数える。カレイは左目が右に移動したあと左半身を下にするが、ヒラメはその逆だ。だが、せっかくうまく適応したのに、現在、大西洋では多くの種が乱獲の憂き目に遭っている。

南米から中米にかけての沿岸の汽水域に棲むヨツメウオは、別のやり方で視界を広げている。自然の多焦点レンズを使うのだ。グッピーの類縁であるこの魚は網膜を上下に分割し、その境界線を水面に合わせて泳ぐ。水面から出た部分は水面より上を見るのに適した視覚に、水面より下の部分は水中環境に合った視覚になっているのである。さらに遺伝コードに柔軟性があるので、目の上部は空中環境に多い緑の波長の光を、目の下部は濁った水によく見られる黄色の波長の光をよりよく感じとる。[8] 腹をへらした鳥に上から奇襲されることなく水中のおいしいごちそうを探すには、ありがたい小道具だ。

メカジキやマグロや一部のサメなど、獲物を追って大洋を高速で泳ぐ大型魚の大半は、スピードと鋭い視力にものをいわせて獲物を捕らえる。体長三・五メートルのメカジキの目は直径一〇センチ近くにもなる。それでも水中で狩りをするのはらくではない。たとえば懐中電灯をもたずに洞窟に入ったと考えれば、光の少ない水中深くへもぐった魚がどう感じるかを想像できるだろう。不利な点はまだある。海は深いほど水温が低く、脳と筋肉のはたらきが鈍るために反応速度が遅くなるのである。

そこで脳と目のはたらきを強化して、深い海でも動きがのろくなるのを克服している巧妙な魚がいる。筋肉で発生する熱を利用して感覚器の能力を向上させるのだ。メカジキは目の温度を水温よりも一〇℃から一五℃高くできる。[9] この熱は外温で冷やされた動脈血と筋肉組織で温められた静脈血とのあいだで対向流熱交換することでもたらされる。[10] しかもこの部分の動脈と静脈は密な網目状になっているので、熱交換の効率がさらに高まるというわけだ。最近捕獲されたメカジキから目を取り出して調べたところ、この戦略によって獲物が動く速さの変化を追う能力が一〇倍高まることがわかった。

　メカジキとはちがって、多くのサメは夜間に狩りをする。当然ながら、夜は光の量が極端に少ない。生息域に見事に適応したサメの目には、網膜の下に輝板もしくはタペタムと呼ばれる、輝板細胞が積み重なってできた反射板がある。この層に光があたるとはね返り、網膜に二度光があたるためにサメの夜間視力は二倍になる。猫などの陸生の夜行性動物の目が光るのもこれと同じ仕組みだ。もしサメが陸を歩いていれば、夜間にヘッドライトを浴びたサメの目が不気味に光るのがわかるだろう[*]。

　獲物をとるのは重要だが、逆の立場からすれば捕食動物に食われないようにするのも負けず劣らず重要である。海、湖、川に棲む魚はさまざまな視覚テクニックを駆使して相手の上手《うわて》（上びれ?）をいこうとする。たとえば浅い海に生きる魚は水面を鏡として利用する。直接見えないものも、そこに姿が映れば見えるというわけだ[11]。北米原産のブルーギル（湖や池や流れのゆるやかな川に生息する、まるみを帯びた体形の魚）は水面を見上げることで、岩の陰や藻の茂みにひそんでいるカワカマスの様子をうかがうことができるだろう。しかし、こちらに都合のよいことは相手にも都合がよいわけだから、捕食動物のほうも同じようにして獲物を見張るのではないだろうか。両者をつかまえて観察してみれば簡単にわかるにちがいない。

　ブルーギルの鏡のテクニックは穏やかな水域でこそ役に立つ。海が穏やかなら水面より上で起こっていることもわかるから、こちら目がけて飛んでくる鳥から逃げることもできる。水面が波立っていたらそうはいかないので、海鳥は海が穏やかなときよりも荒れているときに狩りをするだろう。また、水面が静かなほうが海岸のものもよりよく見える。[12] だから水際から離れて立つようにするのが釣り人の知恵なのだ。

コスチュームと目くらまし

もちろん、見つけてもらうのが目的の場合もある。サンゴ礁はさまざまな新しい視覚テクニックを発達させる舞台になる。サンゴが生息する暖かい地域の浅い海は、水温が高く、光の量が多い。光は色の魔術師で、サンゴ礁に棲む魚の色がハッとするほどカラフルなのはそのためだ。実際、三億年前のサメに似た生きものの化石に桿体《かんたい》〔暗所で光を感知する眼の細胞〕と錐体《すいたい》〔明所での視覚と色覚に関与する眼の細胞〕の痕跡があるのが二〇一四年に発見されたことから、色覚は水中の生物から発達したと考えられるようになっている。[13]

魚はその時代から見る能力を人間以上に進化させてきた。たとえば現在の硬骨魚の大半は四色型色覚なので、三色型色覚のわたしたち人間よりも色があざやかに見えている。[14] 三色型色覚は目の錐体細胞が三タイプしかないということだから、見える色のスペクトルが四色型よりもせまい。一方、

＊「歩くサメ」と呼ばれるサメがいるが、これらは陸地ではなく海底を歩く。

魚の目は四タイプの錐体があるために色の情報を伝えるチャンネルが四つある。そのおかげで、人間の「可視スペクトル」に入らない波長の短い電磁波、すなわち近紫外スペクトルが見える魚もいる〔口絵12〕。サンゴ礁に棲む既知の魚およそ二二科一〇〇種が大量の紫外線を皮膚で反射しているのはそういうわけだ。[15] とすると、魚は黒一色のウエットスーツよりも青と黄のストライプのウエットスーツを着たダイバーを見るとより興奮するのだろうかなどと思ってしまうのはわたしだけだろうか。

二〇一〇年に発見された事実は、可視スペクトルが広いことの利点を示すものだった。[16] 研究者らはスズメダイの視覚によるコミュニケーションを調べた。この仲間はサンゴ礁に生息するカラフルで多種多様な魚で、そのうちのニセネッタイスズメダイとネッタイスズメダイは西太平洋の同じサンゴ礁に棲み、人間の目にはそっくりに見える。ニセネッタイスズメダイはなわばり意識が強く、同じニセネッタイスズメダイが侵入してくるとさかんに追い払おうとする。だが、相手がそっくりのネッタイスズメダイではないとどうしてわかるのだろう？　研究者らはこれも視覚が関係しているのだろうと推測した。調査の結果、この二種の魚は顔の部分の模様が違い、それは紫外スペクトル内でのみ識別できることがわかった。紫外線をあてると、斑点と指紋のような曲線が顔に現われたのである〔口絵13〕。この模様は種によって微妙（人間からすると）だが確実に異なる。飼育下で餌の報酬をあたえて識別能力をテストしてみたところ、自分と同じ種の魚の写真を口でつついて正解する。紫外線フィルターでこの視覚情報を除くと、正解できなくなる。さらにスズメダイを捕食する敵には紫外線が見えないようなので、スズメダイの顔認識の能力は捕食者に見つからないようにするためのカムフラージュを台なしにすることなくひそかに発揮されるのである。[17] 仮面舞踏会で魅惑的な仮面の奥が誰なのかをただ一人知る者のようだ。

魚は体の色を使って自らをさまざまなやり方で表わしている。多くの魚の体色はそこから種を判別できるのに加えて、性別、年齢、生殖状態、気分などの情報を伝えもする。皮膚の色素細胞はカロテノイドなどの暖色系の色（黄、橙、赤）を示す化合物を含んでいる。白い色は色素がないから白いのではなく、白色素胞内の乳酸結晶と虹色素胞のグアニンが光を反射することで現われる。緑、青、紫はほとんどが皮膚とうろこの構造によって生じる色で、この組織の厚さによって色の見え方がさらに変わる。美しい色のクマノミ（ディズニーのアニメ映画『ファインディング・ニモ』の主人公ニモはこの種）のことを考えてみよう。体の色はクマノミの仲間のうちのどの種であるかを示しているが、ほかの魚に対してよく目立つ警告にもなる。クマノミを追いかけると彼らの棲みかであるイソギンチャクの触手に刺されてしまうからろくなことにならないぞ、というわけだ〔口絵3〕。

色あざやかな衣装をまとうことに実用性があるなら、その衣装をいろいろに取り替えられればもっとよいだろう。シクリッドやハコフグといった魚は黒色素胞（黒いメラニン顆粒《かりゅう》を多数含む色素細胞）を拡散させたり凝集させたりすることで体色をすばやく濃くしたりうすくしたりすることができる。カレイやヤガラのように細胞の拡散と凝集を器用に制御する魚がいる一方、「ポスターカラー色」とも呼べるあざやかな色の明度を制御できる魚もいる。とくにサンゴ礁に棲むカラフルな魚がそうだ。魚は美しい色を誇示して繁殖相手の気を引いたり競争相手をたじろがせたりもすれば、逆に色を目立たないようにしてうるさい競争相手をなだめたり、捕食者から身を隠したりもするのである。

とくにカレイやヒラメのような魚（先述した、片方の目が反対側に移動する魚）は色素を扱う名人だとわたしは思う〔口絵14〕。皮膚の色を変えて背景の色に溶け込んでしまうところは、カメレオンさながらだ。わたしは高校生のころ、生物の教科書をぱらぱらめくっていたときにカレイの写真を目にしてびっくりしたことがある。水槽のなかのチェス盤にのせられたカレイがものの数分で背中に市松模様を描いてみせるのだ[18]。離れて見るとカレイの姿はかき消えてしまう。皮膚の色素の配置を変えて背景と同じ色にするこの能力は視覚とホルモンが関係しているが、非常に複雑で詳しいことはわかっていない。カレイの片方の目が見えなくなったり砂に埋もれたりすれば、体色を周囲と同じ色にうまく合わせられなくなるから、これはたんに細胞レベルのメカニズムではなく、カレイがある程度意識的に制御しているのではないかと考えられる。

生息環境には仲間もいれば敵もいる。そこで魚は、見つかりやすさと見つかりにくさのあいだに妥協点を見つけなければならない。有光層の水面近くでは実質的にどんなものも見えるが、光は海の深いところへいくほど急激に減少する。見られることが魚にとってより重要であることは、水深一〇〇〜一〇〇〇メートルの薄光層の生物の九〇パーセントに、闇のなかでビーコンの役割を果たす発光器が備わっていることからわかる[19]。太陽光のとどかない水深二〇〇〇メートル以上の無光層ともなると、この割合はもっと高い。この水層に棲む深海魚には、ヨコエソやハダカイワシ、そして有名なアンコウがいる。

このような深海では、光のほとんどは太古から魚と共生している発光細菌のつくるものである。

発光細菌は下宿させてもらっているかわりに、宿主にさまざまな便宜を図る。チョウチンアンコウは光をちらつかせることにかけてはすご腕だ。頭についている誘引突起が発光し、種によっては下顎からぶら下がった木の枝のような構造体からも光を放つ。これらの光る飾りは獲物を誘い、つられた獲物はキャンドルに引き寄せられるガのように、待ち構えているアンコウの顎にまんまと吸い寄せられていく[20]〔口絵1〕。その一方で、誘引突起をいきなり発光させれば、自分を食おうとする敵をおどかすこともできる。体から発する光はカムフラージュにもなる。腹部をぼんやりと光らせて、上方からとどく太陽光と同じくらいの明るさにすれば、下から見上げるものから見えにくくなる。仲間とすごしたいときは同じ器官から識別のための光のパターンが出るので、自分と同じ種の魚を認識できる。

ヒイラギの発光のしかたも独特だ[21]。オスには食道をとりかこむ発光器があり、ここに共生する発光細菌のコロニーの発する光が表面を反射物質で被覆した特殊な浮き袋（気体の詰まった袋状の器官で、これで浮力を得る）に入る。光はこの被覆にあたってはね返り、皮膚の透明な部分から出ていく。そして体壁の筋肉をシャッターのように制御することで、ヒイラギは閃光を発するのである。オスの群れはこの閃光を同時に発して目がくらむようなショーを披露する。メスをその気にさせるための戦略だと科学者は考えている。

ヒカリキンメダイ（ふつう深海よりも浅い海域に棲む数少ない発光魚の一つ）はもっと直接的なやり方をする。両目の下に半月状の発光器があり、その光をいろいろな用途に使うのだ。この発光器の部分には発光細菌がいて、筋肉で発光器にふたをすることで細菌の放つ光を明滅させる。ヒイラギと同様、ヒカリキンメダイも夜間に群れ集い、その集まった光は動物プランクトンを引き寄せると同時にそれらを照らす役目を果たす。また、捕食者を避けるのにも光が使われる。危険が迫ると、ねらわれた魚はぎりぎりまで光を出し、あわやというその瞬間に光を消して方向転換するのである(なかなかの度胸が必要だ)。つがいになったヒカリキンメダイは岩礁になわばりをもち、もし別のヒカリキンメダイが侵入してきたら、メスがそいつに近づいていって、「あっちへ行け!」とばかりに顔の前で光をパッと放つ。[22]

深海の光のショーはほとんどの生物発光と同様に青と緑の光で繰り広げられるが、これはおそらくこの色の波長が海水をよく透過するからだろう。ところがこのルールに反する魚のグループがある。ホウキボシエソ類だ。この仲間は両眼の下の発光器から赤い光を放つのである。なかでもよく知られているのが、ぱっくりと開く大きい顎が名前の由来になったオオクチホシエソで、その赤い光からストップライトフィッシュの別名をもつ。[23] この赤い光は種によって特殊な蛍光タンパク質によるもの、発光器にゲル様の簡単なフィルターを被せることによるものとがある。当然のことながら、進化は目の色素細胞の構造をつかさどる遺伝子に少し変化を加え、オオクチホシエソが赤い光を出すだけでなく、赤い色が見えるようにも計らっている。

その利点は計り知れない。なにしろ赤い光は発する本人にしか見えない。おかげでこの深海のハンターたちは、自分の姿をさらすことなくひそかに獲物を探すことができるのだ。見つかって食われたりしないようにときによって光を消す深海魚もいるのに、オオクチホシエソは堂々と明かりをつけっぱなしにしながら、敵にも獲物にも見つからずに危険なくハンティングをする。これが深海の暗視ゴーグルなのだ。

騙されたね！

こうしてみると、魚の視覚戦略が幅広く、かつ独創的であるのは疑いようがない。彼らはそれを使って見る力を拡大する。また自分の姿を目立たせたり隠したりし、自分が何者かをはっきりさせ、獲物を引きつけ、敵を撃退し、策を弄する。

それにしても、魚は見ているものをどう感じているのだろうか。魚の心的経験はどんなもので、人間のそれとどう違うだろう？

この疑問の答えを探る方法の一つとして、錯視について考えてみよう。わたしたちが騙される視覚映像に引っかからなければ、その生きものは視野に映るものをロボットと同じように機械的に感じとっているのかもしれない。だが、もしわたしたちと同じように騙されるなら、目に見えるものに対して人間と似た心的経験をしていると考えられるだろう。

アイリーン・ペパーバーグがヨウムのアレックスとの三〇年を描いた感動的な回想録『アレックスと私』[24]には、心をとらえるような数々の発見が報告されているが、その一つに知能の高いこの鳥が錯視画を人間と同じように知覚していることがある。彼らも錯視画に騙されるのだ。このことから、オウムの仲間は人間と同じようにこの世界を見ていると考えられるとペパーバーグは述べている。

魚はどうだろう？　飼育下のハイランドカープ（メキシコの高地を原産とする、グッピーやカダヤシと近縁の小型魚）を使った実験では、[25]二枚の円盤を用意し、大きいほうをつつくと餌の報酬がもらえることを魚に学習させた。次にエビングハウス錯視を見せた。これは同じ大きさの二つの円があり、片方はその円よりも大きい円でかこまれ、もう片方はその円よりも小さい円でかこまれている図で、同じ大きさの円のはずなのに前者のほうが後者よりも小さく見える（図1）。ハイランドカープは大きく見えるほうを選んだ。

この実験結果から、ハイランドカープは何も考えずにただ刺激に反応してものを知覚しているわけではないことがわかる。知覚にもとづいて心的概念を形成しているのである――いつも正しく認識するとはかぎらないわけだが。同様に、初期のある研究では、ハイランドカープはもっとよく知られているミュラー・リヤー錯視にも騙されることが発見されている。[26]これは同じ長さの二本の線が違った長さに見える錯視だ（図2）。長い線を選ぶように訓練されたハイランドカープはBを選んだのである。

キンギョとシマザメの研究でも、[27]魚が錯視に反応することが示されている。白い背景に描かれた黒い三角形と黒い四角形を識別するようキンギョを訓練する。それからカニッツァの三角形かカニッツァの四角形を見せると、キンギョは三角形と四角形をそれぞれ認識するのである。カニッツァ錯視はイタリアの心理学者ガエターノ・カニッツァが考案したもので、実際には描かれていない白い三角形が背景の白よりも少し明るく浮き上がって見える（図3）。ということは、キンギョの脳は人間の脳と同じようにこの図を処理している――不完全な図を完成させようとするのだ。

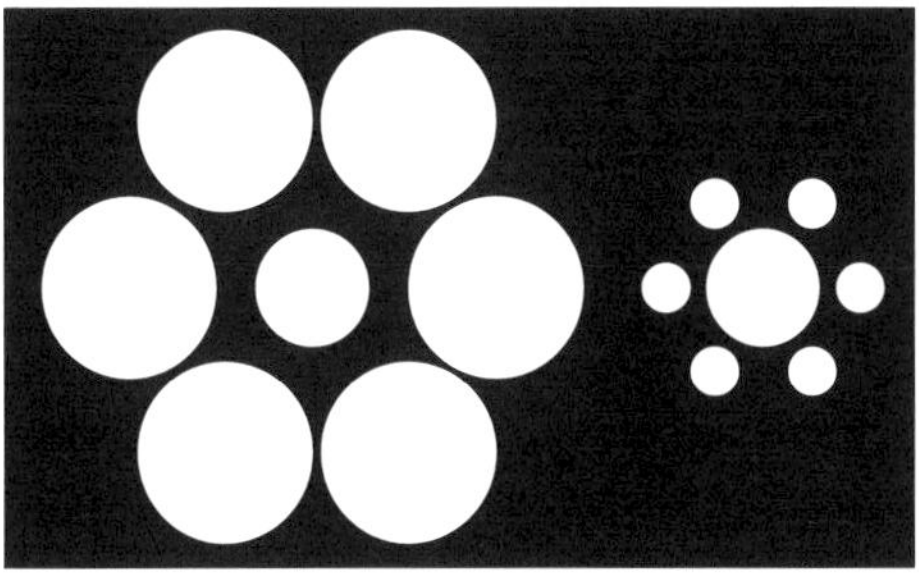

図1　エビングハウス錯視

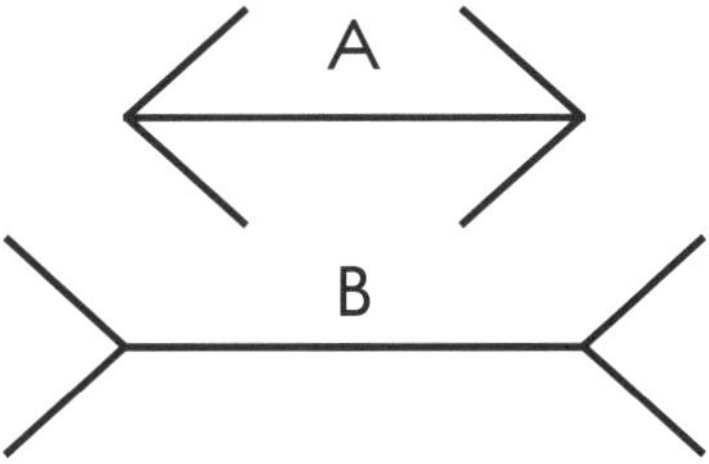

図2　ミュラー・リヤー錯視

図3　カニッツァ錯視

ハイランドカープとキンギョとシマザメが不完全な図を補うことができるとして、それはこれらの魚だけが錯視に騙される特別な魚だということではない。実験に使われたのがこの三種だというだけである。ハイランドカープとキンギョは遠縁種だから、ほかの多くの魚も錯視に引っかかる可能性はありそうだ。これらの種がよく実験に使われるのは、飼育下で世話しやすいためである。生きものを対象に綿密な実験をするには、時間も手間もかかる（お金も）。そのためわたしたちが魚について知っていることは、魚が知っていることのほんの一部にすぎないのである。

　魚自身も生きるためにこの性質を利用して、彼らなりの目くらましでほかの魚を騙している。体の重要な部分をやられないように捕食者の攻撃をそらすのがその一つだ。ふつう捕食者は、そこが急所だというもっともな理由から獲物の頭部を攻撃する。また多くの水生捕食動物が獲物の目をねらうことは、多くの魚に目玉模様が進化していることからわかる。この騙しのテクニックで難を逃れている魚の例に、シクリッド、チョウチョウウオ、キンチャクダイ、フグ、アミア・カルヴァ（ボウフィン）などがある。このテクニックの効果はさまざまなやり方で増強される。魚も人間と同じく明るい色に気づきやすいので、目玉模様はたいてい際立って明るい色をしている。それにくらべると、体の反対側にある本物の目は目立ちにくい。タテジマキンチャクダイの幼魚は目玉模様がないが、白と青の同心円状の模様がそのかわりになり、本物の目は何重にもなった曲線に埋もれている。襲いかかった敵は見分けている暇がなく、色のトリックを使った獲物のほうに軍配が上がる。

　さらにいえば、尻の部分を頭に似せるという方法がある。[28] シモフリタナバタウオは背びれの後縁部に眼状斑があり、これがブダイの顔に似ている。体中を覆う白い斑点は目のまわりにもあって、本物の目はこの斑点に埋もれて目立たない。魚はこのような効果を行動によってさらに高めている。危険が近づく気配を察すると、まずギアチェンジをしてゆっくりとうしろ向きに泳ぎ、敵が襲いかかってきたところでいきなり前へさっと泳ぐのが二種のチョウチョウウオで観察されているのである。この動きが速ければ、敵の攻撃は空ぶりに終わるだろう。もししくじって尾びれを噛みちぎられたとしても、頭をかじられるよりは命を落とす危険がはるかに小さい。

魚がわたしたちと同じように錯視を知覚したり、獲物にしようとした相手の見た目の騙しに引っかかったりするのはほほえましい。そのことは、わたしたちとは異なる生物の知覚の世界――環世界――について特別なことを語っている。実際にはないものを心がつくり上げるのは、わたしたち人間にかぎった話ではないのだ。そしてそれは、信じ込むこと、つまり信念をもつ能力があることを示唆している。信念と知覚は利用されうるものであり、これまで見てきた（このあとも見ていく）ように、魚は視覚的なもの以外にもさまざまな騙しの策略を使って、力のかぎりうまく生きていこうとしているのである。

生物として視覚に大きく頼っている人間は、多くの魚が鋭敏な視覚をもつことの重要性を説明できるだろう。わたしたちは子供のころの遊びの経験から、目隠しすると方向がわからなくなるのを知っているので、目の見えない人が不自由さをうまく克服していることに感心する。しかし視覚を失った魚が、たとえ無光層に棲んでいたとしても、目が見えずに長く生きられるかどうかは疑わしい。深海の闇では自分で光を発する者が最強だからだ。だが、魚は生きていくのに目のみに頼っているわけではない。人間と同様、生きるためにほかの知覚を発達させて必要を満たしているのである。

魚は何を聞き、何を嗅ぎ、何を味わっているか

世界は不思議に満ちていて、わたしたちが心のはたらきを研ぎ澄ますのを辛抱強く待っている。

——イーデン・フィルポッツ[1]

水はものの見え方に影響するばかりでなく、音の聞こえ方、もののにおい方、味の感じ方にも影響する。水は音波をよく伝え、水中の音波は空気中の五倍の速さで進むため、波長も空気中のほぼ五倍になる。魚は骨とひれを発達させはじめたころからそれを利用し、方向判断と意思伝達に音を使っている。また、水は水溶性の化合物を拡散させるすぐれた媒体でもあり、においや味を知覚させるのに向いている。魚は嗅覚と味覚それぞれに応じた器官をもっているが、どんな物質にもそれらが水に溶けた状態で接するため、その区別ははっきりしない[2]。

魚は色覚のほか、聴覚も最初に発達させたと考えられる。魚は鳴かないと思われているが、ほかの脊椎動物のグループ以上にさまざまなやり方で音を出す[3]。ただしそのどれも、おもに膜で空気を振動させるほかの脊椎動物のやり方とは違う。二つの筋肉を急激に収縮させて浮き袋を振動させる

のだ。浮き袋はついでに増幅器のはたらきもしてくれる。そのほかにも、顎の歯や咽頭部にならんだ歯をきしらせたり、骨やえらぶたをすり合わせたり、挙句の果てには——あとで紹介するが——尻から泡を出すというのまである。[4] 陸生の脊椎動物も音を出すのにさまざまに工夫を凝らし、たとえばキツツキはくちばしで木をたたくし、ゴリラは胸をたたくが、その発声器はたった二種類、鳥類の鳴管と鳥類以外の動物の喉頭しかない。

魚は発生音のレパートリーのゆたかさで交響楽を奏でる。とくに充実しているのが打楽器だ。トントン、ブンブン、キシキシ、ヒューヒュー、キーキー、ブーブー、ポンポン、ガーガー、ドクドク、バンバン、ゴンゴン、ゴロゴロ、ブルブル、カチカチ、キューキュー、チーチー、パチパチ[5]……。英語では、音を出すので有名な魚は音を表わす言葉がそのまま名前になっているほどだ——グラント、ドラム、トランペッター、クローカー、シーロビン、グランター〔以上はイサキ、ニベ、ヨスジシマイサキ、グチ、ホウボウなどを指す〕。人間の耳は水ではなく空気の振動を処理するようにできているので、最近まで魚の発する音が聞こえなかった。魚がどんな音を出しているかがわかってきたのは、水中の音を検出する技術が進歩した二十世紀になってからのことである。[6]

しかも一九三〇年代ごろまでは、科学者は魚には音が聞こえないと考えていた。魚には音を聞く器官らしいものが見あたらなかったせいだろう。人間は人間を基準にものを考えてしまうので、耳に似たものがないなら考えられることはただ一つ、音が聞こえないにちがいない、となってしまう。現在はもう少し賢くなった。魚は耳がいらないのだ。圧縮されにくいという性質が水にあるために、水中では音がよく伝わるからである。魚に音を発生させたり音を処理したりする構造があることを知ったのは、魚の体の内部をよく観察してからのことだった。

ミツバチが8の字ダンスでコミュニケーションしていることを発見したオーストリアの動物学者カール・フォン・フリッシュ（一八八六～一九八二年）は、魚の行動と知覚の研究にも力をそそいだ[7]。動物行動学における功績によって一九七三年にノーベル生理学・医学賞を共同受賞する数十年前に、魚に聴覚があることを初めて示しているのである。一九三〇年代半ば、フリッシュはクサベルと名づけたナマズで単純だが巧妙な実験をした。棒に刺した肉片を、クサベルが一日をすごす粘土の隠れ家に近づける。嗅覚の鋭いクサベルはすぐに隠れ家から出てきて肉をとっていく。これを数日繰り返したあと、フリッシュは餌をやる前にホイッスルを吹くことにした。六日後、ホイッスルを吹くだけでクサベルを誘い出せるようになり、魚には音が聞こえていることが確かめられたのである。これ以降の一連の実験によって、魚の環世界に関する認識があらためられることになった。*

クサベルは骨鰾類《こつぴょうるい》の二系統のうち、約八〇〇〇もの種が属する多様な骨鰾系に分類される（コイ、カラシン、デンキウナギ、ナマズなどがこのグループ）。骨鰾系の魚にはよく発達した特殊な聴覚器官がある。ウェーバー器官というもので、十九世紀のドイツの生理学者エルンスト・ハインリヒ・ヴェーバーが発見したことから名づけられた。ウェーバー器官は頭骨のうしろの四番めまでの

＊わたしが最初にフリッシュの実験について読んだものでは、クサベルは自然原因で目が見えないようだったが、本当はフリッシュがこの実験のために目をくり抜いて見えなくしたことをあとで知った。名前までつけていた魚だから、フリッシュは罪悪感を覚えたのか、自伝には「目の見えないかわいい友のために、水槽の環境をできるだけよくしてやろうとした」と書かれている。

脊椎に付属するいくつかの小骨片が変形したもので、これらの小骨は元の骨から分裂し、気体の詰まった浮き袋と液体の詰まった内耳室を鎖のようなかたちでつないでいる。[8]哺乳類の内耳の耳小骨と同じように、音波を伝播し増幅することで音をよりよく聞こえるようにするはたらきがある。[9]

魚のなかには、ある点で人間よりも聴力のすぐれたものがいる。大半の魚に聞こえるのは五〇〜三〇〇〇ヘルツの音だが、人間は二〇〜二万ヘルツの音を聞きとるのだから、魚の可聴域をカバーする。しかし飼育下と野生とで魚を綿密に調査した研究は、コウモリの聴力の上限である超音波も感知できる魚がいると報告している。アメリカシャッドとガルフメンハーデンは一八万ヘルツまで聞こえるというのだ。これは人間の聴力の限界のはるか上をいく。[10]これらの魚を捕食するイルカの超音波を察知するように適応したと考えられている。

可聴音域のもう一方の限界では、タラやパーチ、カレイなどの魚が一ヘルツもの低周波音を受けもっている。なぜこれほど低い音を聞く能力を進化させたのかはわかっていないが、手がかりは広い海に棲んでいることだ。海や大きい湖では、水はでたらめに動いているのではない。地球の気象パターンから海流が生じ、地域の気象パターンから波が生まれ、月の引力が絶え間なく潮汐を引き起こす。また、動く水は断崖や岸辺、島、礁、大陸棚などの海面下の障害物にぶつかる。これらの力が合わさってその一帯に低周波音が発生する。魚はこのような音の情報を利用して回遊しているとノルウェーのオスロ大学の生物学者らは考えている。鳥が渡りのときに天体を手がかりにしているのと同じようなものと思ってほしい。遠海魚は遠くの陸の地形と水深の違いから生じる海洋表面の波のパターンの変化を感知している可能性もある。低周波音の感知能力は頭足類（タコやイカなど）と甲殻類でも報告されていて、ここにもなんらかの有用性があると考えられる[11]。

これだけ聴力が高いがために、魚は人間が水中で発生させる音に傷つけられやすい。たとえば石油探鉱に使われるエアガンが発する高強度の低周波音は、内耳器官にある繊細な有毛細胞をひどく傷めてしまう[12]。ノルウェー沖で石油探鉱の弾性波探査のためにエアガンの強い音波が使用されたせいで、周辺海域ではタラとコダラの生息量と漁獲量が減ってしまった[13]。

人間には絶え間なくつづく音にしか聞こえない高速のパルス波でも、パルス幅の違いを認識できる魚がいる。こうした魚は音の方向も識別し、前からくる音とうしろからくる音、上からくる音と下からくる音を聞き分ける[14]。人間の脳にはそれほどうまくできない。

そうはいっても、空気伝播音のエネルギーの九九パーセントは水面で反射するため、たとえば砂浜で人間が話す声は魚には海岸の近くからでも聞こえないだろう。ところが固体を伝播する音の場合、たとえばボートの舷側にオールがぶつかる音などは聞こえる。だから釣り人はボートに乗ったらできるだけ静かにすわって待つし、漁場へ移動する前は水際から数メートル離れて歩く。獲物の魚が陸地を伝う振動を感知するのを知っているからだ[15]。

それでも工夫すれば、わたしたち人間にも魚の発する音を聞くことができる。西アフリカのガーナの経験ゆたかな漁師は、特殊な櫂《かい》を音叉のように使う[16]。水に入れた櫂に耳をあてれば近くを泳ぐ魚が何かこそこそいっている音が聞こえ、櫂の水掻きを回転させれば魚がどのあたりにいるかがわかるのだ。魚の耳がよいことも釣り人は逆手にとれる。魚は餌の虫のうごめく音を聞きつけるが、憐れなるかな、それが針にささっているとはわからないだろう。

魚の聴覚は回遊したり捕食者から逃げたりするのに役立つ一方で、魚が発する音の多くは社会的なはたらきがある。ピラニアの例を取り上げよう。ベルギーのリエージュ大学のエリック・パルマンティエとポルトガルのアルガルベ大学のサンディ・ミロがピラニア・ナッテリーの水槽に水中聴音器を仕込んでピラニアの出すさまざまな音を集めたところ、なかでも三種類の音が頻繁に聞こえ、なんらかのはたらきがあると考えられた。一つは繰り返しうなるような音で、敵対のサインのようだった。もう一つは何かがぶつかったような鈍い音で、攻撃行動をしているときや闘っているときに体のいちばん大きい魚が発する。これらの二種の音は、浮き袋に沿った速筋が一秒間に一〇〇～二〇〇回収縮して出す音だ。三番めの音は歯をすり合わせたりカチカチ鳴らしたりするときの音で、ほかの魚を追いかけているときに聞こえる。[17] 底意地の悪い言い方かもしれないが、獲物を生きたままガツガツむさぼる獰猛さで知られるピラニアにはふさわしい。ただし実際には、ピラニアはふつう死肉を食い、人間に危害を加えることもあまりない。

魚がおたがいに音で意思を伝達しているのだとしたら、わたしたち人間ともコミュニケーションできないだろうか。これを試みた科学研究をわたしは知らないが、魚を飼っている人のエピソードならたくさんある。ワシントンDCに住むコンピューター科学者のカレン・チェンは四匹の金魚を引き取って七五リットルの水槽で飼っているが、この金魚たちは餌の時間になると知らせるという。そろそろ時間というころになっても、カレンも夫も餌をくれようとする気配がないと、水面近くに上がってきて大きい音を立てて口をパクパクさせるのだ。また、水槽のガラスに体あたりしたり尾びれでガラスをたたいたりもして、どう見ても飼い主の注意を引こうとしているとしか思えない。

音は水槽から離れたところにいても聞こえるほどの大きさだという。そして人が水槽に近づいてくるとやめる。「わたしたちのことを意識しているようです」とカレンはいう。「水槽に近づくとこちらにくるんですよ。病院の待合室にある水槽の魚みたいに知らんぷりなどしていません」

国立衛生研究所の治験実施計画管理者のサラ・キンドリックは、三年ほど前から飼っている体長二〇センチのクロモンガラが同様の行動をするのを見ている。クロモンガラのファーチバーはいつもの餌の時間になると、口にくわえた小石で水槽のガラスをカチカチとたたくのだ。これは魚と人間とのコミュニケーションの例というばかりでなく、魚が道具を使う例でもある（道具使用についてはあとでさらに見ていこう）。

魚のための協奏曲ニ長調

魚の耳のよさを示す証拠はまだある。魚には音の調子、とくに旋律を聞き分ける能力があるのだ。ハーバード大学の科学研究員のエイヴァ・チェイスは、旋律のように複雑な音を魚が類別できるようになるかどうかを調べることにし、ペットショップで買った三匹のコイに、ビューティ、オーロ、ペピと名づけて実験をした。[18] 水槽に設置した装置は、スピーカー、魚が音に反応して押すボタン、反応が記録されたことを魚に知らせるランプ、魚が吸うと餌が出るパイプという構成である。餌のパイプは水面近くに設置され、魚が「正しく」反応したときだけ餌が出る。チェイスは特定のジャンルの音楽に反応したときにのみ餌の報酬をあたえて魚を訓練した。こうして実験した結果、コイはブルース（ジョン・リー・フッカーのギターと歌）とクラシック（バッハのオーボエ協奏曲）を聞き分けられるだけでなく、別のミュージシャンや作曲家の曲を聞かせてもジャンルを正しく区別できた。たとえばマディ・ウォーターズのブルースに慣れるとココ・テイラーとの共通性を認識したし、同じようにベートーベンとシューベルトを同じジャンルのものとみなした。三匹のうちオーロはとくに耳がよく、音色の特徴をなくしても（音の高さと長さが違うだけにした）メロディを聞き分けた。* チェイスは次のように結論している。「［コイは］多声音楽［同時に複数の音が奏でられる］を聞き分け、メロディのパターンを区別し、音楽のジャンルを類別することさえできるようだ[19]」

音楽の鑑賞家としての能力がこれだけ高いというのに、コイにしろキンギョにしろ、音を使って意思伝達することを科学者は知らなかった（カレン・チェンの観察を予備的証拠としようではないか[20]）。そのため音を発しない魚でも音を敏感に聞き分けられる理由はわかっていない。周囲の音に注意をしぼれることがどんなに役に立つかはこれまでに見たとおりなのだが。

音楽の微妙な質を（微妙でない質も）認識できるのはたいしたことだが、ここでさらに疑問が浮かぶ。魚にとって音楽に心理的な効果はあるだろうか。魚は音楽のすばらしさを味わっているのか、それとも音楽はただの音の刺激にすぎないのだろうか。

アテネ農業大学の研究チームはそこを調べることにした。[21] 二四〇匹のコイを一二個の長方形の水槽に分けて入れ、それらの水槽を無作為に三つのグループに分けた。一つは音楽なしで、あとの二つの片方にはモーツァルトの〈アイネ・クライネ・ナハトムジーク〉第二楽章「ロマンツェ（アンダンテ）」を、もう片方には一九五二年のフランス映画『禁じられた遊び』の主題曲として有名な作者不詳の〈愛のロマンス〉を聞かせる。楽曲の演奏時間は「ロマンツェ」が六分四三秒、〈愛のロマンス〉が二分五〇秒で、この二つのグループの魚は一〇六日間にわたって一日に四時間音楽を聞かされた。ただし平日のみで、週末は魚も会社員と同じように休みだった（たぶん研究者が休みのため）。

その結果、音楽を聞かせたグループの魚は対照グループの魚よりも成長が速かった。あまい旋律の音楽を聞いた二つのグループは音楽を聞かなかったグループよりも飼料効率（飼料の単位あたりの体重増加量）、成長率、体重増加率が高く、腸の活動が活発になったようなのだ。同じ魚に雑音や人間の声を聞かせても、そのような変化は認められなかった。

ここが動物研究の非常に難しいところだ。動物の被験者は自分の気分をふつうの（わたしたちに理解できる）言葉で報告できないのである。そこで前述のコイの場合も、音楽によってプラス効果もしくはマイナス効果があるかどうかをデータをもとに推測するしかない。たとえば慎重な人は、コイはひっきりなしに鳴るバイオリンとオーボエの音から逃げようとして大きく成長したのではないかと考えるかもしれない。なるほど、いくらわたしがクラシック音楽を好きだといっても、同じ曲をえんえんと聞かされてたのしめるかというと、そうは思えない。

＊ほかの脊椎動物にも音楽を聞き分ける能力がある。ハト、ブンチョウがそうで、ラットもある程度は聞き分ける［Chase 2001］。

魚の成長が主観的経験を反映したものではなく、肉体への刺激に対する機械的な反応である可能性も考えなくてはならない。同じギリシアの科学者チームによるその前の研究では、聴力の高くないヨーロッパヘダイでもモーツァルトの音楽（実験に使われたのはモーツァルトのみ）に対して好ましい反応（食欲と消化機能の増進）を示すことがわかった。また、魚を人間と同じように扱ってしまうことにも注意する必要がある。人間が心地よく感じる音楽を魚も心地よく感じると考える根拠はあまりないのだ。たぶん魚は何も音がしないよりはなんでもよいから音があるほうがよいのだろう。そういうわけで、音楽と音楽なしをくらべるのではなく、音楽と音楽でないただの音とで比較実験をするのがよいだろう。

　人間は好きな音楽を聞くと心が落ち着いて苦痛が減るという結果が認められたのは、一〇〇年ほど前の一連の研究においてだった。二〇一五年に、合計七〇〇〇人以上の患者が対象になった七〇件の臨床試験が再調査され、音楽療法は手術前と手術後、さらに手術中にも効果を上げ、患者の不安が軽減し、鎮痛剤の使用量が減ることが明らかになった。[22] ここでのポイントは、音楽――もっと大きくいえば音色とパターンのある音――は人間の生体現象に深く染み入って、治療効果を上げるということである。

　先述したギリシアの研究チームの一人であるナフシカ・カラカトソウリにたずねたところ、コイが音楽をたのしんでいるかどうかは確信できないという。「音楽が魚に一定以上のプラス効果をおよぼすとは考えていません。水中に音楽はありませんからね！　でも自然の音はたくさんありますから、水中に棲む魚にとってなんらかの意味があって、よい効果をおよぼしているかもしれません。

そうだとしても、わたしたちが実験対象にした魚、とくにコイ（聴力のすぐれた魚）は音楽を流すと確かによい効果があったのです」[23]。カラカトソウリは、実験方法を工夫して音楽のある環境をコイが選ぶかどうかを観察するのがよいだろうと考えている。

ニシンの出す音は音楽とはいえないかもしれないが、その意外な発音方法はグラミー賞ものだ。ある論文は、腹部膨満コミュニケーションとでも呼べそうな最初の例を報告している[24]。パシフィックヘリングもアトランティックヘリングも肛門管から気泡を出して律動的に放屁するのだ。これに研究者らはFRT（高速反復性律動音）という思わずニヤッとするような名をつけた〔綴りの似た英語のfartはおならの意〕。一回のFRTは七秒の長さになることもある。七秒のおならが出せるかどうか、家でこっそり試してみよう！　ガスは腸か浮き袋で発生するのだろう。この音がニシン社会でどんな役に立っているかは不明だが、群れの個体密度が高いときに一匹あたりの音の発生率が高いことから、社会的なはたらきがあるのではないかと考えられている。ただし、ニシンが「失礼！」というかどうかはいまのところ明らかではない。

ちょうどニシンのFRTの話になった。魚の聴覚から嗅覚に話題を移すのにぴったりではないか。というわけで、魚の嗅覚と味覚の真実を嗅ぎつけてみよう。

するどい鼻、よい香り

死んだ魚は臭うとあなたは思うかもしれないが、生きている魚はにおいをよく嗅ぎつける。化学物質の手がかり（ふつうそれを「におい」という）から食べものを見つけ、繁殖相手を探しあて、危険を察知し、巣にもどる。[25]とくに水中は水が濁ると視界が悪くなるので、においが威力を発揮する。においだけで同種の仲間を認識する魚もいる。たとえばトゲウオは、においを利用して繁殖のパートナーを見つける。[26]同じトゲウオ類の別の種が近くにいたらまちがえそうだが、種が異なる相手とつがうことはない。

においをするどく感知する器官は魚によってタイプがさまざまだが、硬骨魚類（サメ、エイなどの軟骨魚類を除くおよそ三万種）なら基本は同じである。魚の鼻はほかの脊椎動物と違って嗅覚器と呼吸器の二つのはたらきを兼ねない。[27]もっぱらにおいを嗅ぐためのものだ。鼻孔の奥には嗅上皮を構成する特殊な細胞の層があり、それがひだになってロゼット状にたたまれている。ある種の魚は鼻孔をひくひくさせて無数の繊毛を動かしつづけ、嗅覚器官に絶えず水を流出入させる。[28]嗅上皮からの信号は前脳にある嗅球に送られる。[29]

においをとくに役立てている魚は、鼻の敏感さが桁違いだ。ベニザケは広大な海でエビを探して捕食するが、これは人間でいうとオリンピックプールに溶けたティースプーン五杯分のエビのにおい物質を嗅ぎあてるのに等しい。[30]また別のサケは八〇〇億倍の水で希釈されたアザラシやアシカのにおいを感知する。同じくオリンピックプールでいえば水一滴の三分の二に相当する。サメの嗅覚は人間のおよそ一万倍だ。それでも魚の世界で嗅覚のチャンピオンといえば（わかっているかぎりでは）、アメリカウナギである。オリンピックプールに溶けた一〇〇〇万分の一滴の故郷の水を嗅ぎつけるというのだ。ウナギもサケと同様に広域を回遊したのちに生まれた場所にもどる魚で、そのときにはかすかなにおい物質を追ってふるさとの川に帰るのである。

　魚のすぐれた適応の一つに、捕食者や漁師のやすといった危険が迫ったときに「警報物質」を産生することがある。魚の感覚世界に関するこの現象が発見されたのも、カール・フォン・フリッシュの努力のおかげだった[31]。フリッシュは飼育していたミノウをうっかり傷つけてしまったとき、ほかのミノウが右往左往してやがてピタリと動かなくなったのに気づいた。これは敵に見つからないようにするための基本的な行動だ。そしてフリッシュの実験やそれにつづく他の実験によって、傷ついたミノウが（ほかの種よりもとくに）フェロモンを放出することが示された。フェロモンとは、同種のほかの個体に特定の社会行動をうながすために分泌される化学物質である。ミノウは傷ついた仲間の分泌する特別なフェロモンを感知すると興奮する。フリッシュはこれを「恐怖物質」と呼んだ。

　恐怖物質を分泌する細胞は表皮にあるが、非常に壊れやすい。湿った紙の上に魚を置いただけで、細胞が破裂して恐怖物質が浸み出す。そしてこの物質の効果はとても強力だ。一〇〇万分の一グラムの表皮の断片で、一四リットルの水槽に入った魚に恐怖反応を引き起こせる[32]。たとえばマシュマロを二〇〇〇万個にみじん切りにして、その一つ（まだ目に見えれば）を水を張ったシンクに落として甘味を感じるかというのと同じことなのである。恐怖物質は硬骨魚類のうちいくつかの科の魚が産生するので、大むかしに進化したものにちがいない[33]。

　この物質は火災警報のようなはたらきをし、近くにいる魚はみな、種がちがってもそれと察知できれば身を守れる。とくに恩恵に浴するのはうすのろのミノウだ。ミノウはほかののろまなミノウかカワトゲウオ——どちらも皮膚から恐怖物質を分泌する——を餌食にしたノーザンパイクの糞のにおいを嗅ぎとったら、即座に身を隠すか群れ集まる。[34] だが、パイクが恐怖物質を産生しないソードテイルしか食べていなければ平然としている。したがって、ミノウが反応しているのはパイクのにおいではない。パイクの餌食になった魚の恐怖物質に反応しているのである。パイクが狩りの場で糞をしないようにするのは、ミノウのような嗅覚機能をもつ魚がいるためだろう。[35]

恐怖物質への反応は水に溶けたわずかな化学物質を魚が手がかりにしていることを示しているが、においで敵を察知する方法はこれだけではない。捕食者そのもののにおいを嗅ぎつけるという正攻法もある。若いニシレモンザメは彼らを食うアメリカワニのにおいに反応する。[36] タイセイヨウサケなら、捕食者が何を食べたかで反応を変えるだろう。イギリスのウェールズにあるスウォンジー大学で行われた実験では、捕食動物に出合ったことのない若いサケを、自然界での天敵であるユーラシアカワウソの糞の溶けた水に入れた。サケはカワウソがサケを食べていた場合にかぎって恐怖反応を示した。においのもとから遠ざかり、じっと動かなくなって呼吸が速まったのである。カワウソの糞のにおいをつけていない水と、サケを食べていないカワウソの糞が溶けた水ではうろたえなかった。したがってタイセイヨウサケは生得的にカワウソを脅威とみなすわけではないようだと研究者らは結論している。サケを食うカワウソのみを危険なものと認識するのである。このやり方は効率がよい。捕食者ごとにいちいちそのにおいを学習する必要がないからだ。自分と同種の仲間を食う相手がわかればよいのである。[37]

生き抜くための魚の戦略として捕食者の回避と肩をならべるものがあるとすれば、繁殖の機会を求めることがその一つだろう。人間が性的に相手を引きつける場合にもにおいが重要な役割を果たすが、魚の場合も性フェロモンが興奮を誘う。一つには、どの個体が発情しているかを知るたすけになるからだ。魚はかすかな手がかりを察知して、自分の子を残すのに役立てることができるのである。一九五〇年代に行われた実験では、発情したフリルフィンゴビーのメスの水槽の水をオスの水槽に加えたところ、オスはメスを誘う行動を見せることがわかった。[38] のちの研究では、メスも同様に繁殖行動において敏感になったり活発になったりすることが明らかになっている。メキシコ原産のクシフォフォルス・ビルクマニィ（熱帯の早瀬に棲む五〜八センチのソードテイルの一種）のメスは、飢えたオスと充分に餌を食べたオスをにおいで嗅ぎ分けられるが、どちらが好まれるかはいわずと知れているだろう。[39] そのほかの条件が同じなら、充分に栄養の足りているオスは生殖能力が高く、精子提供者として好ましい。飢えたメスと餌の充分なメスの区別はしないので、このソードテイルのメスは餌の充分さに応じた分泌物に反応しているのではなく、性フェロモンに反応していると考えられるのである。

ここまで魚の感覚を個別に見てきたが、感覚はそれぞれが独立してはたらいているわけではない。深海に棲むアンコウのオスは、感覚が相互に関連しあってはたらくことを示す好例である。[40] アンコウのことならおまかせのワシントン大学の生物学者テッド・ピーチによれば、アンコウは頭の大きさとくらべたときの鼻孔の大きさが地球上の生物で最大だという。ピーチは著書『大洋に棲むアンコウ』（*Oceanic Anglerfishes*）で、この奇怪な魚について現在わかっていることを豊富な図版とともに詳細に紹介している。

オスのアンコウの感覚がよく発達していることを表わしているのは鼻孔ばかりではない。目もよく見えるので、ピーチは嗅覚と視覚が一緒にはたらいて暗い深海でメスを見つけるのに役立っていると考えている。[41] メスは同種の仲間にのみ有効なフェロモンを放出し、オスはその鋭い嗅覚でフェロモンを感じる方向へ泳いでいく。これが重要なのは、深海では少なくとも一六二種の既知のチョウチンアンコウが世界最大の生息環境を泳いでいるため、まちがった相手とペアになるのを避けたいからだ。メスに近づいたオスは、メスがアンテナ状の突起に共生させている発光バクテリアの発する光の特徴からそのメスがふさわしい相手かどうかを確かめられる。チョウチンアンコウの神が「光あれ！」とのたまい、闇のなかであてずっぽうに伴侶探しをしなくてすむようにした太古の時代を思わず想像しそうになりそうだ。

嗅覚に関する魚の行動を最後にもう一つ紹介しよう。保守的な科学界では、魚が意思伝達のために化学物質を放出するのは意識的な積極戦略ではない、なぜなら外部に臭腺があるわけでもマーキング行動をするわけでもないからだというのが共通認識になっている。だが、その推定はぐらついている。観賞魚として親しまれているクシフォフォルス・ビルクマニィに関する二〇一一年の研究について考えてみよう。流れの急なところに棲んでいるこのソードテイルのオスは、少なくとも二つの作戦を実行してメスにフェロモンを感知させようとしている。一つは周囲にメスがいるときのほうが頻繁に尿をすること、もう一つはメスを誘うときにメスよりも上流に行くことである。[42]

好むと好まざるとにかかわらず、メスはオスに繁殖行動の準備ができていることをにおいで感じとれるほか、それを味わうこともできるということだ。魚はほかに何を味わうだろう？

味わう魚

魚は味覚を主として食べものの認識に使う。ほかのおもな脊椎動物のグループ——両生類、爬虫類、鳥類、哺乳類——と同様に、魚の主要な味覚器官は味蕾《みらい》である。[43] また、魚類にも全部で八種類の歯がひととおり備わっている。噛み切るための門歯、突き刺すための犬歯、すりつぶすための臼歯、切り裂くためのつぶれた円錐形の歯、サンゴについた藻をかきとるための嘴《くちばし》状に融合した歯などだ。

人間と同じように魚にも舌と味覚受容体があり、この受容体から神経を介して脳に味覚の信号が送られる。驚くまでもないが、魚の味蕾のほとんどは口と喉にある。ところが、魚はにおいと味を伝える媒体に体ごと浸かっている状態なので、多くの魚は口と喉のほかにも味蕾がある。その大半は唇と鼻先だ。味蕾の数もほかの動物より多い。[44] たとえば体長三八センチのアメリカナマズは、ひれを含めて体全体に約六八万個の味蕾があった——人間（成人）のおよそ一〇〇倍である。[45] ナマズをはじめとして、濁った水に棲む魚は泳ぎながら体中で味を感じているのだ（体中が舌という状態がどんな感じかは想像しようがなく、ただ「スイッチをオフ」できないと困るだろうとは思う）。ドウクツギョをはじめとする水底の洞窟に棲む魚も味蕾の豊富さを利用して生きている。[46] 暗い水のなかで餌を見つけるには、味を感じるシステムが高性能なほうが都合がよい。ナマズ、チョウザメ、コイなど、水底で暮らす魚の多くには口のまわりに感覚器のヒゲがあり、これで味を感じる。[47]

魚になぜ味覚が必要なのかと思う人がいるといけないのでいっておこう。理由はわたしたちとまったく同じだ。魚にも種ごとに、場合によっては個体ごとに食べものの好みがある。多少の時間をかけて口に合うかどうかを確かめもする。水槽の魚を眺めたことがあるなら、魚たちが餌をひとくち口に入れては吐き出すのを繰り返してから飲み込んだりプイとそっぽを向いたりするのを見たことがあるのではないだろうか。種に共通する好み、同じ種のなかでも地域に共通する好みというのは大まかにはある。人間も民族によって食生活が違うが、それと同じことだ。しかし、個体になると話が違う。人間のことを考えてみてほしい。人気の芽キャベツ料理もスパイシーなものからマイルドなものまでさまざまだし、昨今のコーヒーのバリエーションの多さはくらくらしそうなほどだ。ニジマスとコイの研究は、食べものにやかましい美食家が魚にも決してめずらしくないことを明かしている。

不快な味に対する反応も、魚は人間と似ている。わたしたちは腐った果物や肉を気づかずに口に入れてしまったら即座に吐き出すだろう（人前ではできるだけ見苦しくないように）。ドーバーソールも気に入らない食べものを前にすると、プイとうしろを向いて頭をふりふりさっさとあっちへ行ってしまう。『水槽と野生での魚の行動』(*Fish Behavior in the Aquarium and in the Wild*)の著者ステファン・リーブは、毒があり、非常にいやな味がするヒキガエルのオタマジャクシに対する魚の反応について書いている。「どうしようもなく腹をすかせたバスなら、ヒキガエルのオタマジャクシでもしかたなく食べるにちがいないというしかない。だが、ほかの魚がうっかりオタマジャクシを口に入れてしまったときの反応が、頭を激しくふり、顔をしかめているように見えることからすると、オタマジャクシをメニューに加えても、魚には心からたのしめる食事にはならない」[48]

空気よりも密度の高い水という生活環境は、棲むにはいくらか制約を強いられるが、魚は陸生生物には味わえない感覚を経験できもする。電気パルスで隣人とおしゃべりするのを想像できるだろうか。次章はふつうの感覚を離れて、魚が環境を知覚する変わった方法を見ていこう。

方向感覚、触覚、そして……

肉体が待っているとき、かすかな接触に電気が流れる。
——ウォーレス・ステグナー[1]

魚はするべきことをするために動きまわらなくてはならない。生きるために、子孫を残すために、然るべきときに然るべきところにいる必要がある。わたしたちと同様、一日のうちに決まった場所に何度も出入りする。餌を得る場所、身を隠し、休息する場所、身づくろいをしてもらう場所。また、繁殖や産卵や巣づくりのために一年周期で訪れる場所もある。魚がその複雑かつ広大な生息環境で生きていくのは生やさしいことではない。

魚は方向定位にすぐれている。長い距離でも短い距離でも、行くべき方向をさまざまな方法を使って見つけだす。目の見えないドウクツギョは洞窟という狭い環境に暮らし、ほとんどの種はまったくの暗闇に棲んでもいるため、方向定位の能力の高さが非常に重要になる。この小さい魚は、目的の場所への途中にあるおもな障害物をそれらにぶつかる水流の変化を感知して憶えている。また、メカジキ、ブダイ、ベニザケは太陽コンパスを使い、太陽の角度から方向を見極める。[2] さらに推測航法を使う魚もいる。[3] 既知の場所を基準点にして、そこから知らない場所をあちこち探索しに出かけ、またもとの場所にまっすぐもどってくるのである。

サケの方向定位の能力は特筆ものだ。サケは大洋で何年も暮らしたのちに生まれた川にもどって繁殖活動をする。この遡河回遊魚の能力はもって生まれた自然のグローバル・ポジショニング・システム（GPS）といえるだろう。わかっているかぎりでは、サケがこのシステムをフルに活用するには少なくとも二つの感覚器、地磁気センサーと嗅覚を使う。さらに視覚も利用できればなおよいだろう。

サメやウナギ、マグロもそうだが、長距離を回遊するサケは地球の磁気を感知して方向定位に役立てている。この仕組みは細胞のレベルに現われている。ごく小さい磁鉄鉱の結晶を含む個々の細胞がコンパスの磁針のようなはたらきをするのである。ドイツ、フランス、マレーシアの研究者のチームは、マス（サケと近縁）の鼻腔から採取した細胞を回転磁界に近づけると細胞そのものが回転することを発見した。[4] 磁性物質は細胞膜に固着していて、磁力線のほうへつねに引っ張られ、それによってサケが方向を変えるときに細胞膜上にねじれを発生させる。これがねじれストレスを感受する変換器のようなものに直に伝わるにちがいない。サケがねじれストレスを感じていることは証明されているからである。

サケは非常にすぐれた嗅覚も使っている。若いサケは川を下って海へ向かうとき、途中の水の化学成分を「記録」しておく。そして何年かのちに、母川のにおいの明確なしるしをたどって同じ道を引き返すようにしてもどっていく。[5] 実験では、嗅覚を阻害されたサケがもどる川はでたらめだったが、そうでないサケは生まれた川にもどって繁殖活動をした。

この実験はウィスコンシン大学のアーサー・ハスラーを中心とする研究者チームによるものだが、同じチームによる低侵襲の実験では、若いギンザケを二つのグループに分け、それぞれににおいの強い無害な二種類の化学物質——モルヒネとフェニルエチルアルコール——のどちらかをかがせたうえで両方のグループを一緒にミシガン湖に放流した。[6] 一年半後にやってきた産卵期に、ある川にモルヒネを、そこから八キロ離れた川にフェニルエチルアルコールを少量ずつ流し、サケを捕獲した。モルヒネを流した川で再捕獲したサケのほとんどは事前にモルヒネをかがせたグループ、フェニルエチルアルコールを流した川から捕獲したサケのほとんどはフェニルエチルアルコールのグループだった。

サケは視覚も使っているだろうか。[7] 日本の研究チームが海に放してから再捕獲したベニザケを使ってその点を調査している。研究者らは炭素粉末をコーン油に混ぜたものをサンプルのサケの目に注射して目を見えなくしてから放流した。五日後に再捕獲したサケのうち母川にいたのは、目を見えなくしたサケで二五パーセントだったのに対し、事前に何もしなかった対照群のサケでは四〇パーセントだった。研究者らはベニザケが母川の河口にたどりついたのは視覚を使ったからだと報告しているが、わたしにはそうは思えない。生まれた川への道を見つける成功率が低かったのは、異物を注射されて盲目にされたことによる痛みとストレスと方向感覚の混乱で説明できるのではないだろうか。実験の条件をもっとととのえるために、対照群のサケには目が見えなくならない同等の化学物質の溶液を注射する必要があるだろう。ただし、わたしはやってほしくないが。

水圧センサー

魚が方向をさだめるときには個々の魚が個別に方向定位をするだけでなく、まわりの魚についていくというやり方もある。鳥の群れは視覚と鋭敏な反射神経を使って協調しながら同じ方向へ集団飛行するが、それと同じように魚の大群も一体になって泳ぎながら方向を変える。まるでほかの魚が何をしようとしているかがわかっているかのようだ。どの魚が最初に方向を変えるのか、最初の一匹から連鎖反応がはじまるのかはわかっていない。

むかしの博物学者はこの行動を一種のテレパシーによるものと考えたが、映像をスローモーションで再生して解析することで現実的な説明が引き出せた。群れに伝わる動きにほんのわずかな遅れがあり、魚はたがいの動きに反応していることが見てとれたのである。感覚システムが電光石火の速さで作用するので、群れはいっせいに方向を変えるように見えるのだ。

昼間なら、魚の群れも鳥の群れと同じように視覚を頼りにして一団で動けるだろうが、魚は鳥とちがって（人間ともちがって）暗闇のなかでもそろって動くことができる。なぜだろう？　それは脇腹にある側線という器官のおかげだ。側線は特殊なうろこが水平にならんだもので、うろこにあいた孔が影をつくるので黒く細い線に見える。[8]　この孔に感覚細胞の集まった感丘があり、その一つ一つから毛のような突起がいくつか出ていてそこにゼリー状の小さいキャップがかぶさっている。

状況に応じた魚自身の動きから生じたものも含めて、水圧の変化や乱流が感丘の有毛細胞を動かし、その刺激から脳に神経パルスが送られる。つまり側線は、夜間や濁った水中で非常に便利なソナーシステムと同じはたらきをするのである。

密集して泳ぐ魚の群れは、個々の魚がこの側線を介して接触しあっているようなもので、それによる信号の受けわたしは視覚情報を伝えるのに等しく、水の動きが映像化される。[9]目の見えないドウクツギョが岩やサンゴのような静止した物体を感知できるのも、この水のイメージ化のおかげだ。障害物が何もなければ水の流れは対称であるはずだが、岩やサンゴによって水流にひずみが生じ、その情報を受けとっているのである。盲目のドウクツギョはメンタルマップをつくることができるのだ。[10]視覚で方向を知ることができない魚には非常に役立つスキルである。

現在では、多くの魚の脳も機能が左右に局在していることがわかっていて、こうした賢い魚たちも見慣れない物体に遭遇したときに側線を左右使い分けている。水槽の壁際の真ん中にプラスチックの物体を置くと、目の見えないドウクツギョは右横腹の側線がそれに面するようにして何度もそこを通る。この行動はその物体に慣れて警戒しなくなるにつれて数時間で消える。視覚と側線の感覚システムはそれぞれが独立してはたらくため、ここから脳機能の側性化、すなわち脳の左右半球の機能分担は脳の深いところで起こっている現象であると考えられる。[11]目の見える魚については、初めて見る（したがって得体の知れないおそろしい）物体を調べるときなど、感情がかかわる状況では右目で見ることがすでにわかっている。

生物の設計はたいていそうだが、側線もやむをえない妥協の産物だ。魚が泳げばどうしても水に流れが生じて感丘が刺激を受け、それが「背景雑音」になるせいでほかのものの動きを感知しにくくなってしまう。ある実験で示されているとおり、泳いでいる魚が近くの捕食者の動きに反応するのは静止している魚のわずか半数である。[12]他方、前へ泳いでいる魚は自分の鼻先に生じる波のねじれを感知でき、暗闇のなかで見えない物体や水槽の壁のように透明な物体に衝突するのを避けられる。せっかくのこのシステムが漁網の存在を感知できないのは、魚にとって不幸なことだ。

ビリビリッ

暗くても壁にぶつからずにすむ感覚器を備えていたら便利だが、壁の向こう側の見えも聞こえもしないものも感知できたらどうだろう？　ここで電気受容の登場だ。

電気受容とは、自然に発生する電気刺激を感知する生体の能力のことである。この能力があるのはほぼ魚だけといってよく、ほかは単孔類（カモノハシとハリモグラ）、ゴキブリ、ハチが知られているのみだ。電気感覚は、板鰓類《ばんさいるい》のサメ、ガンギエイ、エイに広く見られる。[13]硬骨魚類（三万種強）では、三〇〇種以上が生物の発する電気を感知する。これは生きるうえで非常に価値のある道具にちがいない。魚類において少なくとも個別に八回は進化しているからである。水中の生物に多いのは、水の電気伝導率が空気にくらべて高いことに関係している。

受容という言葉から察せられるとおり、電気受容は電気的な情報を受け身で利用するものである。板鰓類は電気を受容する能力しかない。つまり電気刺激を感知するが、自分で発電することはできない。このグループの魚はゼリー状の物質が詰まった多数の孔が頭部に点々と散らばっていて、そこで電気刺激を感受する。この孔は一六七八年にこれを発見したイタリアの医師ステファノ・ロレンチーニにちなんでロレンチーニ器官と呼ばれる。[14] ロレンチーニはサメの鼻先に無精ひげのように黒い点がポツポツとあるのに気づき、そのあたりの皮膚をはがしてみた。するとチューブ状のもの——スパゲッティほどの太さのものもあった——が脳につながり、そこで集まっていくつかの透明なゼリー状の塊になっていた。

ロレンチーニ器官に電気受容のはたらきがあることがわかったのは、それから長い年月を経た一九六〇年代のことである。[15] ほかの生物の神経インパルスから生じる微弱な電流が水中を効率的に伝わり、それを検出する。その感度の高さは、水底で深さ一五センチの砂に埋もれて隠れている魚の心臓の鼓動がそのもち主を裏切って、飢えたサメやナマズに居どころを教えてしまうほどだ。[16]

一方、硬骨魚には自分で電気を発生させるものがいる。デンキウナギのことは誰でも聞いたことがあるだろう。南米の川に棲むこの魚は、体長二メートル、重さ二〇キロを超すことがある。体が細長い円筒形なので名に「ウナギ」とつくが、ウナギではなく、ナマズに近い。低電圧の電気で電磁場をつくり、それが周囲の物体によって変化するのを体表の電気感受器で感知することによって、濁った水のなかで障害物をよけながら泳ぐ。だが、もっと有名なのは六〇〇ボルト以上にもなる強い電気を発生させることだろう。発電器官は尾の筋肉組織の細胞にある。バッテリーの積層セルと同様に必要になるまで蓄電でき、いざというときに一気に放電する。デンキウナギはこの自前のテーザー銃で衝撃をあたえて獲物を殺したり、ありがたくない侵入者を撃退したりできるのである。*

デンキウナギやシビレエイなどの放電時の電圧は非常に高く、これらの魚を「強電気魚」と呼ばしめるほどだ。だが、わたしにいわせれば「弱電気魚」のほうがおもしろい電気の使い方をする。同種の仲間への意思伝達という、いたって平和で穏やかな使い方なのだ。そういう魚の大半は二つのグループのどちらかに属している。吻が下向きに突き出しているところからそう名づけられたアフリカのエレファントノーズフィッシュと、その形と色から命名された南米のナイフフィッシュである。姿を隠すのが得意な多くの魚と同じく、これらの魚も泥で濁った水のなかに棲む。水の濁りが、視覚を使わない新しいコミュニケーションの方法を生む下地になったのだろう。弱電気魚は毎秒一〇〇〇パルス（一キロヘルツ）の発電器官放電（ＥＯＤ）で情報を伝達する。この周波数はデンキウナギの周波数の二倍以上だ。

弱電気魚がこの信号の識別を得意としていることは、アフリカ西部から中部の川に棲むエレファントノーズフィッシュから明らかになっている。ドイツのレーゲンスブルク大学動物学研究所のシュテファン・パイントナーとベルント・クラマーが発電器官放電を模した電気をあてたところ、この小さい魚は「驚くべき」能力を見せた。一〇〇万分の一秒ものパルスの時間差を認識したのである。[18]これは動物界で最速とされるコウモリの反響定位の音波に匹敵する。

エレファントノーズフィッシュは発電器官放電の周波数、継続時間、振幅を変えることで、種、性別、体の大きさ、年齢、位置、距離、生殖状態に関する情報を交換する。さらに社会的地位や、攻撃や従属や求愛といった感情を伝えもする。[19]繁殖相手の候補の気を引こうとするときには、信号をチッチッとかキーキーといった変わったパターンにして求愛の歌で訴えかける（人間が情熱を電気で伝えるなら、「スイッチがオンになる」という言葉に別の意味が加わるだろう）。放電の特徴はその個体に固有で変わることがないので、そこからほかの個体を見分けることもできる。なわばりに侵入するものがいればその放電で存在に気づき、追い出そうとするにちがいない。[20]近隣のほかの魚のなわばりを通過するときにわざわざ放電を止めることがあるのはそういうわけだろう。ペアや集団は、放電を「返しあったり」放電で「デュエット」したりもする。オスはほかのオスと交互に放電し、メスはメスの気を探ろうとするオスに合わせて放電するのである。

エレファントノーズフィッシュにしろナイフフィッシュにしろ、たくさんの魚がすぐ近くで放電したら混乱することもあるだろう。そういうときにこれらの魚がどうしているかというと、いわゆる混信回避行動をとる。[21]二匹の魚の放電周波数が非常に近くて識別しにくそうなとき、調整して差を大きくするのだ。社会集団をつくる魚は周囲の魚と一〇～一五ヘルツの差をもたせ、放電周波数が各個体に固有のものになるようにするのである。[22]

アフリカ南部を流れるザンベジ川上流域のエレファントノーズフィッシュの記録から、彼らが信号を使って協力することもうかがえる。物陰にひそんでいた捕食者に襲われた魚が放電すると、それが早期警報になって周囲の魚が加勢にやってくる。そうすることで捕食者が狩りに失敗しやすくなるなら、一帯の魚すべての利益になるというわけだ。隣人同士が交わす信号は異常なしの合図に

＊強電気魚と呼ばれるこの魚はどうして自分の電気で感電しないのかと思うかもしれない。脂肪の層が絶縁体のはたらきをし、自分の武器に一撃されるのを防いでいるのだ。[17]とはいえ、自分の放った電気で体をビクビクと痙攣させることもある。

もなり、おかげでなわばりを守るために余計なコストをかけずにすむ。なわばりの隣接するライバル同士もこのように手を結んで「ディアエネミー（親敵）」になり、餌が乏しくなったときに協調する。[23]

こうしたことがあまりに高度で魚の話とは思えないなら、そろそろ魚の知性について考えを改めたほうがよいだろう。エレファントノーズフィッシュが魚のなかで最大の小脳をもっていること、また体に対する脳の重量比率――知性の高さの目安とされている――がわたしたち人間とほぼ同じである種がいることも考えてみてほしい。脳のかなりの部分が電気受容とコミュニケーションのために使われているのだ。[24]

電気で意思伝達するのには犠牲もともなう。電気受容の能力のある捕食者に嗅ぎつけられやすいからである。その一例がアフリカンクララ（アフリカナマズ）だ。このナマズはアフリカ南部を流れるオカバンゴ川を毎年大群で遡上しながら狩りをする。この期間に彼らがおもに餌にするのは、ブルドッグと呼ばれるエレファントノーズフィッシュの一種である。アフリカンクララは放電を「盗み聞き」して、不運なブルドッグのいる場所を突き止める。だが、ここにはもうひとひねりある。メスは放電が短いためにナマズに見つかりにくく、メスの一〇倍の長さで放電するオスがあっさり見つかってしまうことが飼育下の魚を使った実験でわかったのである。ナマズの腹のなかから見つかったブルドッグの大きさの統計分布から、食われるのはほとんどオスであることが確かめられた。食われないようにするという進化の軍拡競争で、オスが放電を短くして防衛力を高めるように祈ろう。[25]

気持ちいいからなでて

側線も放電もわたしたち人間の感覚系には無縁のものだが、触覚はそうではない。よく知るこの感覚が魚の場合はどうなのかを探るために、もう一つの感覚に結びつけて考えたい。触感から生まれる感覚、そして魚にそれがあるとはまず考えられていない感覚。そう、快感のことだ。

小説家で詩人のD・H・ロレンスは、固定観念が色濃く表われた「魚」という詩でこう詠っている。


群をなしておし進む。

だが音もなく、接触もない。

言葉も　痙攣も、怒りさえも交わさない。

一つの触れ合いもない。

多くがかたまって漂い、永久に別々で、
おのおのはただ水と共にいるだけで、他のものと一つの波に乗りながら。（安藤一郎訳）

わたしはこの詩が好きだ。ロレンスのいいたいことはよくわかる。空気中で生きるわたしからすれば、もったりと重たい媒質に漂いつづける魚はどこか孤独を感じさせる。

だが、一九二〇年代の初めにロレンスがこれを書いたころは、魚に関する今日のような知識はなかった。魚は独りぼっちではない。たがいに個を認識し、つきあう相手を選びもする。さまざまな感覚の経路を通じて意思を伝えあっている。性の営みもある。ばらばらに生きていると思われがちだが、ばらばらどころか魚の触覚は敏感で、触覚を通じたコミュニケーションが多くの魚の生活をゆたかにしていることがわかってきたのである。

本書を執筆するために調査をしているとき、ある人からビデオ映像が送られてきた[26]。その人は、なぜ魚が人間のところに何度ももどってきて、なでられたりすくい上げられたり、また水のなかに投げ込まれたりしようとするのだろうと不思議に思い、アニメ映画『ファインディング・ニモ』のニモによく似たかわいいオレンジ色のフラミンゴシクリッドの動画をわたしに送ってきたのだった。

魚がそんなことをする動機はなんだろう?

答えは気持ちがいいからだ。わたしはそう思っている。魚はよくたのしそうにたがいにふれあう。こすったり軽く噛んだりして相手の機嫌をとるものも多い。掃除魚は大事なお客との関係を強化するために、相手をひれでなでるようにして愛想をふりまく[27]。ウツボやハタは顔見知りのダイバーに近づいて、背中や顎をなでてもらったりする。

わたしはふつうの人々が魚についてどう考えているかを個人的に調べようとして、無作為に一〇〇人の人を選んでたずねたところ、先述したフラミンゴシクリッドのような行動を報告してきた人が八人いた。やはり人間にさわらせたりなでさせたりすくわせたりするという。作家のキャシー・アンルーは後日手紙をくれて、ラリーと名づけたバハマのハタのことを知らせてきた。キャシーがダイバー仲間と一緒にラリーのいるサンゴ礁のところへもぐっていくと、ラリーは近寄ってきてなでさせるという〔口絵17〕。キャシーによると、ラリーはダイバーと目を合わせたり彼らの吐き出す泡を調べたりする。犬や豚がするように体を左右に傾けてなでてほしいところを示したりもする。今日、ダイバーにじゃれつく魚や、どうかすると体をすり寄せているように見える魚の動画が見られるが、ダイバーのほうもまるで飼い猫にするようにそっとなでてやっている。水槽の魚が安心しきって飼い主の手に何度も近づき、やさしくなでてもらう様子を撮った動画も増えている。

もう一つの大きいグループ、軟骨魚類の魚（サメ、エイ、ガンギエイ）もさわられてよろこぶ様子を見せる。ダイバーのショーン・ペインはフロリダ沖で出会った若いマンタのことを書いている。[28]このエイはペインのそばにきて何度も彼に体をこすりつけ、くるくるとタンゴを踊るようにして手のなかに跳び込んでくる。

「体をなでてあげると、犬がおなかをさすってやったときに足をぷるぷるさせるように、胸びれの先をふるわせるのです」とペインはいう。

マリン・メガファウナ・アソシエーションの設立者アンドレア・マーシャルによれば、マンタはとても好奇心が強く、人なつこいという。[29]魚で最大の脳をもつこの巨大な板鰓魚《ばんさいぎょ》は、泡でマッサージしてもらうのが大好きだ。マーシャルはマンタたちの下へもぐり、ダイビングレギュレーターから泡を吐き出してやる。やめるとマンタたちは行ってしまうが、すぐにもどってきてまた泡を出してもらいたがる。シカゴのシェッド水族館でも似たような話がある。[30]この水族館では一五〇万リットルの水槽で五匹のトラフザメを飼育しているが、そのうちの二匹は飼育係のまわりを泳ぐのが好きだ。展示「ワイルドリーフ」の責任者リサ・ワトソンはこういう。「レギュレーターから出る泡の感触が好きなんでしょう。メンテナンスのために水槽に入ったときは、トラフザメの下にレギュレーターを置いてやります。泡がおなかをくすぐっているあいだ、ダンスしていますよ」

さわってもらうことのほかにも、もしかしたら魚もたのしんでいるかもしれないと考えられるものはたくさんある。すぐに思い浮かぶのは、食べもの、遊び、セックスだ。そして自分ひとりでするたのしみもある。オーストラリア周辺海域のミナミマグロは体を横にまわして太陽光を受ける。なぜそうするのかは正確にはわかっていない。一つ考えられるのは、日光を浴びて体温を上げようとしているのではないかということだ。体温が上がればより速く泳いだり活動したりでき、狩りの効率が上がる。わたしが思うに、そのほかにも太陽の光が温かくて気持ちよいからというのもあるのではないだろうか。生きるのに役立つ行動は、たのしさや気持ちよさがともなうように進化するものだからだ。

マンボウは英名をオーシャンサンフィッシュというが、これは海面に体を横たえて日光浴をするのが好きなことからきている。この大きな魚は寄生虫の宿のようなもので、体長一五センチもある大きいカイアシ類など、四〇種もの寄生虫が体表についている。そこでマンボウは水に漂う昆布棚の下にならんで、掃除魚に掃除してもらうのを待つ。先頭のマンボウは、さあ取りかかってくれとばかりに体を横たえる。

ところが寄生虫のなかには大きすぎて掃除魚にも取れないものがあり、こうなるとマンボウはスペシャリストを頼みにする。海面まで上がっていき、体に刺さった寄生虫をカモメのがっしりしたくちばしで引き抜いてもらうのだ。カモメにつきまとってその横にならんで泳ぐマンボウの姿が目撃されている。

皮膚がチクチクする不快さがなくなると気持ちよいことも、カモメが寄生虫を退治してくれることもマンボウは承知しているといったら言い過ぎだろうか。[31]ことによると一〇〇年も生き、広い大洋を何キロも泳ぐこの賢い生きもののことだから、そうとしか考えられないと思うのだが。

気持ちよさを知っていれば、痛みも知っていることになる。わたしにはそう思えてならない。だが、魚のゆたかな生活の理解が着実に深まっているとはいえ、痛みを感じる能力についてはまだ決着がついていない。どうなのだろう？　さあ、探ってみよう。

III 魚は何を感じているか

おまえの生命はその両腹に沿う感覚の速水
——「魚」D・H・ロレンス[1]（安藤一郎訳）

痛み、意識、認識

えらの火格子にぬれて燃える水
——「魚」D・H・ロレンス[2]（安藤一郎訳）

魚は痛みを感じるだろうか。あたりまえじゃないか、見ればわかるし、そもそも脊椎動物の仲間じゃないかと考える人もいないわけではないが、たいていの人はそう思っていない。この疑問に関して、わたしは限られた数の調査結果しか知らないが、北米の釣り愛好家と釣りのできる娯楽施設の経営者を対象にした調査では、魚は痛みを感じると考える人がそう考えない人よりも少し多い程度だ[3]。またニュージーランド人を対象にした調査でも同様の結果だった[4]。

魚は痛みを感じるのかという疑問は、きわめて重要な問題である——人間がどれだけたくさんの魚を殺しているか、「はじめに」で紹介したおそろしいほどの数字を思い出してほしい。痛みを感じる生きものは痛みに苦しみ、だから痛みと苦しみを避けようとする。しかし痛みを感じられるのは、決して無駄なことではない。痛みは意識がなければ感じられないからだ。もちろん生物は、痛みを感じなくても有害な刺激から離れようとするだろう。これは反射的な反応で、精神作用がなくても神経と筋肉が体を動かす。たとえば病院で鎮静剤を投与された患者が痛みを感じない状態になっていても、熱や圧力といった危険な刺激をあたえられれば反応してよけるだろう。末梢神経が脳とは独立してはたらくためである。それ自体には意識も痛みもかかわらない反射というこの反応に、専門家は侵害受容という言葉を使う。侵害受容は痛みを感知する第一段階だ——痛みを感じるのに必要だが、それだけでは充分ではない。侵害受容器からの情報が脳の高次の中枢に中継されて初めて痛みを感じるのである。

魚に知覚する能力があると考えるのには充分な理由がある。魚は脊椎動物であり、基本的なボディプランは哺乳類と同じなのである。脊椎、感覚器官、脳が支配する末梢神経系。体に害をおよぼすことがらを検知して回避する能力は、魚にとっても欠かせない。痛みは怪我や死につながりかねない状態にあることを知らせてくれる。怪我にしろ死にしろ、どちらも個体が子孫を残す可能性を小さくしたりなくしたりするので、自然選択はこのような最悪の結果を回避するように生物を進化させる。痛みは過去の損害をふたたび被らないようにしろと教えるのだ。

ここでお願いがある。ぜひ水族館へ行ってほしい。魚は意識があるのか、したがって痛みを感じるのかという疑問についてなんらかの答えが得られるかもしれない。水槽の前に立つ。そしてそのなかの魚を五分間観察してみよう。じっくりとよく見てほしい。近づいてきた魚と目を合わせる。視覚、聴覚、嗅覚、触覚について本書でここまでに知ったことを念頭に、ひれと体の動きを観察する。一匹を選んで見てみる。その魚はほかの魚に注意を払っているだろうか。動きになんらかの秩序があるか、それとも何も考えずにただでたらめに泳いでいるだけのようだろうか。

水族館で魚を観察すれば、その行動はでたらめなどではなく、そこにパターンがあるのが見出せるだろう。同種の仲間とやりとりのようなことをしているのがわかるにちがいない。体の各部位が見えやすい大きい魚なら、目玉は貼りついたように動かないのではなく、くるくると回転しているのが見てとれる。粘り強く、観察力の鋭い人なら、一匹ずつ違いがあるのを識別できるだろう。たとえばほかの魚に対してえらそうにし、境界を越えてきたものを追い払おうとする魚がいるかもしれない。大胆なものもいれば、おずおずしているものもいるだろう。

子供のころのわたしは、水槽の「魚」を眺めていてもあまり注意深く見てはいなかった。生きている生物を見ているのではなく、ただ泳ぐ生きものの形と色を見ていた。それがしだいにじっくり眺めるようになり、そうすると魚はもっとおもしろい生きものになった。いまのわたしは、生きものの二つの世界を隔てるガラスの壁の前にいつまでも立ち、魚たちに泳ぎ方のパターンや社会秩序があることに気づく。水槽は小さすぎて自然環境の複雑さが充分に表われないが、それでもそのなかの魚には泳いだり休んだりする好みの場所がある。

魚は周囲の環境にまちがいなく気づいているが、では意識しているのだろうか。意識していれば、何かを経験し、何かに留意し、何かを記憶する。意識のある生物はただ生きているのではない。生き方がある。本書は魚に意識があることを支持する科学研究を数多く紹介している。だが、個人のエピソードは科学が総出でかかってもかなわないくらいたくさんのことを伝えてくれる。ペンシルベニア大学時代からの友人で医師のアナ・ネグロンはこんなことを話してくれた。

一九八九年のことでした。プエルトリコの北東の海でスキューバダイビングをしていたわたしは、のんびりボートにもどろうとしていたときに一メートル以上あるハタと目が合いました。ハタは手を伸ばせばさわれそうなくらい近くにいます。左半身が太陽の光でちらちらと光っていました。わたしはフィンを蹴るのをやめてじっとしました。ぴたりと止まったまま、足をぶらりとさせていました。水に体をまかせていると、ハタの大きい目がギョロリと動いてわたしの視線とぴたりと合ったのです。たぶん三〇秒くらいだったのでしょうけれど、何か時間が止まったように感じました。どちらが先に動いたのか憶えていませんが、とにかくわたしはボートに上がって魚と人間の女がおたがいを意識したことをみなに話しました。そのあとクジラと目が合ったことがありますが、あのときのハタの存在感のほうが強烈でした。

すいすい泳ぐ、ほかの魚を追いかける、餌をもらいに水槽の端へ泳いでいく――魚のそんな様子を観察するたびに、魚は意識のある、ものを感じる生きものだと考えるのが自然だとわたしはつくづく思う。魚に意識などないと考えるのは直感に反している。しかし、常識や直感では科学は成り立たない。では、魚の知覚能力について科学がどう考えているかを見てみよう。

魚の知覚能力に関する論争

魚は痛みを感じると考える生物学者の代表は、ペンシルベニア州立大学の魚類学者ヴィクトリア・ブレイスウェイトとリバプール大学の同じくリン・スネドンである。一方、ワイオミング大学名誉教授のジェイムズ・ローズは否定派の先頭に立つ。[5] ローズ以下七人の権威ある学者たちは、二〇一二年に「魚は本当に痛みを感じられるのか」と題する共同論文を発表した。論文の要旨は、魚には意識がなく（どんなものも意識せず、感じることも考えることも、ものを見ることとさえもできないということ）、痛みは完全に意識による経験だから、魚は痛みを感じないというものである。この主張を支えているのは、わたしが大脳新皮質至上主義と呼ぶものだ——脳が「人間のように痛みを感じるための処理」をするには、隆起と折りたたみ（しわ）を特徴とするカリフラワー様の新皮質がなくてはならないとするものである。新皮質は文字どおり、脊椎動物の脳に最後に進化した新しい層のことをさす。これは哺乳類にしかない。

新皮質が意識の座で、哺乳類にしかないものであるなら、哺乳類でない生物はすべて意識がないことになる。だが、この考え方には大きな穴がある。鳥類は新皮質がないが、鳥に意識があることを示す証拠はほぼ全面的に認められているのだ。鳥の認知能力の高さは、道具をつくる、何カ月も前に埋めた多数のものの場所を憶えている、特徴の組みあわせ（色と形など）によってものを分類する、隣人の声を何年にもわたって認識する、夕暮れに子を巣に呼びもどすのに名前を使う、雪だまりや自動車のフロントガラスを滑り下りるなどの遊びを考えつく、うっかりしている旅行者からサンドイッチやアイスクリームのコーンをかすめ取るようないたずらをするといったことに表われている。このように鳥の意識的な行動がいかにも見事なので、いわゆる「鳥頭」という言葉は鳥類の古皮質が平行進化の道をたどったことを踏まえて二〇〇五年に見直され、これにより鳥類の認知力は哺乳類と肩をならべると認められることになった。[6] 生きものが意識をもち、経験し、巧妙なことができるためには、そして痛みを感じるためには、新皮質が必要だという考え方を鳥が葬ったのだ。

新皮質のない生きものでも意識があるなら、意識と新皮質が分かちがたく結びついているという考え方にもう意味はない。したがって魚に意識はないという主張にはなんの根拠もない。エモリー大学の神経科学者ローリ・マリノはこう述べている。「意識という複雑な脳機能が生じるにはさまざまな経路があります。魚は充分な神経構造をもたないために痛みを感じることができないと考えるのは、風船は翼がないから飛ばないというようなものです」

あるいは、人間はひれがないから泳げないといってもよい。

哺乳類に皮質があるなら、それに対する魚類の答えは外套《がいとう》である。多様さと複雑さが顕著に表われた脳の部位だ。[7] 魚類の外套の計算能力は平均して霊長類の新皮質のそれよりも低いが、その機能は哺乳類の新皮質ないし鳥類の古皮質のそれに相当することがしだいに明らかになっている。この部位のはたらきについてはあとの章で詳しく見ていくので、ここでは学習、記憶、個体認識、遊び、道具の使用、協力、損得勘定が関係するとだけいっておこう。

またもや釣り針に

魚はつづけざまに釣り針にかかるといわれている。この現象を取り上げてみたい。「釣り上げたバスをリリースしても、同じ日か翌日にまた寄ってきて一度ならず針にかかってしまうという話をよく聞く」と魚類生物学者のキース・A・ジョーンズがバス釣りをする人向けの本に書いている。[8] 魚にとっては釣り針にかかることがトラウマにはならないのだと無理からぬ主張をする釣り人もいる。そうでなければなぜすぐにまた餌に食いつくのだ？（そうくるなら、魚は何も感じないのに何度もなでてもらいにくるのはなぜだと問い返してもよいだろう）

しかし、「釣り針忌避」もたいていの釣り人に覚えがある。釣り針と釣り糸にかかった魚が通常と同じようにふるまいだすまでに長い時間がかかることを示した研究がある。コイとカワカマスはたった一度針にかかっただけで、そのあと三年も釣り餌に近づかないことがある。[9] オオクチバスでの一連の実験では、この魚も釣り針を避けることをすぐに学習し、釣り針忌避が六カ月つづいたことが確かめられている。[10]

一方、海や川での動きを追跡するために送受信機を埋め込まれるなど、体に傷をつける処置をされたあと、わずか数分で通常と思われる行動をしはじめるのが観察された研究もある。このことをもとに魚は痛みを感じないと考える人もいるが、わたしにはその理由がわからない。腹をすかせた魚は痛みがあっても飢えているから、痛みがトラウマになって通常の行動をせずにいるよりも餌を食うことのほうが先決だろう。

シドニーのマッコーリー大学生物科学部で魚の認知能力と行動を研究するカラム・ブラウンは二〇一四年のインタビューで、魚が何度も釣り針にかかる現象について次のように答えている。

餌を食べなくてはならないのです。自然のなかではいつ何があるかわからないので、食べる機会を逃すわけにはいかない。たとえ腹がいっぱいのときでも多くの魚が餌に食らいつくでしょう……「でも同じ魚なんですよ」という人がよくいます。そりゃあ、もしあなたがおなかがぺこぺこで、誰かがハンバーガーにたびたび針を仕込んだとしたら（たとえば一〇回に一回）、どうしますか？　それでもハンバーガーを食べつづけるでしょう。食べなければ死んでしまうのですから。[11]

マスの痛みの研究

釣り針忌避だけでは動物の意識について多くのことはわからず、科学者や哲学者はこれからもずっと議論をつづけていきそうである。魚の知覚能力を証明するためには、魚の痛みに関する科学研究に目を向けるのがよいだろう。これについては多くの研究があり、この本で紹介できるのはその一部でしかない。細心の注意を払って行なわれた実験のなかに、ブレイスウェイトとスネドンによるニジマス――硬骨魚の代表――の実験がある。その成果はブレイスウェイトの『魚は痛みを感じるか？』という本にまとめられている。[12]

魚が痛みを感じるかどうかを調べるには、まず魚にそのための器官があるかどうかを確かめるのが第一段階である。どんな神経組織があるのか、それは五感による知覚のある動物と同じように機能するのか。

そこで、回復しないようにマスに深く麻酔をかけ（実験中は完全に眠らされ、最後に致死量の麻酔剤を投与されて殺された）、顔面の神経を露出させた。三叉《さんさ》神経（脊椎動物が共通してもつ頭部で最大の神経で、顔面の感覚と嚙んだり咀嚼《そしゃく》したりといった運動機能を担う）が調べられ、Aδ《エーデルタ》繊《せん》維《い》とC繊維の両方が確認された。ヒトをはじめとする哺乳類では、これらの神経線維が二つのタイプの痛みにかかわっている。Aδ繊維は侵害刺激を受けた直後に感じる鋭い痛みを、C繊維は少し遅れて感じるうずくような痛みを感じさせる。興味深いことに、マスはC繊維の割合がほかの調査からわかっている脊椎動物のその割合（五〇～六〇パーセント）よりも小さい（約四パーセント）ことが明らかになった。だとすると、少なくともマスの場合は傷つけられたあとにくるしつこい痛みが軽いと考えられるかもしれない。だが、神経線維の割合が偏っていることにあまり重大な意味はない。リン・スネドンが指摘しているとおり、マスのAδ繊維は哺乳類のC繊維と同様にふるまい、さまざまな有害な刺激に反応するからである[13]。

次に、研究者らはマスの皮膚に加えられた有害な刺激が三叉神経を活動させるかどうかを調べることにした。そのために三叉神経の三本の分枝が集まる三叉神経節を刺激する。三叉神経節の細胞体に微小電極が差し込まれ、頭部と顔面の受容体に三種類の刺激、すなわち触刺激と熱刺激と化学物質（酢酸の薄い水溶液）による刺激があたえられた。その結果、三種類とも三叉神経の急激な活動を引き起こしたことが電極に電気信号として現われた。三つの刺激すべてに反応した受容体もあったが、二種類もしくは一種類のみに反応する受容体もあった。このことは重要な手がかりになる。

マスは痛みを引き起こすかもしれないさまざまなタイプの刺激に反応する器官をもっているということになるのだ。力学的に生じた損傷（切る、突き刺すなど）、熱による損傷、化学物質（酸）による損傷である。

痛みを感じる器官があるなら、それはその生物に知覚能力があると結論づける確かな根拠になるが、まだ断定はできない。これまでに集められた証拠を前にしても、魚のニューロンと三叉神経節と脳は反射作用で刺激に反応しているだけで、痛みの感覚はともなわなかった可能性は残っている。

実験の次の段階では、網ですくって麻酔をかけてからマスに四つのうちの一つの処置をほどこした。①口のまわりの皮膚の下にハチの毒を注射する、②酢を注射する、③生理食塩水を注射する、④何も注射しない。③と④の処置をする対照群を設けることで、①と②について人間の手で扱われることと注射針を刺されることとの影響を差し引いて考えることができる。それからマスは水槽にもどされ、これ以上ストレスがかからないように黒いカーテンの向こう側から観察された。研究者らは単位時間あたりのえらの開閉数をカウントした。えらぶたがどれくらいの速さで閉じたり開いたりするかということで、魚のストレスを測る尺度として以前から知られている。

どのマスも処置されたためにストレスを受けていたが、その程度は処置の内容によって違った。対照群の二つのグループは、一分間あたりのえらの開閉数が処置前の安静な状態での約五〇回から処置後の約七〇回に増加した。ハチの毒を注射されたマスと酢を注射されたマスは約九〇回に増加した。

マスはみな照明が点灯すると餌をもらうために水槽上部のプラスチック製リングのところへ行く

ように訓練されていたが、処置をされたあとは一日餌を食べていなくてもリングのところへ行った魚は一匹もいなかった（釣り針にかかった魚がリリースされてもまた餌を食いにくるという話とは対照的だ）。マスは胸びれと尾びれで体を支えながら水槽の底でじっとしていた。ハチの毒と酢の処置をされたグループの一部は左右に体をゆらし、ときどき突進するような動きをした。酢を注射されたマスには、刺さった針をとろうとするか、むずがゆいところを掻くかのように鼻先を水槽の壁や小石にこすりつけるものがいた。

一時間が過ぎようとするころ、対照群のマスはえらの開閉数が通常の状態にもどった。一方、ハチの毒と酢のグループの開閉数は注射後二時間を過ぎても一分間に七〇回以上で、通常の状態にもどったのは三時間半が経過してからだった。さらに、対照群は注射後一時間で照明の点灯に反応するようになった。まだ給餌リングに近づこうとはしなかったが、一時間二〇分後には対照群の両グループともリングに近寄って水のなかに落ちてくるペレットを食べるようになった。ハチの毒と酢で処置したマスが給餌リングに関心を示すようになるまでには、その三倍近い時間がかかった。

マスのネガティブな反応は鎮痛剤としてモルヒネを使用することで劇的に減った。[14] モルヒネはオピオイドと呼ばれる化合物のグループに属し、魚の神経系はオピオイドに反応する。この実験でモルヒネに反応して現われたマスの行動は、鎮痛剤投与によって痛みが軽減されたときのそれと一致する。

同じころに、モスクワ大学の魚類学者リリア・チェルヴォヴァも実験を行ない、マス、タラ、コイの体に侵害受容器（有害な刺激に反応する神経組織）が広く分布していると報告している。[15] この神経組織はとくに目、鼻、尾の肉質部分、胸びれ、背びれに集中していた。これらは人間の顔と手のように、物を感知したり扱ったりする部位だ。またチェルヴァヴァは、オピオイド鎮痛剤のトラマドールが電気ショックへの感度を鈍らせ、その効果の度合いが投与量に依存することを発見した。鎮痛剤の量が多いほど、鎮痛効果が早く現われるのである。

ブレイスウェイト、スネドン、チェルヴァヴァの実験は、魚が痛みを感じ、侵害刺激に対するその反応がたんなる反射作用でないことを強く示唆している。それでもいま一度試してみなくてはならない。高次の認知プロセスを要する複雑な行動に変化があるかどうかを見る実験である。見慣れない物体を認識して注意を払う能力がそれにふさわしいだろう。スネドン、ブレイスウェイト、マイケル・ジェントルが実験のねらいをしぼったのはそこだった。

大半の魚と同様に、マスは自分の環境に新しく侵入してきたものを認識してそれを避けようとする。これを踏まえて、研究者らは赤いレゴブロックで塔をつくり、水槽に入れた[16]。手で扱って生理食塩水を口に注射した「対照群」の魚を水槽にもどしてやると、これらの魚は塔を避けたが、同じように手で扱って口に酢を注射した魚は塔の近くをたびたび泳ぎまわった。酢のせいで高次の認知行動——新奇な物体に気づいて回避する行動——をとる能力が損なわれたようだ。酢による痛みでマスの注意力が低下し、通常の生存行動がとれなくなったのだと研究者らは推測した。

この「注意力喪失」説をさらに確かめるために、生理食塩水と酢につづいてモルヒネをマスに注射した。すると今度は対照群のマスだけでなく、酢を注射したマスもレゴブロックの塔を避けたのである。

行動のさまざまな変化

　ここで骨子を紹介した実験は、魚が痛みを感じるかどうかに結論を下せるものではない。わたしたちが痛みと考えるものに魚がどう反応するかを評価するには、別の角度から見るやり方もある。痛みを意識的に感じるなら、危険な刺激に対して無意識に起こる反射とは違う微妙な反応があると予想できる。そこを確かめる方法の一つは、刺激の強さを変えることだ。たとえばタイワンキンギョは、弱い電気ショックをあたえると逃げ道を探すかのように活発に泳ぎまわる。[17] それに対し、強い電気ショックの場合は、ショックをあたえたものから遠ざかり、防御行動をとる。

　さらに、刺激をあたえるときの魚の行動状態を変えるというアプローチもある。一三二匹のゼブラフィッシュを使った実験では、尾の部分に酢酸を注射されたときの反応が、注射の前に脅かされなかったかで違った。[18] 注射だけのときには、ゼブラフィッシュは尾びれを力なく動かしてふらふらと泳いだ。だが、事前にほかのゼブラフィッシュの警報フェロモンを感知していた場合は、新奇なものや恐怖を感じるものに遭遇したときの通常の行動を見せた。じっとして動かなくなるか、水槽の底へもぐったのである。ふらふら泳いだり尾びれをばたばたと動かしたりはしなかった。この違いは恐怖心が痛みを抑えつけたか、痛みに優先したことを示唆している――人間やほかの哺乳類に見られる現象だ。命を落とすかもしれない危険な状況から逃げるのは傷を手当てするよりも優先されるため、これは適応反応である。

　リン・スネドンの実験方法はわたしが最も納得できるやり方だ。[19] スネドンはゼブラフィッシュが痛みから解放されようとして何かを犠牲にするだろうかと考えた。飼育下の生きものがたいていそうであるように、魚も刺激を好む。たとえばゼブラフィッシュは、同じ水槽のなかでも何もない殺風景な区画よりも植物や石などのある変化に富んだ区画を好む。スネドンが酢酸を注射してもこの好みは変わらず、生理食塩水（痛みがあっても持続しない）を注射された場合も同じだった。ところが人気のない殺風景な区画に鎮痛剤を溶かし入れると、酸を注射された魚はいつもは好まないこの区画へ泳いでいった。生理食塩水を注射された魚は変化のある環境にとどまった。したがって、ゼブラフィッシュは痛みからいくらかでも解放されるのと引き換えに何かを犠牲にするのである。

ノルウェー獣医科大学のイェーニケ・ノルドグレンとスタンフォード大学のジョゼフ・ガーナーはキンギョの痛みを評価する別の手法を考案し、そこから驚くべき結果を引き出している。[20] 彼らは小さい金属片のヒーターを一六匹のキンギョに付け、温度をしだいに上げていった（ひどいやけどをしないように、ヒーターには温度センサーと安全装置が付けられていたとのことで、それを読んでわたしはいくらかほっとした）。つづいて半数のキンギョはモルヒネを、あとの半数は生理食塩水を注射された。キンギョが熱によって痛みを感じていれば、モルヒネを投与された魚はより高い温度に耐えられるだろうと二人は考えた。

ところがそうではなかった。どちらのグループのキンギョも痛みに対して適切な反応を示した。「身もだえ」し、しかもその反応を見せはじめた温度はほぼ同じだったのだ。しかし、もとの水槽にもどしてから三〇分以上してキンギョを調べてみると、二つのグループで行動が異なることに研究者らは気づいた。モルヒネを注射したキンギョは通常とほぼ同じように泳いでいたのに対し、生理食塩水を注射したキンギョはいわゆる「Cスタート」(頭と尾を同方向に動かして「C」字になる)をしたり、泳いだり尾びれをパタパタ動かしたりする(頭と胴体は動かさない)など、逃避反応をより強く示したのである。

さらにいえば、ガーナーとノルドグレンの研究は、魚が刺激を受けた直後の鋭い痛みと、そのあとのうずくような痛みの両方を感じることの証拠になる。その反応はわたしたちが熱いコンロをさわってしまったときの反応になぞらえてよいだろう。まず、とっさの反射反応があり、考える間もなく無意識に熱源から手を引っ込める。やけどのひりひりを感じるのはその次の瞬間だ。そのあと数時間から数日はやけど痕が痛み、手をかばっては二度とやるまいと思う。ガーナーとノルドグレンの実験結果を見て、わたしはマスには少なかったC繊維——少し遅れて感じるうずくような痛みに関連する——がキンギョにはもっとあるのではないかと思っている。

科学的合意に向けて

今日、魚が痛みを感じることを示す証拠が説得力を増してきて、権威ある機関も支持するようになっている。その一つがアメリカ獣医師会で、二〇一三年の動物の安楽死に関するガイドラインで次のように述べている。

魚類「甲殻類、貝類などは含まない」が痛みに反応するのはたんなる反射だとする見方は、魚類が刺激に反応して前脳および中脳に電気的活動が生じることを示したうえで侵害受容器への刺激とは異なる反応であると結論した研究結果によって否定されている。また魚類に有害な刺激を回避するように教え、学習と記憶の固定化を見出した実験結果も充分に数がそろっていることから、魚類の認知能力と知覚能力を認め、魚類を陸生脊椎動物と同様に疼痛をあたえないよう配慮する対象とすべきとする立場が優勢になっている。[21]

また、二〇一二年にケンブリッジ大学で会合した権威ある科学者のグループは、動物の意識について現在理解されていることがらについて話しあった。[22] 一日をかけて論議したのちに意識に関する宣言が起草され、署名された。結論の一部を紹介しよう。

注意、睡眠、意思決定の行動状態および電気生理的状態をつかさどる神経回路が生物進化の過程で出現したのは古く、無脊椎動物が放散したころのようだ。昆虫および軟体動物の頭足類（タコなど）に明らかなとおりである。

言い換えれば、意識があるために脊椎は必要ではない。

さらに、

情動の神経基盤は皮質構造にかぎられたものではないようだ。実際には、人間において感情が生じているときに活性化する皮質下の神経回路網は、動物においても情動行動を発生させるのに決定的に重要である。

これも言い換えると、情動も皮質以外の脳部位から生じるということである。

そして、

新皮質のないことは、生体が情動状態を経験することを妨げないようだ。

わかりやすくいえば、食べものを前にして興奮したり捕食動物をおそれたりするのに、ヒトのようなしわの多い大きい脳は必要ではないということである。

あなたはきっとこう思っているだろう。「驚いたよ、頭のいい科学者のみなさん！　こんなやり方もあるんだね。わたしたちは常識で考えてとっくにわかっていたけれど、それにようやく気づいたってことを認めたわけだ」。心理学者のゲイ・ブラッドショーはこう断じている。「これは何も初めてわかったことではない。科学の初歩だ[23]」。しかし同時にこのことは、基本的に本人にしかわからない事象（意識）を認めるのが容易ではないこと、そして人間以外の生きものについて全面的にそれを肯定することに対して科学界が古くから抵抗を示してきたことをはっきりと表わしている。

魚が痛みを感じていることは、生理反応においても行動においてもゆるぎない事実である。哺乳類と鳥類が有害な刺激を検知するのに使う特殊な神経線維は、魚にもあるのだ。また、魚は電気ショックと釣り針を避けることを学習できる。[24]さらに体に損傷をあたえられれば認知機能が損なわれ、痛みが緩和されれば回復するのである。

これで魚の痛みと意識に関する議論を終えてよいだろうか。そうはいかないようだ。確実ではないということを論拠に、魚は痛みを感じないと言い張る者はいなくならないだろう。かぎられた魚を対象にした研究が魚は痛みを感じると認めても、さいわいメスや注射器やヒーターで処置されたことのない何万種もの魚についてはわからないではないかと食い下がることはまだできる。

しかし、魚の意識と痛みについて科学界ははっきり合意した。それどころか、意識は最初に魚において進化したと考えてよいだろう。そういえるのはなぜか。魚類は最初の脊椎動物であるから、また今日の哺乳類と鳥類の祖先が陸に上がる一億年以上前から進化してきたから、そしてこれらの祖先は新天地に根を下ろしはじめたころすでに必要な手段をわずかながらもっていたために、生きるのに非常に有利だったからだ。そして魚類の祖先が意識を進化させた可能性があるといえるのは、今日の魚類が備えている能力を見たときに、彼らに意識があり感覚があると考えたほうがつじつまがあうからだ。これから見ていくとおり、魚は脳を使って有益な結果を手に入れているのである。

ストレスからたのしさまで

魚の顔は特徴が見出せないといわれている。初めての顔らしい顔だったということは認めても、口、鼻、目、額——そう呼べるなら——があるべき場所にあるという以外にいうべきことがない。しかめ面をしたりにっこり笑ったりするにはなんの役にも立たない。もしそういうことができたなら、魚はもっと気持ちを察してもらえるだろうに。

——ブライアン・カーティス『魚の生活史』[1]（*The Life Story of the Fish*）

ある女性が二匹の魚の話をしてくれた。ローリというその女性は、二〇〇九年の末に一九リットルの水槽と小さい金魚を三匹買った。オランダ獅子頭、黒出目金、琉金《りゅうきん》だ。初心者なので世話の仕方がよくわからず、買っては死なせを繰り返した。それでも最初に買った黒出目金と琉金は残っていた。

ある日、ローリが琉金に「シービスケット」と、夫が黒出目金に「ブラッキー」と名前をつけた。

ある日、ローリは昼食をとりに帰宅してびっくりした。なんということか、水槽の環境に変化をつけるために置いた小さい塔のなかにブラッキーがはさまっていたのだ。ブラッキーはなんとかして脱出しようと、プラスチックの牢屋の壁と窓に何度も体あたりしている。弱っているようだった。

その間、シービスケットはしゃにむにブラッキーに突進していた。ブラッキーを塔から出してやろうとしているのだとローリは思った。シービスケットは何度もブラッキーにぶつかっていく。ローリはおそるおそる塔に手を伸ばし、指でそっとブラッキーを救い出してやった。ブラッキーはみじめな姿だった。体の片側のうろこがすっかりはがれ落ち、右の目は腫れてむき出しになっていた。水槽の底でけだるそうにしてほとんど動こうとしない。もう駄目かもしれない、とローリは思った。

それでもそのあとの数日、シービスケットはブラッキーにつきっきりで、小さい黒出目金は元気を取りもどしていった。目はもとどおりになり、うろこも生えてきた。

それからというもの、ブラッキーとシービスケットの関係が明らかに変化したことにローリは気づいた。「事件が起こる前は、シービスケットはえらそうにしていて、ブラッキーをさかんに追いかけることもよくありましたが、それがなくなったのです。わたしは魚にも一匹一匹感情と性格の違いがあるのだと思うようになりました」

ローリは大きいフィルターを取りつけた七五リットルの水槽に金魚を移し替え、オーナメントは必要最低限にした。フィルターに欠陥があったらしく、ブラッキーは二〇一五年六月に六才で死んだ。シービスケットのほうは、学校祭から引き取ってきたトゥーマッチという名の新しい金魚と一緒に「その水槽でがんばっている」。

二五年前に南アフリカの新聞に載った話も不思議なほどローリの話に似ている。[2] やはり黒出目金の話で、名前も——ご想像どおり——ブラッキーという。ブラッキーはボロボロに傷ついて、やっとのことで泳いでいた。ブラッキーよりも大きいオランダ獅子頭のビッグレッドと一緒の水槽にブラッキーが移されると、ビッグレッドはまともに泳ぐこともできない同居人にすぐに関心を示した。そしてブラッキーの真下にきて支えてやりだしたのだ。二匹は一緒に水槽のなかを泳ぎ、水面に餌が撒かれるとビッグレッドが押すようにしてブラッキーを餌のところまで連れていった。そのペットショップのオーナーは、ビッグレッドの行動を思いやりだと考えている。

情動のハードウェア

ローリや南アフリカのペットショップ店主のような話は、科学的に重要な意味はない。個人の一度きりの観察であって、実験を繰り返した結果ではないし、観察された行動と情動は正しく解釈するのが非常に難しいものだ。たとえばシービスケットが塔にはさまったブラッキーを恐怖やストレスのために攻撃しているのではないとどうしてわかるだろう？　わたしにいわせれば、二匹の関係に変化があって、それが事件後も変わらなかったことが非常に多くを語っている。ブラッキーの災難がきわめて重大な出来事だったこと、それによって二匹が親しくなったことがうかがえるのである。

個人のペットの話はさておき、魚の感情について科学ではどういわれているのだろうか。魚の脳と体に備わった器官から検討していくのがよいだろう。

脊椎動物には進化の過程でずっと残ってきた共通の比較的古い脳があるが、情動はこの古い脳の回路がかかわっている。[3]前章で見たとおり、恐怖に凍りついたりむかっ腹を立てたりするのに、新皮質のある大きい脳はいらない。専門家のあいだでは、情動は意識とならんで生じたと考える人が増えている。考えているより反応してしまうほうがよいことはよくある。自分が古代の海生生物で、捕食者に不意に襲われたと想像してほしい。「うわあ、ここから逃げたほうがいいぞ」と考えなくてはならなかったら、そんなことをしているあいだにたちまち餌食になってしまうだろう。考えるのはあとにして、震え上がってさっさと逃げるのが得策だ。

情動はホルモンと深く結びついている。ホルモンとは分泌器官が分泌する化合物で、心理や行動に影響する。脳がどのようにホルモン分泌のパターンを生成しているか——いわゆる神経内分泌反応——は、硬骨魚類と哺乳類で実質的に同じであることがわかっている。[4] そうだとすれば、これらのパターンが意識的な情動の領域でも両者で同じようにはたらいているのではないかと推測できる——つまり、この二つのグループは精神神経内分泌も似ているのではないかということだ。

この類似性の例を示すのがオキシトシンである。「愛情ホルモン」として知られるオキシトシンは、絆を深める、オーガズムを感じやすくする、分娩時に子宮を収縮させる、母乳の分泌を促進する、他者に愛情を感じやすくするといった効果がある。カナダのハミルトンにあるマクマスター大学の研究者らは、これに相当するイソトシンというホルモンが魚にあり、さまざまな社会的状況で行動を調整することを発見した。[5] アフリカに生息するシクリッドの仲間のネオランプロログス・プルケールのオスにイソトシンか生理食塩水を注射すると、生理食塩水を注射された対照群は行動に目立った変化が見られなかったのに対し、イソトシンを注射されたグループは感情をよりはっきり表わした。なわばりを争う実験環境に置くと、自分よりも大きいライバルに対して攻撃的になったのである。また驚いたことに、群れで中位の魚にイソトシンを注射すると、群れのメンバーに対して服従行動を見せた。子育てで協力しあうなど、社会的関係性の強いこの魚は、服従反応によってより団結して集団が安定するのだろうと研究者らは推測する。それは（わたしたちの知る）愛というのではないかもしれないが、思いやりのあるやさしい対応だ。

魚の情動を調べるもう一つの方法は、哺乳類および鳥類との共通性を探ることである。脳に同じ損傷をあたえて結果を比較するのである。比較する対象の一つが扁桃体だ。扁桃体は二つのアーモンド形の構造で、大脳辺縁系の一部と考えられている。哺乳類の場合は情動の処理、記憶、意思決定にかかわっている。魚の脳では内側外套が扁桃体と同じはたらきをしているようだ。この領域の機能を奪う（神経経路を切断する）かこの領域に電気刺激をあたえたときに、扁桃体に同様の処置をした陸生動物によく似た攻撃性の変化が見られるのである。[6] キンギョを対象にした研究では、恐怖刺激への情動反応が内側外套にかかわっているのが示されている。[7]

魚は恐怖をどう表わすだろう？　たとえば捕食動物に襲われたときにどのように反応するだろうか。怖がっているときにはそうなると予想されるとおりの反応をするのだ。[8] 呼吸が速くなり、警報フェロモンを放出するほか、陸生動物がおびえたときに見せる典型的な行動を示しもする。逃げる、動かなくなる、体を大きく見せようとする、体色を変えるなどである。その後しばらくものを食べなくなり、襲われた場所に近づこうとしなくなる。[9]

不安を緩和する効果のある薬を投与したら、魚も気持ちがくつろぐだろうか。オキサゼパムはそうした効果をもつ薬の一つで、不安障害や不眠、アルコール離脱時の諸症状に悩む人に広く処方されている。スウェーデンのウメオ大学のヨナタン・クラミンダーを中心とする研究者チームは、野生のヨーロピアンパーチを捕獲してオキサゼパムを混ぜた水で飼育したところ、魚はより活発になって生存率が高まった[10]。活発になるとは抗不安薬への反応としては意外かもしれないが、魚のこの反応は実際には鎮静作用と一致する。落ち着いた魚は周囲の環境を探索するのを怖がらないのである。処置されてこの状態になった魚は、仲間と群れなすよりも餌をあさる時間が多くなった。外敵のいない飼育下において生存率が上昇することも、ここに理由があると考えてよいかもしれない。

安全な環境にいるなら気をゆるめるのもよいだろうが、恐怖や不安はわけがあって進化した。危険から逃れて身を隠す動機になるのである。魚は社会学習をする能力があり、まわりの仲間の反応を見るだけで何かをおそれることを学習する。たとえば経験の浅いファットヘッドミノウはガラス壁を隔てて泳いでいる見慣れない捕食者を初めは怖がらないが、経験のあるミノウがおそれている様子を見るとすぐにその捕食者を避けることを学習する[11]。

ファットヘッドミノウは、ほかの魚の放出する恐怖物質にさらされたときも捕食者を避けることを学習する（嗅覚を取り上げた章の警報フェロモン〔65〜66頁〕のことを思い出してほしい）。では、においの手がかりも視覚的な手がかりと同程度に、危険を知らせる重要なサインとみなすのだろうか。そうではないようだ。カナダのサスカチュワン大学の研究者らは慣れないにおいを魚に嗅がせ、それを悪いことの起こらない「安全」なものとみなすように訓練した[12]。実際にはミノウの大敵である捕獲されたカワカマスから取ったにおいだったのだが、実験に使われたミノウはカワカマスのいない池で捕獲されたので、カワカマスのにおいもその意味も知らないと考えられる。対照群のミノウにも同様の訓練をしたが、カワカマスのにおいをつけていない水のみを使用した。実験の日、訓練された両グループのミノウは、カワカマスのにおいのほかにそれぞれもう一つの条件を加えた二種類の水槽に入れられた。加えられた条件とは、①ファットヘッドミノウの恐怖物質、②危険なカワカマスのにおいに反応して怖がる「模範」ファットヘッドミノウである。カワカマスのにおいを知らないだけのミノウは、警報フェロモンと模範ミノウの恐怖反応のどちらにも同じように反応した。だが、カワカマスのにおいは「安全」だと教えられたミノウは警報フェロモンにあまり反応せず、模範ミノウの反応に対しては典型的な恐怖行動（動きまわったり餌あさりをしたりしなくなり、身を隠した）を示した。

したがって、少なくともファットヘッドミノウについては、においを嗅ぐよりも目で見たほうが不安や恐怖をかき立てられたのである。またこの研究は、ミノウは捕食される危険に関して自分自身よりも仲間のほうを信頼するという見方を裏づけている。結果として何事もなくすんでも、危険を感じたら警戒するほうが、本当におそろしいことになる危険を無視するよりもはるかによい。要するにことわざどおりで、転ばぬ先の杖ということだ。

ストレスの緩和

身がすくむような状況から脱出できることは生存に重要なばかりでなく、長く健康でいるためにも有利である。ストレスがたまると、不安や抑圧感、免疫機能の低下をはじめとする数々の問題の原因になることは、胸の痛むことながらラットとイヌとサルを対象にした実験によってわかっている[13]。もちろん人間も、戦争やその他の原因で長く苦難を強いられるとそうなることが知られている。

ストレスにさらされたわたしたちの体はコルチゾールを分泌する。ストレスホルモンとも呼ばれるコルチゾールはストレスによる影響を調整するはたらきがあり、魚類を含む脊椎動物でその機能を発揮する。

マックス・プランク神経生物学研究所とカリフォルニア大学の研究チームは、遺伝子操作でコルチゾールを欠乏させたゼブラフィッシュを用いて実験した[14]。これらのゼブラフィッシュは強度のストレスを受け、行動テストで抑鬱状態の兆候があることがわかった。正常なゼブラフィッシュは、新しい環境に置かれると最初の数分はおずおずとした様子で泳ぎまわる。だが、まもなく好奇心が勝り、新しい水槽を調べはじめる。これとは対照的に、遺伝子操作をしたゼブラフィッシュは新しい環境に容易に慣れず、一匹にされるととくに強い反応を示す。水槽の底でじっと動かなくなるのだ。

通常の行動にもどったのは、二種類の薬剤――抗不安剤のジアゼパム（バリアム）と抗鬱剤のフルオキセチン（プロザック）――のどちらかが水槽の水に加えられたときだった。水槽の壁越しにほかのゼブラフィッシュが見えて社会的交流があることも、抑鬱行動を軽減するたすけになった。

魚も抑鬱状態や不安に陥ることがあるなら、その状態から脱しようとして自らなんらかの行動をとるだろうか。気持ちがやすらぐ方法を探すだろうか[15]。二〇一一年のニュース記事の見出し「なあ、落ち着けよ。ひれをなでてやるからな」はそのことを表わしている。リスボンの応用心理学高等研究所のマルタ・ソアレスを中心とする研究チームは、サンゴ礁の魚は掃除魚になでてもらってよい気持ちになり、ストレスが軽減されるのではないかとの推測のもと、これを確かめるための実験を計画した。[16]

ソアレスらはオーストラリアのグレートバリアリーフで三二匹のサザナミハギを捕獲した。魚を飼育環境に慣らしたのち、ストレスをあたえるグループとあたえないグループに分けた。気の毒な前者のグループは、体がようやく隠れる程度の水を入れたバケツに三〇分間閉じ込められた。この処置は血中のコルチゾールを大幅に高める効果をねらったもので、コルチゾール値はストレスの度合いの尺度になる。それから掃除魚にそっくりにつくった模型の魚の入った水槽にストレスをあたえたグループとあたえないグループを別々に一時間入れ、それを二回実行した。模型の形と色は、サンゴ礁でサザナミハギなどの客に掃除サービスをして生きているホンソメワケベラに似せた。半分の水槽の模型は動かず、あとの半分の水槽の模型はモーターをつけてそっと掃除するような動きをさせた。

ストレスをあたえられたサザナミハギは動くほうの模型に、まるで子供が飴に群がるように引きつけられた。つくりものの掃除魚のほうへ寄っていき、体をこすりつけたのだ。だが、そうするのはなでてくれる相手の場合のみだった。動く模型に平均して一五回近づいたのに対し、動かない模型にはまったく近寄らなかった。模型になでてもらうのはストレスを緩和する作用もあり、（ストレスを受けた魚も受けていない魚も）動かない模型の場合よりもコルチゾール値が下がった。また、コルチゾールは動く模型と接する時間の長さに応じて減少した。

ソアレスは科学者らしい控え目な表現で次のように結論づけている。「魚が苦痛を感じることはわかっている。［だから］快感も感じるだろう」

メディアはひれをなであう魚のことをおもしろおかしく報じているが、この実験報告は決して軽い科学読み物ではない。魚の社会生活や生活の質について重要な洞察をもたらしている。快感が掃除魚のところへ行く動機になっていることがこれによって裏づけられる。動く模型は寄生虫も何も取り除いてくれないが、それでもサザナミハギは繰り返しそこを訪れるからだ。

快感は、個体の繁殖と遺伝子の存続をうながす「正しい」行動への報酬として進化した。それゆえに、わたしたち人間の知る快感は、食べる、遊ぶ、快適にすごす、セックスするといったことから生じる。魚にも感情があるかもしれないと考えるのは、最近まで非科学的とみなされていた。科学者らの議論の中心がいわゆる報酬系の生理作用にあるのはそのためだ。報酬を科学的に簡潔に言い表わすと、「動物がそれを得ようとしてなんらかのことをするもの」である。

哺乳類では、ドーパミン系が報酬の生理作用で重要な役割を果たしている。ラットが遊んでいるとき、ラットの脳はドーパミンとオピエートを大量に放出し、これらの受容体を阻害する薬をあたえると、いつもならよろこぶ菓子に見向きもしなくなる。魚にもドーパミン系がある。キンギョに脳内のドーパミンの分泌を刺激する化学物質——アンフェタミンやアポモルヒネ——をあたえれば、キンギョは報酬行動をする。その化学物質をもっとほしがるのだ。アンフェタミンをあたえられたキンギョはそれをあたえられた水槽の区画を好むのに対し、快感を抑制するペントバルビタールをあたえられたキンギョはそこを避けるようになる。アンフェタミンは、サル、ラット、ヒトでも報酬効果があり、それは快感中枢（報酬系）のドーパミン受容体の密度が高まるというかたちで現われる。キンギョの脳にはドーパミンを含む細胞があるので、同じメカニズムがはたらいてアンフェタミンの報酬効果が生じると考えられる。[17] 一部の哺乳類と同様に、魚もアンフェタミンとコカインをむやみにほしがる傾向があり、自由に手に入る状況にあればそれに抵抗できない。ただし、なでてもらおうとして動く掃除魚の模型に寄っていくサザナミハギの場合は、そのような依存性はない――緊張を解きほぐしてくれる気持ちよいマッサージをしてほしいという欲求にしたがっているだけのことなのだ。*

ゲームをする魚たち

もし懸賞にあたったり、バスケットボールでスリーポイントシュートを決めたり、赤ん坊が両親と追いかけっこをしながらキャッキャッとよろこぶ様子を見たりしたら、誰でもうれしくなるだろう。うれしさやたのしさを感じさせる行動の一つに遊びがある。遊びは役に立つもので、とくに若い生きものは遊びを通じて頑健な体をつくり、体の動きの協調を学んだり、生きていくために重要な社会的スキルを習得したりする。心理的な側面もある。遊びはたのしいのだ。科学者はずいぶん前から動物の遊びを考察している。[18] ドイツの哲学者カール・グロースは一八九八年に著書『動物の

＊わたしはサザナミハギが実験後に岩礁の棲みかにもどされたことを報告できるのもうれしい。

遊戯』（*Die Spiele der Tiele*）を発表した。

動物の遊びはそう簡単に調査できない。ある行動が遊びとみなせるものかどうかは、それが自発的なものか、当人がリラックスしたりのしんだりしているかによる。動物の遊びの観察はほとんどが偶然の賜物だ。

しかしテネシー大学の動物行動学者で、チャールズ・ダーウィンによく似た風貌のゴードン・M・バーグハルトにとって、そのことは妨げにならない。六〇年近くにおよぶ経歴で数百もの論文を著したバーグハルトは、興味をかき立ててやまないテーマに果敢に取り組んできたが、その一つとして動物の遊びも取り上げ、まさかと思うような生きものが遊ぶのを観察している。彼がウェブサイトに書いているところによれば、「『遊びをしないはずの種』の遊び」である。

二〇〇五年に、バーグハルトはこれまでで最も包括的な考察をまとめた著作を出版した。[19]『動物の遊びの起源』（*The Genesis of Animal Play*）の表紙を飾っているのはシクリッドの仲間のトロフェウス・ドゥボイシで、飼育下にあるこのオスは水中温度計を鼻先で押している。つづいてバーグハルトと研究チームのウラジーミル・ディネッツとジェイムズ・B・マーフィは、温度計に興味を示す三匹のオスのトロフェウス・ドゥボイシの研究を発表した。[20]温度計は長さ約一一センチのガラス管で、一方の端に重りをつけて水中で垂直に立つようにしてある。研究者らは三匹の魚を一回のセッションに一匹ずつ水槽に入れ、一二回のセッションで三匹が温度計をつつく回数を一四〇〇回以上記録した。

三匹の魚にはそれぞれのスタイルがあった。魚1はおもに温度計の上端を「攻撃」し、温度計はぐらぐらゆれてからもとのように直立した。魚2も温度計のまわりをまわりながら、ときどきつついた。魚3は下、真ん中、上のそれぞれから温度計を攻めた。魚3の攻撃が一番激しく、温度計は水槽中をつつきまわされ、隅にはまってしまうこともあった。温度計が水槽のガラス壁にぶつかる音は隣の部屋まで聞こえるほど大きかった。

これは遊びなのだろうか。バーグハルトによれば、遊びとは以下の条件を満たすものをいう。

①配偶、摂餌、闘いなど、生存のための目的を果たさない。
②自発的な行為、または報酬の得られる行為である。
③形式や目標物、時機などにおいて、おもな機能的行動（繁殖、なわばり、捕食、防御、採餌）とは異なる。
④繰り返されるが神経症的ではない。
⑤飢え、病気、過密状態、捕食者といった、ストレスをあたえる刺激がないときにのみ起こる。

バーグハルトらが観察したトロフェウス・ドゥボイシの行動は、これらの条件をすべて満たしている。温度計を攻撃するのは捕食行動ではないし、通常の摂餌行動とも似ていなかった。餌のあるなしが温度計へのじゃれつきに影響することはなかった。性行動の可能性も除外された。温度計に対する彼らの行動はライバルへの軽い威嚇に似ていたが、もっと執拗に繰り返されたし――ボクサーがサンドバッグで練習するのに似ている――ほかに誰もいず、ストレスがなく、したがっておそらく刺激も少ないときのみに見られた。

水槽には小枝や人工水草や小石などもあったとすると、なぜ魚たちは温度計を標的にしたのだろう？　パンチしても起き上がってくる空気注入式のビニール人形のように、つつくと跳ねもどってくるところに手ごたえを感じるのではないかと研究者らは考えている。動物行動学者は動物自身の視点を推測しようとする。バーグハルトは温度計の跳ねもどりを「敵からの効力のない反撃に似たもの」だと解釈している。

これはものを使った遊びの一例である。一匹の個体がおたがいを相手に遊ぶ場合は「社会的遊び」という。バージニア州の動物シェルターで働いていたことのある女性の厚意により、その例を紹介しよう。その女性は夫婦で数匹の猫とセベラムという種類のシクリッドを一匹飼っていた。この魚がときどき本棚から「彼の」水槽の水を飲みにやってくる猫たちと遊びをするようになった。なわばりを守ろうとするセベラムは、毛の生えた侵入者が現われるのを待ち構え、水槽の隅の水草のなかに身をひそめている。猫は経験から水の底に何かが隠れていないか水槽をのぞき込む癖がついていたが、魚のほうもそれがわかっているのでネズミのようにじっと静かにしている。猫が水に舌を伸ばしてきたときだけ一気に行動に出て、ザラザラの舌をめがけて水草のなかから魚雷のごとく跳び出す。水面の下から突進してくるものを察することができれば、猫は舌にそいつがぶつかってくる前に水をひと舐めできるというしだいだ。

そのうちこの知恵くらべゲームの参加者たちは、それが単調な室内暮らしにはもってこいの気晴らしだという様子を見せるようになった。どちらの側も血を流すことはなく、猫たちはすぐにまた

——何事かたくらむような目をして頭をかしげながら——ゲームをしにもどってくることもたびたびだった。

これはただの社会的遊びでなく、異種間の社会的遊びだ。

三つめの遊びは、ひとり遊びである。二〇〇六年に、アレクサンドラ・ライヒルというドイツの言語療法士がシュトゥットガルトで美術展に出かけたときにひとり遊びの例を目にした。美術展「アートライフ」では、ドイツの至宝が全国から集められたという。そのなかに種々の色あざやかなめずらしい魚を入れた三・七立方メートルの大水槽（カールスルーエ自然史博物館の出展品）があった。

魚好きのライヒルは水槽のなかの様子をガラス越しにしばらく眺めていた。すぐに目にとまったのが、あざやかな紫色の小さな体に黄色とネオンブルーの線が入ったアーモンド形の美しい魚だった（アジアの南洋に棲むナガハナダイの一種のパープルビューティーだとあとで知った）。その魚の行動には目的があるように見えた。水槽の底を一方向に端まで泳いでいき、そこで上を向いて水面まで上がっていく。水面ではエアポンプが水流をつくっていて、彼女の小さな体をもう一方の端まで勢いよく押し流す。すると彼女はまた水底へもぐり、同じことを繰り返すのだ。ライヒルはわたしにこう話してくれた。「へんな話ですけど、わたしは考え方が暗いのか、いつもならその小さな魚は閉じ込められておかしくなっているせいで、同じことを無意味に繰り返しているんだと思ったでしょう。でもそれにしては、すごくたのしそうだったんですよ」

わたしはなぜたのしそうだと思ったのかとライヒルにたずねてみた。「ほかの魚はとくに方向をさだめずに泳ぎまわっているのに、この魚にはたのしもうという気持ちが見えたんです。この子が人工の流れに乗ってはしゃいでいるから見てって、まわりの人たちにいいたかったわ」

これはめずらしい話ではない。バーグハルトは大きい円柱水槽の海水魚がエアストーンから立ち上る泡に繰り返し「乗って」水面まで上がっていくのを見たことがある。人間がやったらたのしいだろうから、魚たちもたのしんでいるのだろうとバーグハルトは考えている。

魚も小躍り？

もし泡乗りをたのしんでいるなら、魚はうれしくて跳び上がったりもするだろうか。ボート乗りや魚釣り、あるいはバードウォッチングを少しでもやったことのある人なら、魚が水から跳ね上がるのを見たことがきっとあるだろう。わたしは何度も目にしている。平均の法則でいくと、それはたいていよそを見ているときだから、目が動きに追いついたときには水しぶきが見えるだけだ。たまに運がよいと魚の姿が目に入ることがあって、数十センチの魚から数センチの小さい魚まで、自分の体長くらい高く水面の上に体を躍らせる。

もちろん魚は捕食者から必死に逃げようとして水から跳び出すことがある。イルカは集団で円を描くように泳いで魚をかこい込み、獲物が空中に躍り出たところを捕らえる。だが、わたしたちがうれしくて小走りしたり怖くて逃げ出したりするように、魚がジャンプするのもその動機になる感情はいろいろある。イトマキエイ（胸びれの幅が最大で五メートル、体重は数トンにもなる）が空中三メートルの高さに身を投げ出してバシャンと水にもどるのは、恐怖に駆られてのことではない。イトマキエイは一〇種が知られており、その空中スタントから「空飛ぶエイ」の異名をとる。彼らはそれを数百匹の群れでする〔口絵2〕。ふつうは腹から水に落ちるように跳ぶが、ときどき宙返りして背中から着水する。集団で泳ぎながら跳ぶのはオスが先導するらしいので、求愛行動と見る科学者もいる。一方で、寄生虫を除去するためではないかという見方もある。なんのためにせよ、エイはたのしんでいるとわたしは断言したい。

わたしはフロリダ州にあるチャサホウィッツカ野生動物保護地区の美しい川でカヤックに乗っていたときに、五〇匹以上で美しい隊形を組んだボラの群れがいくつも泳いでいくのを見た。ボラはそのあたりに多い魚で、とても美しい。水面上に跳び上がることでよく知られ、クリーム色の尾びれの縁と背びれ、銀色の背と白い腹のあいだに走る黄色い線がよく目立つのですぐにボラとわかる。わたしが見かけたときは一度跳ぶか二度つづけざまに跳んだが、一匹だけ、七回跳んだのがいた。高さにして約三〇センチ、距離にして五〇センチから一メートルのジャンプだ。

ボラは世界に八〇種が生息するが、ジャンプする理由ははっきりわかっていない。横腹で着水することから、皮膚についた寄生虫をとるためという説がある。もう一つは酸素を吸うためという説だ。この空気呼吸説は水の酸素濃度が低くなったときにボラがより頻繁にジャンプすることを根拠にしているが、ジャンプは空気を吸って得られる以上にエネルギーを消費する可能性が高いことを考えると、確実な説ではない[21]。

ボラたちもジャンプをたのしんでいるというのはどうだろう?——魚が遊んでいるということだ。

先に紹介したバーグハルトは数十タイプの魚のジャンプと宙返りを報告しているが[22]、ときどき水面に浮いているもの——木の枝、水草、日光浴するカメ、さらに魚の死骸も！——を飛び越したりすることからすると、遊んでいるとしか思えないという。

そう考えるのはおもしろいが、いまのところそれを科学的に実験した者はいない。賢い魚を捕まえて大きい水槽に入れてやり、娯楽（あまい旋律の音楽とロボット掃除魚）を提供してやらなくてはならないし、水面に飛び越すものも浮かせてやらなくてはならないからだろう。

脱げかかった水着

わたしたちのよく知る感情にまつわるちょっとした話をさせてほしい。たとえば事故現場を通りかかったとき、プレゼントを手わたされたとき、レストランで言いあう声が聞こえてきたときなどにむくむくと湧いてくる感情である。つまり好奇心というやつだ。

アラスカ出身の科学者がジャマイカに新婚旅行に出かけ、誰もいない海で泳いでいたときにおもしろい魚たちに遭遇したという。夫妻はスノーケリングでサンゴ礁をまわっていた。泳ぎの達者な夫は妻がもぐれないと知って戸惑った。コツを教えてもうまくいかないので、彼は思い切った手を打った。

夫はかなり手こずりながらわたしの水着の半分を無理やり脱がせて、五メートルほど下へもぐってサンゴの枝に引っかけたのよ。そして笑いながら、取りにいかないわけにはいかないだろうって。

わたしは裸でいて平気な人間ではないから、いくらほかに人がいなくてもあわてたわ。取りにいこうとしたけれど、何度もぐろうとしても駄目。そうこうしているうちに、サンゴ礁の魚が騒ぎに刺激されたらしいの。引っ込んでしまうのではなく、まわりに集まってきたのよ。ふと気がついたらボブもその気になってしまって、ええと、その、ある意味で……。わたしのところへきてあれこれしようとしたんだけど、でもわたしが浮いているものだから、どうやってもうまくいかなくて。そのとき魚の反応に二人ともびっくりしたの。小さい青い魚、キンチャクダイ、サンゴ礁のいろんな形と大きさの色とりどりの魚がぐるりと取りかこんでわたしたちを見ていたのよ。体と尾びれをぷるぷるふるわせて、まるで一つの大きなものがゆらめいているみたいだったわ。

夫はさすがに彼女がかわいそうになり、水着を取ってきてくれた。二人の気持ちがしずまるにつれて魚たちは興味を失い、取りかこんでいた円も消えた。二人の人間がことにおよぼうとじたばたしているのを――その状況ではどなたもご同様だろうが――たくさんの魚が取りかこんでじっと見入っていたことが、彼女にはいつまでも気にかかった。魚たちは何を考えていたのだろうか、いちゃついている人間の発散するエネルギーを感じとっていたのだろうか。いまも不思議に思っている。

水という媒質のなかで生きている魚がどんな感覚刺激を敏感に感じとるかを考慮すれば、そのときの魚が何に誘われてのぞき見しにきたのかを説明する仮説がいくつか考えられるかもしれない。人間は自分が視覚に頼る生きものなので、魚たちは新婚の二人の動きに引きつけられたと思いがちだ。だが、魚の好奇心を誘ったのは、二人の人間の電界か生体化学的な何かだったのだろう。しかしその一方で、それはよい意味での好奇心ではなく、不安だったとも考えられる。捕食者かもしれない生きものの動向を見張っていたのだ。それも好奇心とみなせばみなせるかもしれない。なにしろ侵入者は魚ではなく、見慣れない生きものだったからである。

魚が人間に注目すると思うと、人間以外の生きものの意識というものをどうしても考えたくなる。そして何かわくわくしてくる。魚の情動を科学的に調べるのは確かに容易な仕事ではない。だがこれまで見てきたとおり、魚の感情を探る方法はあり、少なくとも一部の魚には恐怖やストレス、遊びたい気持ち、たのしさ、好奇心など、さまざまな感情があることを示す証拠が増えてきているのである。

魚が何をどのように考えているかを探るのは、何を感じているかを調べるほどには困難ではない。魚の認知能力の分野には多くの研究成果があることをこのあと紹介しよう。

Ⅳ 魚は何を考えているか

どんなに不思議に満ちたものでも、それが自然法則にしたがっているならば、そこにはかならず真理がある。

――マイケル・ファラデー[1]

ひれ、うろこ、知性

いまは頭が悪くておもしろくないと思われている生きものも、みなそれぞれにすばらしい秘密がある。ただ誰もまだそれを明かしていないだけだ。
——ウラジーミル・ディネッツ『ドラゴンソングス』(*Dragon Songs*)[2]

進化は生物が自分にとって重要なことに熟達するように長い時間をかけて仕向けていく。わたしたちは、上半身の筋力が人間の四倍から五倍も強いチンパンジーのようにうまく木登りができない。チーターのように速く走れないし、カンガルーのようにジャンプすることもできない。高速で泳ぐマカジキは、一〇〇メートルレースでプールに跳び込んだオリンピックメダリストのマイケル・フェルプスが最初の息継ぎをするより先にゴールタッチしているだろう。これらの生きものは生き抜くために人間よりも速く動く必要がある。そして自然選択は、より速く動ける個体がその遺伝子を次世代に伝えるように作用する。

同じ原理が知的能力にもあてはまる。知能を要する問題を自然が投げかけてきて、それを打開すればぐんと有利になるのなら、生きものはしだいにそのための認知能力を身につける。とるに足りない小さい生きものだからとか、人間とかけ離れた生きものだからといって到底彼らにできるはずがないとわたしたちが思うようなことまでやってのけるようになるだろう。現在の認知生態学では、知性は動物が生存のために解決しなければならないことに日々直面するなかでかたちづくられることが認められている。だから多数の木の実や種《たね》を木の幹のなかに蓄える鳥はその場所を記憶していて、長い冬がやってくると掘り出すことができるし、穴居性のネズミは無数のトンネルをはりめぐらした地下の迷路をたった二日で覚えてしまう。クロコダイルは木の枝を鼻の上に乗せて運び、巣づくり中のサギのそばに浮かせて、鳥がうっかりそれを取りにきたところに跳びかかるという知恵を使う。爬虫類が計画的に道具を使うことをもしあなたが知らなくても、情報に取り残されたと悲観しなくてよい。科学者も二〇一五年にこのことが話題になるまで知らなかったのだ。

魚の知的能力とはどんなものだろう？『リトル・マーメイド』や『ファインディング・ニモ』、その続編の『ファインディング・ドリー』といった人気アニメ映画の制作者は勝手気ままに描いているが、魚は本当にものを考えるのだろうか。では、魚はその脳を使ってどんなことができるのかを見ていこう。

クモハゼの仲間のフリルフィンゴビーが魚の知性の一例を教えてくれる。大西洋の東岸と西岸の潮間帯に生息するこの小さい魚は、潮が引くとおいしいものがたくさん見つかる温かい潮だまりですごす。だが、潮だまりは安全な場所とはかぎらない。タコやサギといった捕食者が餌をあさりにやってくるかもしれず、長居は禁物だ。しかし、どこへ行けばよいだろう？フリルフィンゴビーは思いがけない策を打つ。隣の潮だまりに跳び移るのだ。

だからといって岩に着地して干上がってしまうようなヘマはしない。どうやっているのだろうか。ギョロリと飛び出た目、ぷくりとふくらんだほほの下には受け口、まるい尾びれのついた一〇センチ弱の魚雷形の体に灰褐色のしみのような斑点。そんなフリルフィンゴビーは動物界のアインシュタイン賞をもらえるようにはとても見えない。ところが彼らの脳は標準以上の成績をおさめる。小さいフリルフィンゴビーは高潮のときに潮間帯を泳いで地形を憶えておく――潮が引いたときに潮だまりのできるくぼみの位置を記憶するのだ！

　これは認知地図の一例である。人間が移動するときに認知地図を利用していることはよく知られていて、人間だけの能力だと長いあいだ考えられていたが、一九四〇年代にラットも同じことをしていることが発見された。[3] 以来、多くの動物について報告されている。

　フリルフィンゴビーのこの能力を報告したのは、ニューヨークのアメリカ自然史博物館の生物学者レスター・アロンソン（一九一一～一九九六年）である。[4] ラットが認知地図をつくることで人々をびっくりさせたころ、アロンソンは研究室に人工の岩礁をつくった。そして捕食者のかわりに棒でフリルフィンゴビーをつついて潮だまりにジャンプさせた。「高潮」のときに岩礁の上を泳がされた魚は、九七パーセントの確率でうまく跳び移れた。高潮のときの様子を知らない魚は、偶然に等しい確率でしか成功しなかった。約一五パーセントだ。しかし一度でも高潮のときに泳いだ魚は、四〇日後でも脱出ルートを憶えていた。

　生息場所から捕まえられてきて、知らない環境に放り込まれたこの魚たちが実験中にストレスを受けていたのはまずまちがいなく、ここは留意すべき点だ。実際、研究中に数匹は死んでしまい、飼育下で健康にすごしていたわけではないことがうかがえる。

ほかの研究で繰り返されたパターンを見ても、個体の成績には自然環境の微小生息域での経験が現われていた。引き潮のときに潮だまりができない海岸で捕獲した魚は、要領をつかんでいる魚ほどよい成績を挙げなかったのである――それでも偶然よりはずっとよかったが。最近の研究で、岩礁の潮だまりに棲むハゼの脳は、砂に隠れていて安全な場所に逃げる必要のないハゼの脳と違っていることがわかった。[5] 潮だまりを跳び移るハゼの脳は空間記憶をつかさどる灰白質が大きいのに対し、砂に埋もれて生きるハゼは視覚情報を処理する領域がより大きかった。

フリルフィンゴビーはメンタルマップの作成能力のおかげで潮だまりから潮だまりへ正確に跳び移れるわけだが、この能力は知能を要するスキルが必要に迫られて磨かれることを示す典型的な例である。クロコダイルの行動と認知能力に詳しい生物学者のウラジーミル・ディネッツは、「『知性』という言葉を使うとき、人はそれを『自分と同じようにものを考えられること』だと思っている」という。[6] それで頭の良し悪しをいうなら、ずいぶん自己中心的な考え方だ。もしフリルフィンゴビーが知性のなんたるかを定義できたなら、メンタルマップを作成して記憶できることも条件の一つにするのではないだろうか。

脱出ルートを記憶する

認知地図を作成し、数十日後にそれを思い出すことは、運を天にまかせてジャンプなどしないフリルフィンゴビーのすばらしい素質を表わしているばかりではない。自分の理解を超える生きものを軽視する人間の偏見を暴露してもいる。何をもってそうなったのかわたしは知らないが、「記憶は三秒しかもたない」という魚（キンギョ）に貼られたレッテルはいまも大衆文化のなかにひそんでいる（ためしにグーグルで検索してみよう）。いまでも空港へ行くと、ビジネスでの人脈の重要さをキンギョの三秒記憶と対比する投資会社の広告が見られる（ここであえて白状するが、わたしだって記憶が三秒ももたないことがある。なんの気なしにひょいと置いた携帯電話やメガネがどこにあるかを思い出せないのだ）。

何かを記憶する能力が役に立つのは、魚もフィンチやフェレットと同じである。ブリティッシュコロンビア大学の生物学教授であるトニー・ピッチャーは、以前に教えていた動物行動学のクラスを思い出す[7]。学生はキンギョの色覚を調べていた。キンギョはそれぞれ少しずつ色味の違う給餌チューブをあてがわれ、それを学習したことから、キンギョが色を識別できることがわかった。実験は終了し、キンギョは水槽にもどされた。翌年の実験では、このときのギンギョの一部と新しいキンギョが使われた。前年の経験があるキンギョはすぐに前と同じチューブから餌を食べるようになり、一年前に使った自分のチューブの色と場所を正確に憶えていることを直接的に証明したのだった。

魚の記憶力の研究は新しいものではない。一九〇八年にミシガン大学の動物学教授のジェイコブ・ライガードがフエダイに餌としてイワシをあたえる研究を発表している[8]。イワシは赤く染めたものと染めていないものを使ったが、フエダイは気にせずにどちらもバクバク食べた。だが、クラゲの触手を口に縫いつけるという酷い方法で赤いイワシを不快な餌にしたところ、フエダイはすぐに赤いイワシを食べなくなった。しかも注目すべきことに、二〇日たってもさわろうともしなかったのである。この実験はフエダイの記憶だけでなく、フエダイが痛みを感じてそこから学習することも示している。

わたしが好ましく思う魚の記憶の研究は、とくに魚の認知に着目している生物学者のカラム・ブラウンによるものだ。ブラウンは『魚の認知と行動』(*Fish Cognition and Behavior*)の共編者で、この本は最近わたしたちが魚の知能に関する考え方を大きく改めたことの一助になった。

ブラウンはオーストラリアのクイーンズランド州の川からレインボーフィッシュの一種(メラノタエニア・ドゥボウレイ)を集めて研究室に運び込んだ。[2] 万華鏡のように美しい色の縞がその名の由来である。成魚は体長約五センチで、ブラウンは川から捕獲してきた魚をおよそ一才から三才と推定した。三つの大きい水槽に四〇匹くらいずつに分けて入れ、ひと月ほど様子を見ながら環境に慣れさせた。

実験の日、無作為にオスを三匹、メスを二匹選んで実験用の水槽に移した。水槽には滑車を取り付けてあり、そこからタオルほどの大きさの網(トロール網)を垂らして水槽の横方向に引っ張って動かせるようになっている。網の目は幅一センチほどで、魚には通り抜けられないが、網の向こう側はよく見える。網の中央に網の目より少しだけ大きい直径二センチ弱の穴があけてあり、網を水槽の端から端まで引くときに脱出口になる。

魚たちはこの新しい環境に慣れるのに一五分あたえられ、そのあと三〇秒かけて網が引っ張られ、反対側のガラス壁の二・五センチ手前で止まった。それから網はもとの位置にもどされた。これを試行一回として、つづいてあと四回の試行が二分おきに繰り返された。五匹ずつの五グループが一九九七年にテストされ、翌一九九八年にもう一度テストされた。

一九九七年の実験では、一回めの試行で魚たちは大騒ぎになった。近づいてくる網からどうすれば逃げられるかがわからないらしく、めちゃくちゃに泳ぎまわってから水槽のふちの近くに寄り集まり、ほとんどの魚がガラスと網にはさまれてしまった。その後、魚たちはしだいに落ち着き、五回めの試行では五グループとも網の穴から脱出できた。

一一カ月後に同じ魚で再実験したところ――その間に魚は実験用水槽も網も見ていない――パニックの度合いは前回よりずっと低かった。しかも今度は最初の試行で脱出口を見つけてくぐり抜けた魚もいて、その率は前年の最後の試行とほぼ同じだったのである。「まるで休まずに一〇回連続で試行したかのようだったんだ！」とブラウンはわたしに語った。

それにしても一一カ月といえば、レインボーフィッシュの寿命の三分の一に近い。たった一度起こったことを忘れずにいるには非常に長い時間だ。

魚がずっと前のことを憶えていた例はほかにもたくさんある。一年以上も釣り針を嫌ったコイ、[10]捕食者に襲われた場所に数カ月近づかなかったタイワンキンギョ[11]などだ。そしてナポレオンフィッシュ（メガネモチノウオ）のベントリーのようなエピソードなら数えきれないほどある。餌をもらうときにベルの音を聞かされていたベントリーは、数カ月間聞いていなくても、ふたたびベルの音がしたら好物のイカやエビをもらえる場所に一目散に泳ぎ寄ったのである。[12]

生きること、学習すること

記憶は学習と深く結びついている。何かを憶えるにはまず知らなくてはならないからだ。「哺乳類や鳥類はすばらしい学習能力を見せてくれるが、そのほとんどは魚類にも同様の例が見出せる」と魚類生物学者のステファン・リーブは書いている。[13] 魚に関する難しい専門用語を知っているのを人に自慢したければ、次の言葉をつづけざまにいってみよう。非連合学習、馴化、鋭敏化、疑似条件付け、古典的条件付け、オペラント条件付け、回避学習、制御転移、逆転学習、インタラクティブ学習。これらは魚類の学習能力を表わす用語である。[14]

クリッカートレーニングをしたキンギョが輪くぐりをしたりサッカーゴールにボールを押し入れたりする様子がユーチューブで見られる。これは関連づけによって学習させる条件付けである。教えたい行動を魚がしたときに、たとえばライトを光らせるなどの刺激をあたえ、そのあとすぐに褒美の餌をやる。魚は輪くぐりとライトの光を褒美に関連づける。しばらくするとライトの光を見ただけで輪をくぐり、うまくすれば餌をやらなくても輪くぐりをするようになる。犬や猫、ウサギ、ラット、マウスに使われるのと同じ手法である。

（ここで少し謙虚になって、魚がわたしたち人間の飼育下にあること、このような実験をするのもわたしたちであることを自覚しよう。多くの魚はゆたかな環境も必要な広さもあたえられず、仲間もいなければ、隠れ場所もろくにないような状態で閉じ込められて日がな一日すごしている。もし餌を手に入れる方法がそれしかなかったなら、ボールをつつきまわしもするだろう。わたしたちだって同じ状況にあったらそうするにちがいない。他方、ぐぐる輪にしろつつくボールにしろ、魚にとってはないよりましだ。ほかに刺激といえば餌をもらって食べること、あとは水槽の外で起こっていることを眺めることくらいしかないのだから。）

水槽で魚を飼っている人は、魚たちがいかに餌の時間をよくわかっているかという話をたびたびする。このことは簡単な実験で実証できる。たとえばカラム・ブラウンの研究チームはカダヤシ科のブラキィラフィス・エピスコピィに、朝と晩で場所を変えて餌をあたえた。[15] 約二週間後、魚は朝晩に正しい場所で餌を待つようになった。[16] ゴールデンシャイナーとエンゼルフィッシュは、この「時間と場所の連合学習」に三週間から四週間かかった。これと比較すると、哺乳類ではラットがやや少ない約一九日、[17] 鳥類ではニワムシクイが四つの場所と時間を覚えるもう少し複雑なタスクを一一日で習得した。[18] これらの数字の違いにあまり重大な意味はない。餌に対する関心の度合い——学習実験で使われる動機づけ——を同じと仮定しているからだ。実際には、小型の鳥が数分ごとに餌をついばむのに対し、魚が餌を食べる頻度はおよそ一日に二度とずっと低い。そのため学習実験をするには摂餌への動機が維持されにくく、学習率が不自然に低く見えてしまうのである。

魚の学習能力の高さは、孵化場で育てられた稚魚の生存率を上げるために利用されている。飼育下で閉じ込められて育てられるのは、自然のなかで生きていくのとは経験がまったく異なる。同じところをぐるぐる泳ぎ、決まった時間にペレットをあたえられ、危険な捕食者に遭遇することはない。孵化場で生まれて放流されたサケは、野生で生きる同種の仲間が備えている生きていくためのの通常のスキルをもたず、世界で年間に放流される五〇億匹のうち成魚になるまで生き延びるのはわずか五パーセントである。[19] 何世代にもわたって飼育下で生まれて育った動物は、外敵を認識する能力をもたないことが研究からわかっている。[20] その能力があっても生きるのにとりたてて得にならないからだろう。

しかし、ブラジルのミナスジェライス州にあるポンティフィシア・カトリック大学の生物学者フラビア・メスキータとロバート・ヤングが、ナイルティラピアの幼魚を剥製のピラニア（においがしないようにラップでくるんだ）に遭遇させ、すぐに水槽の底から網で捕まえる実験をしたところ、ティラピアは網ですくわれる不快さと捕食者をたちまち結びつけた。[21] 三回試行しただけで、パッと散り散りになるようになったのである。この「四散効果」は捕食者を攪乱《かくらん》する。一二回の試行ののち、以前は捕食者を知らなかった稚魚は捕食者への反応を変え、水面近くまでいってじっとしているようになった。網ですくわれることのない対照群のティラピアは、初めは剥製のピラニアを避けたが――知らないものに遭遇したときの魚の典型的な回避反応――まもなく無視するようになった。訓練された魚は最後の訓練から七五日後に再試行すると、半数以上が学習したことを憶えていた。

魚の認知能力の研究はほとんどがそうだが、これらの実験も硬骨魚類が対象だった。では、板鰓《ばんさい》魚類《ぎょるい》（サメとエイ）は学習テストでどれくらいの成績を挙げるだろう？　コモリザメにマウスと同程度の知力があることは、一九六〇年代に行なわれた白と黒の識別テストで五日後に八〇パーセントの正解率を挙げたことからすでにわかっている。[22] ニューヨーク州立大学ストーニーブルック校海洋保全科学研究所のデミアン・チャップマンは、釣り船がエンジンを停止したときに船を調べることをヨゴレ（メジロザメ属の一種）が学習しているのをプレイバック実験で示した。エンジンが止まれば、それはこれから魚が釣り針で釣られるという合図であり、釣り人に先んじることができるからだ[23]。

イスラエル、オーストリア、アメリカの生物学者のチームによる軟骨魚の問題解決の研究では、オトロンゴという南米産の淡水エイに簡単には手に入らないようにして餌をあたえた[24]。野生では、このエイは砂に埋まっている貝や虫を掘り出して食べる。

訓練中、五匹の若いエイは一端を閉じた長さ二〇センチのプラスチック製パイプに餌が入っていることをすぐに覚え、水流をつくってその餌をうまく取り出した。二匹のメスのうち一匹は一度も失敗しなかったが、これはほかのエイのすることを見てから挑戦したためのようだ。五匹とも二日のうちに餌の取り出し方を習得した。やり方は一つではない。二匹のメスはひれをゆらゆらさせてパイプに水を送り込み、餌を押し出した。三匹のオスはそれと同じやり方をすることもあったが、円盤型の体を吸盤のように使ったり、二つの方法を組みあわせたりすることのほうが多かった（性別による違いが偶然なのか、このエイの場合はオスとメスで餌のとり方が違うためなのかはわからない）。

次に研究者らは問題の難度を上げた。パイプの一端に白のジョイントを、もう一端に黒のジョイントを取りつける。黒いジョイントには内側に網が張ってあって餌が出てこないが、白いジョイントには網がない。エイは八回ずつテストされ、終了したときには五匹とも白いジョイント側から餌を取り出すことができた。おもしろいことに、この実験段階では、エイは五匹とも途中でやり方を変えた。ひれをゆらして水流で押し出すか体を吸盤にして吸い出していたのが、その二つを組みあわせて出すようになったのである。一匹のオスはパイプに口で水を吹き込んで取り出すやり方もした。

この実験から、オトロンゴが学習するだけでなく問題解決の方法を考え出せることもわかる。また、水を使って餌をとったエイは何かを使ってものを操作すること、つまり道具を使用することも示された。[25] しかも強くそそられるもの——パイプの一端から流れてくる餌のにおい——に背を向けてもう一方の端から餌を出そうとする行動は、決して見過ごしてよいことではない。化学物質の手がかりを追おうとする自然な衝動に逆らわなくてはならないのだ。そうするためには柔軟性と認知能力、ちょっとした決断力が必要なのである。

柔軟な知力

先述したマウスとコモリザメが、それでも二割はテストに失敗しているのは見逃せないとあなたは思っているかもしれない。頭がよいと認めてほしいなら一〇〇パーセントでなくてはね、と。だが、どんな動物も、もちろん魚も、テストの結果など気にしない。一度決めたやり方を機械的に繰り返していては生きていかれない。魚は柔軟で、好奇心も旺盛だ。新しい角度から試し、枠に（パイプに）とらわれずに考えるように進化している。よく訓練された魚でもかならず別のやり方を探そうとする。変化に富んだ現実世界では、それが実際的なふるまい方なのだ。嵐、地震、洪水、それにいままでは人間の侵略まで、くぐり抜けなくてはならない難関がたくさん待ち受けているこの世界では、臨機応変であることが有利なのである。

とはいっても、さまざまな魚がみな同じように知性を備えているというつもりはさらさらない。頭のよいものもいれば、間抜けなものもいるのは当然のことだ。それに種によって生活史が違う。厳しい環境に棲んでいれば、より知恵をはたらかさなければならないだろう。しかも同じ種でも、条件の異なる環境に棲むフリルフィンゴビーの例で見たとおり、脳の領域の大きさとそれに関連する能力に違いが見られるのである。

環境の厳しさがどのように知的能力に影響するかを調べた例に、インドのケーララ州にあるセイクレッドハート・カレッジのK・K・シーナジャとK・ジョン・トマスによる研究がある。[26] キノボリウオは、流れのない湖沼と流れのある河川の両方の環境に棲んでいる。この研究では、インドの二つの川（流れがある環境）から集めた個体と近くの池（流れがない環境）から集めた個体とで迷路を学習する能力を比較した。水槽に設置された四つの壁の小さいドアを通って迷路を進んでいかなければ報酬の餌を手に入れられない。

どちらが早くルートを学習したかを推測してみてほしい。答えは川のキノボリウオである。川に棲んでいたキノボリウオは約四回の試行で迷路を覚えたのに対し、池に棲んでいたキノボリウオは平均して六回の試行でルートを発見した。研究チームが目印として小さい水草を設置すると、池のキノボリウオも成績が上がり、成績に変化のなかった川のキノボリウオとほぼ同じ水準に追いついた。池のキノボリウオは目印を使いこなしたが、川のキノボリウオは無視したようだ。

シーナジャとトマスによるこの行動パターンの解釈は明快だ。川は絶えず水が流れ、周期的に洪水もあるために池よりも変化がある。石や植物なども動いてしまうので、ルートを記憶するための目印として役に立たない。不変のものとして最も頼りになるのは自分自身なのだ。したがって、水草のない迷路で川のキノボリウオの成績がよかったのは、目に見えるものよりも「自分」を信じたことによるのだろう。それに対し、池のような安定した環境では目印が信頼できるため、それに慣れておくとよいのである（ついでながらいうと、同じ種でも個体群のあいだに違いがあることを発見した研究は別の理由で興味深い。進化がいまそこで進行していることが見てとれるからだ。個体群が別の個体群と何世代も交配しなければ、最終的に交配できなくなるまで分化することも考えられるのである。この時点で新しい種が誕生する）。

魚に柔軟な知性があるなら、望ましくない行動を訓練によって矯正することもできる。飼育下の魚には有用だろう。ディズニー・アニマル・プログラムでハズバンダリートレーニング部門〔ハズバンダリートレーニングとは、世話や治療をしやすくするために飼育動物を訓練すること〕の動物管理マネージャーを務めるリサ・デイヴィスは、スギの問題行動をどうやって治したかを語ってくれた。この細長い大型の魚は体長二メートル近く、体重八〇キロにも成長する。たいへんな大食で、飼育下では太りすぎになりやすい。デイヴィスが世話をするスギにもこの問題があった。給餌のときに、われ先に餌を食べてしまうのだ。そこでデイヴィスのチームは、決まった場所で手から餌をやるようにしつけた。このようにしたことで、ほかの魚には六メートル離れた場所で「ブッフェ形式」の給餌をしてもスギに蹴散らされることはなくなった。魚たちは必要な量の餌にありつくことができ、スギも適正な体重にもどった。双方満足だ。「出目になっていた目も引っ込んだんですよ」とデイヴィスはいう。[27]

これと同じように、水槽の住人には健康管理が必要で、そのためには当人に協力してもらえるのがいちばんよい。香港海洋公園、アトランタ州のジョージア水族館、フロリダ州オーランドのエプコットセンターのマンタとハタは、搬送のために担架に乗るように訓練されている。世話や給餌のときに魚が抵抗しないように報酬訓練をすることによって、飼育下の魚の生活の質が高まる。また、魚の知性についての固定観念を覆すたすけにもなるだろう。[28]

魚が決して頭の空っぽな生きものではないことをこれでわかっていただけたと思う。知性をもち、精神的にゆたかに生きていることを示すさまざまな特質が魚には見られるのである。しかし、知性のなかでももっと高度なものとして賞賛される能力、たとえば計画する能力や道具を使う能力などはどうだろうか。

道具、計画、サルの心

知識はすぐ手に入るが、知恵を身につけるには時間がかかる。
——アルフレッド・テニスン[1]

二〇〇九年七月十二日、太平洋に浮かぶパラオ諸島で、ジャコモ・ベルナルディはダイビングをしていたときに何か変わったものを見かけ、それをうまくカメラに収めることができた。クサビベラが水を吹きかけて砂のなかから貝を掘り出し、口に入れて三〇メートルほど離れた大きい岩のところへ運んでいく。そして頭をふりつつ、ちょうどよいところで貝を吐き出しては岩にぶつける。何度かそれを繰り返すうちについに貝は割れた。それから二〇分のあいだに魚はそうやって貝を三つ食べたのだった。

カリフォルニア大学サンタクルーズ校の進化生物学教授であるベルナルディは、魚が道具を使う様子を初めてカメラに収めたとされている。魚の行動としては文句なしの快挙だ。道具の使用は人間だけのものと長く考えられていて、その後、哺乳類と鳥類にもそれが認められたが、それ以外の生きものも道具を使うことが認識されはじめたのはこの一〇年のことである。

ベルナルディが撮影した動画を見るたびに、わたしはすばらしい一面を発見する。[2] 初めは、この野心的なクサビベラが貝を掘り出すのにわたしたちの想像するようなやり方をしてはいないことを見落としていた。口で勢いよく水を吹きかけるのではなく、ターゲットに尻を向け、ちょうど本をパタンと閉じると風が起こるのと同じ要領で、えらぶたを閉じた勢いで水をかけていたのである。しかもこれは道具の使用というだけにとどまらない。場所と時間を変えて一連のすじの通った行動をするこのクサビベラは、計画しているということなのだ。チンパンジーが小枝や草でシロアリを巣から釣り出すのを思い出す。あるいは平らな石を台にしてナッツを割るブラジルのフサオマキザル、あるいは自動車の行き交う道路に木の実を置き、タイヤに轢《ひ》かれて割れた実を赤信号のあいだに取りに行くカラスを。

海の有名人になったかのように、クサビベラは海で生きる仲間に取りかこまれる。砂が舞い上がるのを見ている魚たち、岩までヒーローのあとについていく魚たち。まるでスターの気の利いたコメントを期待するレポーターのようだ。

岩まで行く途中で、われらがクサビベラは海底の小さめの石で試してみている。あまり身の入らない様子で二度ほど貝を打ちつけてみて、これじゃ駄目だとばかりにまた先へ進む。彼の失敗を見て、この世に生まれたものが過ちを免れないことを思い出さずにいられようか。

どんな動物でも、こんなことをやってのければたいしたものだ。それが魚となれば、知性の点では動物のなかでも魚はビリという決めつけがいよいよ覆される。このクサビベラが魚の世界のスティーヴン・ホーキングだとしても、それでもこの行動は見事なものだ。

ところがその日ベルナルディが目にしたことは、特別でもなんでもなかった。オーストラリアのグレートバリアリーフでシロクラベラが同様の行動をすることに科学者たちは気づいている〔口絵4〕。ほかにもフロリダ沖のイエローヘッドラス、飼育下のセナスジベラもそうだ。セナスジベラの場合、餌のペレットが大きすぎて飲み込めず、噛み砕くにも硬すぎた。そこでペレットを水槽内の岩のところへ運び、クサビベラと同じように岩にぶつけて割ったのである。[3] この様子を報告したポーランドのブロツワフ大学の動物学者ウーカシュ・パシュコは、セナスジベラがペレット割りをするのを一五回観察したが、彼が最初にこの行動に気づいたのはベラを飼いだして何週間もたってからだった。そのときにはすでに「きわめて一貫した行動」で、「ほぼいつも成功した」とパシュコは述べている。

それでもまだ疑う人は、こういうことは「本当の」道具の使用ではないと主張するかもしれない。人間が斧で薪を割るとか、チンパンジーがおいしいシロアリを棒で釣り上げるのとは違って、ものを使って別のものを手に入れているわけではないからだ。パシュコはセナスジベラの行動を「道具使用のような」と表現している。だが、だからといってこの行動に価値がないわけではない。パシュコが指摘するとおり、貝やペレットを関連のない別のもので割る行為は、魚の自然な行動ではないからである。まず、魚にはものをつかむ四肢がない。さらにいえば、水は密度と粘度が高いので道具を使っても充分な勢いが得られない（水中で岩にくるみを投げつけて割ってみてほしい）。魚は道具を口にくわえて吐き出すしかないが、これでは効率がよくない。食べもののかけらはゆらゆら流れていってしまい、腹をすかせた別の魚にひったくられてしまうのがオチだからである。

クサビベラが水の勢いで砂をどかすように、テッポウウオも水の力を利用する――ただしこの場合は、獲物をとるための飛び道具にするのだ。銀色の腹に美しい黒の斑点がならんだ、体長一〇センチほどの熱帯原産のこの狙撃手は、インドからフィリピン、オーストラリア、ポリネシアの川の河口やマングローブの汽水域に棲む。目が大きく、よく動くので両眼視ができる。[4] 下顎の張り出した受け口は銃身の役目をしてくれる。上顎の射水溝に舌を押しつけ、喉と口を一気に収縮させると口から水が勢いよく噴き出し、三メートル飛ぶこともある。なかには一メートルの距離なら百発百中で命中させる腕のもち主もいて、テッポウウオの頭上の葉にとまっている甲虫やバッタにかならず災難がふりかかる。

この行動はとても幅広い。テッポウウオの水鉄砲は一発撃ちも連射もできる。昆虫、クモ、トカゲの子、生肉の小片、獲物の模型、そして観察者の目まで、くわえた煙草もろとも標的にされる。また、テッポウウオは標的の大きさに合わせて弾を仕込み、大きくて重いターゲットには水を多く使う。経験ゆたかなテッポウウオは頭の真上にいる獲物をねらい、地面ではなく水中に落とす。

水を飛び道具として使うのは、テッポウウオの数ある餌集めの方法の一つにすぎない。ふつうはテッポウウオもほかの魚と同じように水中で食べものを探す。また、もし獲物が水面より上方三〇センチ以内にいれば、直接跳びかかってパクリとやる。

テッポウウオは群れで生活し、他者のすることを見て学習するというすばらしい能力がある〔口絵18〕。狩りの巧みさは本能としてあらかじめもっているわけでないので、未熟者はみっちり訓練してからでないと動く標的を仕とめることはできない。飼育下のテッポウウオを観察しているエアランゲン・ニュルンベルク大学の研究者らは、標的が秒速一・三センチメートル程度のゆっくりした速度で動いていても、経験の乏しい個体はうまく命中させられないことを確認している。ところが、そんな下手くそなテッポウウオもほかのテッポウウオが一〇〇〇回試行する（成功してもしなくても）のを見たあとは、速く動く標的にもうまく命中させられるようになった。[5] 研究者らは、離れたところから他者の視点を推測して高度なテクニックを学習できるのだと結論している。これを生物学者は「他者視点取得」と呼ぶ。テッポウウオがしていることには、飼育下のボノボが怪我をしたムクドリを木の上に運んでそこから飛び立たせようとしたのと同じレベルの認知能力は必要ないかもしれないが、それでも他者の立場から見たものを理解できるといえる。

高速度ビデオ撮影の記録を見ると、飛ぶ獲物の速度と位置によってテッポウウオが撃ち方を変えていることがわかる。テッポウウオは研究者らのいう「予測ねらい戦略」で水鉄砲の弾道を調整して飛ぶ昆虫を仕とめる――飛ぶ速度が速ければ、ターゲットのずっと前方をねらうのだ。低く飛んでいれば（水面から約一八センチ以下）また別の戦略を用い、研究者らはそれを「ターン・アンド・シュート」と呼ぶ。標的の水平方向の動きに合わせて体を回転させながら発射するやり方で、これによって空中での標的の軌道を水の弾丸が「追う」ことになる。攻撃の名手にふさわしい行動だ。

テッポウウオは光が空気から水のなかへ進むときに生じる屈折を補正している。どうやっているかというと、標的の見かけの大きさと標的に対する自身の相対的な位置を支配する物理法則を学習するのである。このような経験則を広く応用することで、思いがけない角度と距離からでも対象の絶対的な大きさを測ることができるのだ。[6] テッポウウオは昆虫の知識も豊富なのではないだろうか。その昆虫がおいしいか、食いつくのに大きすぎないか、わざわざねらうまでもないほど小さくないか、針で刺してきはしないかが見ただけでわかるらしいのだから。

テッポウウオが少なくとも人間が石を投げはじめたころから水を噴射していたのはまちがいないだろう。ベラも人間の祖先が鉄器時代に金床で熱い金属を鍛えはじめるよりも前から貝を岩で割っていたのではないかとわたしは思っている。そうだとしても、人間が必要に迫られて道具をつくったように、魚は意図的に道具を使うことができるのだろうか。二〇一四年五月に、水産養殖の研究のために飼われているタイセイヨウダラが独創的な道具の使い方をした例が報告された。魚は個体を識別できるように、背の尾びれに近いところにプラチックのタグをつけて色分けされている。[7] 水槽に取りつけられた給餌器は輪のついたひもを引くと餌が出るようになっていて、魚はその輪をくわえて引っ張れば餌にありつけることをすぐに学習していた。

たまたまだったらしいが、背のタグに輪を引っかけて泳ぎだせば給餌器を動かせることを発見した魚がいた。するとこの賢いタラたちは、何度も「試行」して技を磨いた――そしてとうとう目的を達成するのにぴったり合った行動の手順ができあがったのである。しかもそれはまさしく改善だった。この利口な魚たちは口を使うよりも一瞬速くペレットを手に入れることができるようになったからだ。ふつうなら縁のない器具を魚が自分で操作して餌を手に入れるのがあたりまえのようになっているだけでもたいしたことだが、タグを利用して新しい方法を編みだす魚がいることは、魚に柔軟性と独創性があることを示している。

わかっているかぎりでは、道具を使用する魚は決まった種のみのようだ。カラム・ブラウンは、とくにベラ科の魚が期待以上に道具使用の例が多いという点で哺乳類の霊長類および鳥類のカラス科（カラス、ワタリガラス、カササギ、カケス）に相当するだろうと述べている。だが、水中では陸上よりも道具を使う機会が少ないだけかもしれない。クサビベラとテッポウウオが進化は独創的な問題解決の能力を分け隔てなくあたえていることを示す最高の例なのか、ほかの種の魚にも道具を使用する仲間がたくさんいるのかはまだわかっていない。

タイガーフィッシュをそこに入れてはどうだろうか。

形勢逆転

鳥類は何千年も前から水にもぐって魚を捕まえてきた。ペリカン、ミサゴ、カツオドリ、アジサシ、カワセミは、羽を生やした魚の敵の代表である。カツオドリは翼開長が一メートルを超え、体重は四キロ近くにもなることがある。一五〜三〇メートルの高さから降下し、羽を折りたたんで時速一〇〇キロメートルで水面を突き破って二〇メートルもの深さにもぐり、油断している魚を鋭いくちばしで捕らえる。

だが、形勢は逆転する。

二〇一四年一月、南アフリカのリンポポ州にある人造湖のシュロダダムで地元の人が目撃したという光景を科学者が撮影した。[8] 三羽のツバメが水面すれすれに飛んでいると、一匹のタイガーフィッシュが空中にジャンプして一羽をさらっていったのだ。

タイガーフィッシュはアフリカの淡水に棲む長円形で銀色の捕食性の魚である。数種がいるが、最大のものは体重七〇キロにも達する。体に水平の縞があり、口には大きく鋭い歯がずらりとならんでいることからタイガーの名がついた。釣り人が競って釣ろうとするゲームフィッシュだ。

ツバメを捕らえたのはこのときぎりのことではなかった。これを発表した研究チームは一日に二〇回ほどあると報告しているので、一五日間の調査期間に三〇〇羽のツバメが事件の首謀者に遭遇していることになる。

これについて少し考えてみよう。ツバメは飛びながら昆虫をねらって捕食する速さと敏捷さで知られている。不意に魚の餌食になったときには、少なくとも時速三〇キロで飛んでいたと思われる。飛行中のツバメを捕らえようとするからには、そこに意図がなかったとは想像しにくい。なんの考えもなくでたらめにジャンプしていたら、一〇〇万回跳びつこうとしても鳥の羽一枚せしめることはできないだろう。ホホジロザメが海に浮いているアザラシを捕らえるときのように、水面のすぐ下でツバメが近づくの待って水中から身を躍らせたとしても、ツバメはとっくに飛び去っていて、空ぶりに終わるのではないだろうか。だが、見事キャッチしたところをとらえた画質の粗い映像を見るかぎり、タイガーフィッシュが真上にジャンプした様子はない。ツバメはうしろから跳びかかられている。魚はツバメの真うしろから猛烈なスピードでジャンプし、空中で追いついてからまた水中にダイブしているのである。

四人の生態学者がタイガーフィッシュの二つの攻撃方法を記述している。一つはツバメのすぐうしろを水面すれすれに泳ぐ方法、もう一つは水面下五〇センチ以上の深さから真上にジャンプする方法である。最初の攻撃方法は不意討ちの効果が上がらないという欠点があるが、利点としては水面での光の屈折で生じるツバメの像のずれを調整する必要がない。水中からツバメを見たとき、屈折のせいで実際よりもうしろに見えるのだ。したがって、水面の歪み角度を補正することを学習している魚がいるのはまちがいないだろう。でなければ、第二の方法では成功しないはずだ。

この行動からたくさんの疑問が湧く。タイガーフィッシュはいつからこれをしているのか。最初はどうやってはじまったのか。それがどうしてタイガーフィッシュのあいだに広まったのか。なぜツバメはやられないようにしないのか。水面よりもずっと高いところを飛べばよいではないか。

タイガーフィッシュによるツバメの捕食を報告したゴードン・オブライエンに聞いてみることにした。オブライエンは南アフリカのピーターマリッツバーグにあるクワズール・ナタール大学生命科学部の生態学者である。彼はこう話す。「シュロダダムにリンポポ川の下流域からタイガーフィッシュが集まってきたのはごく最近のことで、一九九〇年代後半くらいです。だからとても『若い』個体が多いのです。分布域のほとんどではよく繁殖しているのですが、南アフリカではいろいろな点で人間の影響が大きく、全体としては数が減っています。そのため保護の対象になっていて、人工の生息環境に移されているところなんです」

鳥を捕獲する行動はどうやってはじまったのかとたずねたところ、オブライエンがいうには、タイガーフィッシュにとっては人造湖はとてもせまく、なんとかして適応しなくてはならないからだろうとのことだ。この行動が初めて記録された二〇〇九年ごろは、たくさんの大きい個体がみじめな状態にあるのを見たという。

この行動がタイガーフィッシュのあいだに広まったことについても、オブライエンには考えがある。「これは学習した行動のようですね。小さい個体はあまりうまくやれないので、水中にひそんで跳びかかるよりも『水面で追いかける』やり方をします。深いところにひそむのは光の屈折を補正しなくてはなりませんから……。タイガーフィッシュは便乗するのがうまくて、ほかの個体がしていることに効果があると強い関心をもちます。狩りの狂乱というか、騒ぎがはじまるとそこに加わるわけです。ツバメの渡りの時季は、それは見事な光景ですよ。［タイガーフィッシュの］若いのがあの行動を学習するのはその期間でしょうね」

鳥を捕食するのはタイガーフィッシュだけではない。オオクチバス、カワカマスといった捕食魚も水面近くの葦《あし》にとまっている小さい鳥をジャンプして捕まえるのがまれに目撃されている。最近では南フランスのタルン川で、浅瀬に水を飲みにきたハトを大きいナマズが捕らえたところがビデオに収められた。シャチがアシカを捕まえるのと同じやり方で、突進して岸に乗り上げ、獲物をパクリとやっている。

これらの魚がこれ見よがしにやっているとは考えにくい。本当のところは切羽詰っての行動だろう。シュロダダムは一九九三年に建設された人工の生息環境で、南アフリカで減少傾向にあったタイガーフィッシュは数の回復を目的にそこに移された。シュロダダムのタイガーフィッシュは、おそらく餌が乏しいためにほかの場所のタイガーフィッシュよりもかなり多くの時間（三倍以上）を餌あさりに費やしていることがそれ以前の調査でわかっている。[9] 鳥をとるのは自分自身がその一帯に多いサンショクウミワシの餌食になる危険を冒すことにもなるだろう。ハトをねらうタルン川のナマズも同様の窮状にあるのかもしれない。ナマズは一九八三年にこの川に導入されてから生き延びているが、小魚やザリガニなどが不足しているのは報告されているから、それで通常の餌ではない鳥をねらうのだろう。[10] 必要は発明の母ということわざが現実を表わしているなら、それは魚にもあてはまるのだ。

シュロダダムでの発見を報告した研究者らは、南アフリカの別の場所のタイガーフィッシュに関する小論文を引用している。タイガーフィッシュは飛んでいる鳥を捕らえているのではないかと考えた生物学者が一九四五年と一九六〇年に発表したものだ。度胸のあるタイガーフィッシュが何も気づいていないツバメをたまたまうまく捕らえ、それを繰り返すうちに技が磨かれたのだろう。そしてその行動を見ていたほかのタイガーフィッシュに広まったのかもしれない。テッポウウオの例で見たとおり、見て学習することが魚は得意なのである。

はじまりがどうだったのであれ、これが認知能力を発揮した柔軟な行動であることはまちがいないといえる。タイガーフィッシュの通常の行動ではないため、機に乗じた行動であること、上達するには何度も繰り返して（もちろん失敗も何度もして）テクニックを高めなくてはならないこと、他者がするのを見て伝わったのはまずまちがいないこと、何通りかのやり方があることがその理由だ。

一方、ツバメがなぜタイガーフィッシュにやられないようにもっと高く飛ばないのかについては、考えられる理由がいくつかある。①魚に襲われそうになっていることに気づいていない、②水面近くを飛ぶことに体力面で利点がある、③そのあたりに餌の昆虫がいる。このうち、ツバメが危険を察知していないというのは考えにくい。大きい魚が水中から跳び出して、近くを飛んでいる仲間をさらっていくのに気づかないわけはないからだ。となると、ツバメが水面近くを飛ぶのをやめないのは、魚に襲われる危険度にくらべて水面近くで餌をあさる利点のほうが大きいからだろう。

魚類VS霊長類

魚が苦労の多い危険なやり方で餌をとる方法を考えだし、学習することができるなら、魚は人間の用意した時間と場所に関する課題も筋道を追いながら解くことができるだろうか。あなたがいま空腹だとしよう。そこでピザを二枚さしあげる。ただし左のピザは二分で下げてしまう。右のピザは下げない。あなたはどちらから先に食べるだろうか。二枚くらいペロリとたいらげられそうなほど腹ペコなら、きっと左のピザから食べるだろう。

さて、今度はあなたが魚だとしよう。ここではホンソメワケベラだとする。そして同じような状況に置かれたとする。色の違う二枚の皿に餌がのっているが、もし青い皿から食べだしたら、赤い皿はそのあいだに引っ込められてしまう。赤い皿を先に選べば、青い皿はそのままなので二皿とも食べられる。赤い皿を下げてしまうことは魚に伝えられないので、魚は経験から学習しなくてはならない。これと同様の実験が霊長類の賢い三つの種を対象に行われたことがある。八匹のオマキザル、四匹のオランウータン、四匹のチンパンジーである。

魚と三種の霊長類、どれがいちばんうまくやっただろうか。[11] もしあなたがサルのいずれかだと思うなら、ご褒美のピザはさしあげられない。魚はこれらの霊長類のどれよりもうまく問題を解いたのだ。六匹のホンソメワケベラは、平均して四五回の試行で六匹とも赤い皿から先に食べることを学習した。それに対し、サルのなかで一〇〇回以下の試行で問題を解くことができたのは二匹のチンパンジーだけで（それぞれ六〇回と七〇回）、あとの二匹のチンパンジーとオランウータンとオマキザルは解けなかった。そのあと霊長類が学習しやすいようにテスト方法を少し変えたところ、オマキザル八匹全部とオランウータン三匹が試行一〇〇回以下で学習したが、先の問題で失敗した二匹のチンパンジーはとうとう最後まで解けなかったのである。

次に、ドイツ、スイス、アメリカの一〇人の科学者からなるこの研究チームは、成績のよかった被験動物に第二のテストをした。二枚の皿の役割をいきなり逆にしたのだ。この意地悪をあっさり乗り越えたものはいなかった。一〇〇回以下の試行で先に選ぶ皿を変えたのはホンソメワケベラとオマキザルだけだった。

成魚になっていないホンソメワケベラもテストされたが、成魚にくらべると成績は著しく落ち、このことからこれが学習しなくては身につかない知的スキルであるのがわかる。研究者の一人であるルドウアン・ブシャリは、自分の四歳になる娘でも試してみた。[12] ブシャリが人間向けの「餌あさり」として粒チョコレートを二つの皿に盛ってみたところ、少女は引っ込められてしまう皿から先に食べることを一〇〇回試行しても学習しなかった。

論文の著者らは重要な結論を引き出している。「ホンソメワケベラによる高度な判断が……より大きく複雑な構造の脳をもつはずの種には容易にできない」[13]。しかしこのことは、なにも降って湧いた話というわけではない。先に食べるべき皿をホンソメワケベラが賢く選んだのは、この掃除魚がお客を迎えながら下す判断に似ている。そもそも実験のデザインは意図的にその状況に似せてあるのだ。脳の大きさなど何するものぞ。それが種の生存にとって重大で、脳の大きい生きものが最もうまくやるなどということは、ありえないのだ。

掃除魚は目的をもって自分のところへやってくる魚の体についたものを少しずつかじって生きている〔口絵7〕。だから食べものをくれる魚がプイと行ってしまわないように気をつけなくてはならない。バナナならそんなことをするわけないが、来ては去っていくお客はやりかねない。掃除魚は練習に練習を重ねている。これでも今日はヒマなほうだという日でも、何百匹ものさまざまな客の世話をし、大忙しの日ともなれば、それが二〇〇〇匹を超す。岩礁に棲む「常連」の客もいれば、通りがかりの「一見《いちげん》の客」（たぶん岩礁の住人とは違う種）もいる。掃除魚はその二種類の客を区別して、「一見さん」からサービスする。すぐに応対しなければ、別の掃除魚のところへ行ってしまうからだ。おなじみの客はずっとそこにいる。赤い皿と青い皿だ。

あなたもわたしと同じなら、まさに知能の程度を試しているように見える問題で霊長類の成績が悪いことにがっかりしているだろう。論文の著者らは「類人猿がうまくやれなかったのは、課題にいらいらしたせいのようだ」と述べている。いかにも、頭が悪いせいではないのだ。大型類人猿はパズルを解くのが得意なことで知られていて、場合によっては人間よりもうまくやる。たとえばモニター上に不規則に配置された数字の場所を記憶する課題では、チンパンジーは人間よりもはるかにすぐれている。[14] また、透明な細い筒の底に入ったピーナッツを取り出したいときに、アルキメデスの原理を応用して、物体の浮力を利用するだけの知恵もある。[15] 手がとどかずにピーナッツをうまく取り出せないと、近くの水場へ行って水を口に含み、筒のなかに吐き出してピーナッツを手のとどくところまで浮かせるのだ。発想ゆたかなチンパンジーなら筒のなかにおしっこをするだろう。オランウータンは何百本という森の果樹の地図を頭のなかでつくり、しかもどの木がいつ実をつけるかまで憶えている。[16] また、器用に錠をこじあけてケージから脱出したり、飼育員を騙して鍵を手に入れたりすることもよく知られている。

だが、こうしたことは皿の課題を解くのに必要なスキルとはタイプの異なるスキルだ。また、サルたちがみな飼育下で生まれたことも足を引っ張った原因かもしれない。何もしなくても一日に数回食べものをあたえられ、取り上げられることはない。それに引きかえ、実験に使われたベラは自分で食べていかなくてはならない野生のものだったのである。

知的能力を要する課題で魚が霊長類よりもよい成績を挙げるのを見ると、脳の大きさや体の大きさ、被毛やうろこのあるなし、人間と近縁であるかどうかといったことが知性の程度を測る基準として心もとないことをあらためて思い出す。また、ひと口に知性といっても状況によっていろいろであること、知性はどんな場面でも発揮される一つの属性ではなく、局面によって表われるいくつもの能力であることを教えられもする。知性は一つだけではないという考え方が腑に落ちるのは、一つには芸術やスポーツに秀でている人が数学や論理も得意とはかぎらなくても不思議はないことを教えてくれるからだろう[17]。むかしからわたしたちは「知性」というと人間のさまざまな能力のことだと思って重視してきたが、知性は一つではないという概念はそれを否定する。わたしたちの考えてきた知性は、人間にあてはめたときにさえ小さすぎるのである。

ここまで個体による魚の行動を取り上げてきたが、一匹だけで生きる魚は少ない。ほとんどの魚は社会的な生きものだ。そしてその社会は彼らの生活の新しい側面を明かしてくれる。

V　魚は誰を知っているか

友情とはいちばん長くつきあっている人とのことではない
……あなたのそばにきて決して去らない人とのことである。
――不詳

連れ立って泳げ

われら外見も言葉も異質な者は手を結ばなくてはならない。
――C・J・サンソム[1]

サンゴ礁を泳ぎまわる魚たちをなんの気なしに眺めただけなら、生きものがごちゃごちゃと集まっているくらいにしか思わないかもしれない。もっとじっくり眺めれば、そこにはグループがあって、どんな魚がどんな相手と一緒に泳いでいるかに気づくだろう。わたしは動物学者として世界中を旅するので、野生と飼育下のいろいろな環境にいる魚を目にする機会がある。フロリダ州でもワシントンDCでも、あるいはメキシコでも、魚たちはさまざまに集まり、連れ立って泳いでいる。フロリダ州南部のビスケーン湾とキーラーゴ島でスノーケリングをしていたときも、いろいろな種類の魚に出会った。浅い海でわたしをかすめて泳ぎ去ったアカエイや、岩礁の上を静かに漂っていたカマスのように、一匹きりでいたものもいる。だが、そのほかほとんどの魚は同じ種の仲間と一緒に泳いでいた。アトランティックニードルフィッシュは、海岸近くで小さい群れになって水面のすぐ下にたゆたっていた。フレンチグラントの群れは身を寄せあうようにして波立つ流れに乗ってゆれていた。ミッドナイトパロットフィッシュは一八匹が一団となって水の底をのんびりと泳ぎながら、サンゴ岩をバリバリと音を立ててかじりとっている。イエローテイルスナッパーは群れ集いはしないが、それでも一匹でいるのを見かけたことがない。異なる種が入り混じった魚の群れもよくあるが、魚はふつう自分の仲間を認識して彼らと連れ立つ。

各種の魚が少しずつしかいない飼育下の水槽のなかでは、仲間と連れ立つことの効果はうすれてしまう。ワシントンDCにあるスミソニアン博物館の国立自然史博物館を訪れたとき、わたしは生きているサンゴ礁の展示の前でしばらくすごした。水槽には二〇種ほどの魚のほか、エビ、ウニ、ヒトデ、イソギンチャクなどの無脊椎動物が少しいた。二匹のキイロハギ（口のとんがった円盤形のあざやかな黄色の魚で、『ファインディング・ニモ』に「バブルス」の名で登場）は五センチと離れることがない。スズメダイのペアはかわるがわる水面で空気をひと飲みしてはすぐにもどるのを繰り返している。別のペアは寄り添うようにして静かに泳ぎ、たがいに相手と同じ動きをしている。クマノミも二手に分かれてグループになり、二匹は水槽の底でイソギンチャクの触手に包まれ、三匹は水面近くを泳いでいる。飼育下の魚は否応なく一緒にされているが、それでも仲よくグループになっていてわたしは感心する。

水族館には科学で実証されていることが表われている。魚は社会性のある生きものだということだ。彼らは一緒に泳ぎ、姿やにおいや声などの感覚情報でほかの個体を認識し、つがう相手を選び、協力する。

魚の社会の基本単位は群れである。その群れにも二種類あって、その一つの「ショール」は相互に社会的な関係を保ちつつ集まったグループだ。おたがいの存在を意識し、集団であることをつづけようとするが、個々の魚はそれぞれに行動するので、いつ見てもみな好き勝手な方向を向いている。もう一つの「スクール」はより秩序があり、隣との間隔を同じに保ちながら全員が同じ方向へ同じ速度で泳ぐ。ショールは先述したミッドナイトパロットフィッシュのように一緒に餌をあさるのに対し、スクールは移動をともにする。大西洋の沿岸を通過するイワシの大群はスクールだ。スクールはショールよりも規模が大きく、長くつづく傾向がある。

わたしは二〇一五年四月にプエルトリコの西岸でガールフレンドとスノーケリングをしていたとき、魚の大きなスクールを間近で見た。たぶんニシン科のウロコサッパの一種だと思う。わたしが数メートル下の美しいサンゴ礁に見とれていると、沿岸を北へ向かう銀灰色の小さい魚の大群にいきなりかこまれた。形と大きさが爪やすりくらいの魚で、それぞれが六、七センチの間隔をあけて泳いでいる。大きな目のせいでちょっと困った顔をしているように見え、尾びれをパタパタと速く動かしつづけて一心不乱に泳ぐ様子がいかにも生真面目そうだ。強風のせいで水中の視界がふつうよりも悪かったうえ、魚の数があまりにも多くて群れの向こう側は何も見えない。わたしたちはすっかり魚の群れに包まれていた。わたしは向きを変えて少し魚たちと一緒に泳いでみたが、前に進んでいるのにまわりは少しも動かないという状態が奇妙だった。出っ張りだらけの体で不格好に泳ぐサル二匹が群れの真ん中にいても、魚たちにまごつく様子はない。沖側で銀色のものがきらりと光った。深いところでこの魚たちを待ち伏せしていた大きい魚の腹だ。一分ほどで小さい回遊魚の群れは現われたときと同じようにいきなり去っていき、北への旅をつづけていった。

　魚はなぜこのような大きい群れをつくるのだろうか。群れを形成する利点には、効率よく動けること、捕食者を見つけやすいこと、情報を伝えやすいこと、数に強みがあり、安全であることなどが挙げられる。たくさんの魚が同方向に動くと流れが生じ、エネルギーを節約できる。ちょうど自転車レースで風の抵抗を減らすために選手が集団をつくって走るのと同じだ。また、回遊する魚の体から出る粘液が水の抵抗を減らしているという指摘もあり、この効果によって泳ぎの効率が六〇パーセント増加するらしいことがシロガネツバメウオの群れの研究で示された。[2] しかし、その後の研究で野生のアトランティックシルバーサイドを捕獲して調べたところ、抵抗低減説に疑問が投げかけられている。[3] 一万匹のシルバーサイドの群れから自然状態ではがれ落ちる粘液の量をはるかに超える合成の抵抗低減剤をフロータンクに加えても、泳ぐときに尾びれをふる回数は減少しなかったのである。

　回遊魚の大きいスクールでは、魚はたがいに見知らぬ者同士だろう。だが、ショールの魚はそうとはかぎらない。ある研究によると、知り合い同士のショールはそうでないショールよりも効率的に行動する。ファットヘッドミノウのそのような群れは結束が固く、思い切った行動をし、よそよそしさがない。捕食者を調査する回数も多い。[4] 一匹か二匹が捕食魚に近づけば、そこにいるのはわかっているから奇襲しても無駄だという警告になるのだ。

　仲間にかこまれていても、群れのなかの位置には有利不利がある。ケンブリッジ大学の魚類生物学者イェンス・クラウスによるチャブ（ミノウの近縁種）の実験では、異変がなければ二〇匹の群れのなかでの位置決めに特別な傾向はなかった。だが恐怖物質を水に混ぜると、同程度の大きさのもの同士が近くに集まる傾向が強く見られた[5]。大きいチャブは群れの中央を占め、小さいチャブは捕食者に襲われやすい周辺に追いやられた。争う気配はなかったが、魚たちはどのようにしてか自分の位置を知っているのである。

　魚の集団が捕食者に対抗する策として用いるのは、群れでの位置のみではない[6]。集団でいるだけで捕食者を攪乱《かくらん》できるので、全体としてとって食われる危険が減るだろう。パーチやカワカマス、シルバーサイドといった捕食性の魚が大きい群れから獲物をとろうとしても、なかなかうまくいかない。どのようにして攪乱されるのかははっきりしていないが、ある生物学者は困惑した捕食者を店でお菓子を選ぼうとしている子供にたとえている。お菓子の種類が多すぎて、迷ってしまって決められないのだ。

　同種の魚の群れはどこを見ても同じように見えるため、攪乱効果はさらに高まる。ミノウの群れでは、墨汁でしるしをつけられた個体はカワカマスに襲われる危険が大きい。白または黒のモーリーに白い魚か黒い魚と群れをつくるように選ばせると、自分と同じ色のほうを選ぶのは不思議でもなんでもない[7]。また、魚が寄生虫のたくさんついた魚（黒い斑点があるように見える）よりもついていない魚と群れになりたがるのは、目立たないようにするのが目的の一つだろう[8]。

　数の多さそのものによる利点のほかに、群れの集団での動きによって個々の魚が捕まりにくくなる場合がある。外敵から逃げようとする群れが、噴水のように二手に分かれて左右から敵の背後にまわり込むのだ。捕食魚が向きを変えればまた同じことをする。この噴水効果は、捕食魚の泳ぐ速度がいくら速くても、被食魚のほうはより敏捷であることを武器に、捕食魚の視界から姿を消して逃げることができる。この動きをするには、一瞬で（わずかなずれはあっても）飛ぶ向きを変える鳥の群れにも見られるように、高速で泳ぎつつほかの魚と協調しなくてはならない。

噴水効果にはすばらしいバリエーションがある。捕食者が襲ってくると、群れの全員が中心から四方八方へパッと散るのである。このとき魚たちは、わずか五〇分の一秒で体長の一〇倍から二〇倍の範囲に広がる。これだけ速い動きなのにぶつかりもしない。[9] パッと散る前に自分と仲間がどの方向へ泳ぐかをどういうわけか知っているにちがいない。

キリフィッシュの一種（フンドゥルス・ディアファヌス）での研究から、この魚が状況によってさまざまな大きさの集団を形成することがわかった。行動生態学では、大きい群れは捕食者に対する防衛力が高いが、小さい群れは競争が少ないので餌をあさるには都合がよいとされている。餌と警報を同時にあたえられたキリフィッシュが、餌だけをあたえられたときよりも大きい群れを、警報だけのときよりも小さい群れをつくるのはこれで説明できるだろう。[10]*

あれは誰で、これは誰

同じ種類の魚の群れをただぼんやり見ているだけだと、どれもみなそっくりなので、魚自身はたがいに識別できているのだろうかと思ってしまうかもしれない。できるどころか、ヌシャテル大学の研究チームを率いるルドウアン・ブシャリによれば、魚の社会性の研究で魚が個体識別するのを確認できなかった例など一つも知らないという。[11] 魚は備わった鋭い感覚をときには組みあわせて用いることで他者を認識し、自分と同じ種と異なる種とを区別している。たとえばミノウは、野生ではさまざまな手がかりを使っているだろうが、飼育下では自分と違う種をにおいだけで識別するように訓練できる。[12] それに魚が他種ばかりか他種の個体も認識できることは、掃除魚と客の関係からご存じのとおりだ。

　魚の個体識別を研究しているカラム・ブラウンが知ろうとしたのは、誰と仲よくやるかが魚にとって重要かどうかである。そして、それは魚にも重要なことであるのがわかった。グッピーは新しく入ってきたグッピーに一〇日から一二日くらいで慣れ、少なくとも一五匹の仲間を認識することを学習した。なぜそのことが役に立つのだろうか。理由の一つは、オオカミやニワトリやチンパンジーと同じで、グッピーも社会階層をつくるからである。社会のなかで誰がどの位置にいるかを知っているほうが都合がよいのだ。頭のよいグッピーは自分が上位にあることをどんなときに利用するのがよいか、どんなときに上位のものに逆らって罰せられるのを避けるべきかを知っている。[13]

　さらにグッピーはこの知識を第三者の視点からも利用するようだ。[14] 二匹のグッピーが争うのを見ていたグッピーは、負けたほうにより高姿勢になるのである。それと同時に、争っているオスのほうも誰が争いを見ているかを知っている。さもなければ、少なくとも見ているものの性別をわかっ

＊魚には気の毒だが、捕食魚に対する群れの利点も人間が捕食者の場合には裏目に出る。群れを検出して一網打尽にできる機器が開発されているからだ。

ている。見ているのがメスだったら攻撃を手加減する。おそらくメスは攻撃的なオスとペアになりたがらないだろうからだ。見ているのがオスなら容赦はしない。優劣の順位がつくためには個体が認識されていなければならないし、このように第三者がほかの魚に影響したりされたりするならば、相対的な順位が意識されているということになる。たとえば東アフリカの淡水に棲むシクリッドの一種であるアスタトティラピア・ブルトニィは、魚Aが魚Bよりも上位で、魚Bは魚Cよりも上位であるとき、魚Aは魚Cよりも順位が高いと推測することが実験で示されている。[15]

誰が誰なのかを知っていることはほかの面でも利用される。ミノウの実験では、餌の争いで強くない相手を判別して一緒にいようとすることがわかった。一緒に餌あさりをしていた集団から選び出された魚たちは、うまく餌をとる個体よりもうまくとれない個体のそばにいる時間のほうが多かったのである。[16]ブルーギルも同じような区別をするし、おそらくほかの多くの魚もそうだろう。[17]

魚が魚を識別できるのはともかくとして、魚はあなたを認識できるだろうか。水槽で魚を飼っている多くの魚ファンが証言しているとおり、魚は世話をしてくれる人を憶えることができるし、実際に憶えている。カリフォルニアの生物モニタリングプログラムの生態学者ロザモンド・クックの話はその一例である。

一九九六年から一九九九年にコロラド州立大学で博士研究員をしていたとき、わたしは水産野生生物学部に勤務していました。学生がわたしのオフィス近くの廊下に淡水の水槽を設置し、そこに若いコクチバスを入れました。夏休みに入ると餌をやる学生がいなくなってしまうので、わたしがやりましょうということになりました。数週間したころ、わたしが水槽に近づくと、かならずバスが待ちかねたようにガラスに近づいて水面に上がってくることに気づきました。バスはわたしのことがわかっていたんじゃないかと思います。水産学の教授にそのことを話したのですが、魚が人間を識別するなんてありえないよといわれてしまいました。

秋になって廊下はまた学生がたくさん出入りするようになりましたが、わたしはバスの観察をつづけました。ときどき廊下の隅からこっそり見ていても、バスが誰かに反応する様子はありませんでした。でも、わたしが近づけばかならずこっちへきて挨拶しますし、三メートルくらい離れたところでほかの人たちにかこまれていてもそうするのです。あのバスがわたしを認識して、人のなかからわたしを見つけ出していたとしか説明のしようがありません。

その後、クックは大学の敷地内にある釣り禁止の大きい池にバスを放してやったそうだ。

二〇一四年四月に、わたしは米国魚類野生生物局の職員だったという人とたまたま話をする機会があった。その人はポトマック川のよどみでミノウを網にかけてとり、バケツに入れておくという。小さい魚たちは彼が家で何年も飼っているオオクチバスの水槽に放り込まれる運命なのだ。「ペット用品店で餌用キンギョを買ってあたえていたんですが、このほうが安いからですよ」と彼はいう。

ロザモンド・クックやそのほかたくさんの魚ファンから話を聞いていたので、わたしはバスがその人を識別していると思うかとたずねてみた。

「もちろんですよ。バスに餌をやっているのはわたしだけで、妻や娘が部屋にいてもあいつはぴくりともしません。わたしが部屋に入っていくと水槽のいちばん近い隅にきて、まるで子犬みたいに尾びれをふるんですよ」[18]

人間を識別するといわれている魚の能力に科学的な裏づけはあるだろうか。テッポウウオ（水鉄砲を使いこなすあの賢い魚だ）の研究によると、ある。二人の人間の顔を見せると、食べものの報酬と結びついている人のほうを選ぶことをすぐに学習するのである。[19]

国境警備

個体を識別できれば、ごちそうにありつける特別な場所を自分のものにして守るのに役立つ。事実、多くの魚がなわばりをもち、侵入者があるとさまざまな手段を用いて「うせろ！」と警告する。[20]ひれとえらぶたを広げて体を大きく見せたり、守るべき場所でこれ見よがしに泳いでみせたり、口をパクパクさせて音を立てたり、体の色を変えたりするのだ。そして追いかけて——ふつうは最後の手段として——パクリと噛みついたりもする。

わたしが聴いた講演でいまも印象に残っている一つは、何年も前に動物行動学会で行われたものだ。テーマはラドヤード・キプリングの『なぜなぜ物語』のようなものだった。レニー・ゴダードによるクロズキンアメリカムシクイの研究の話を聞いて、わたしは小さい鳥の心に対する考え方が変わった。一五グラム足らずのこの鳥には、すぐれた渡りのスキルがある。アメリカ東部と中央アメリカのあいだを毎年往復するが、無事に渡りを終えると前年にすごした同じ森の同じ一角にもどってくる。あざやかな色の小さなこの鳥は、さえずりと境界警備をしながら棲みかを守る。

驚いたことに、ゴダードはオスのクロズキンアメリカムシクイが毎年ご近所さんを認識していることを発見した。[21] プレイバックテストで隣人のさえずりの録音を聞かせたところ、先住者は知っているオスのなわばりの場所から聞こえてくるかぎり、その鳴き声を許した。しかし、スピーカーを反対側に移動させて同じさえずりを再生すると、落ち着かなくなったのである。隣家の人が通りの向かいの家からいきなり挨拶してきたようなものだ。

こんなに小さい鳥が個体のさえずりを八カ月の時間を隔てて認識し、それを特定の場所に結びつけているのは驚くべきことだ。しかし、それが魚とどう関係があるのかとあなたは思っているかもしれない。では、スリースポットダムゼルフィッシュの話に移ろう。

スズメダイ（ダムゼルフィッシュ）は、大西洋とインド洋・西太平洋地域の熱帯におよそ二五〇種が分布するカラフルな小さい魚である。『ファインディング・ニモ』で有名になったクマノミもここに属している。かわいらしい名前とはうらはらに、スズメダイは岩礁の自分の場所を守ることにかけてはおそれを知らないことで知られている。わたしはよくプエルトリコの海にもぐるので、イエローテールダムゼルフィッシュが岩のくぼみから跳び出して、近寄りすぎた大きい魚を蹴散らすのを何度も見ている。

では、スリースポットダムゼルフィッシュはクロズキンアメリカムシクイのように隣人を認識できるだろうか。ゴダードがこの鳥を調査する何年も前に、ロナルド・スレッシャーがこの疑問を解くために調査をしていた。当時、スレッシャーはマイアミ大学の海洋科学部の博士研究員で、パナマ沖の岩礁に棲むスリースポットダムゼルフィッシュを研究対象に選んだ。

なわばりをもつスリースポットダムゼルフィッシュが同種のほかの個体の模擬侵入にどう反応するかを比較するために、スレッシャーは単純かつ効果的な方法を思いついた[22]。まず、なわばり所有者を見つける。次にそのなわばりと境界を接する「隣人」と、少なくとも一五メートル離れたところを本拠とする「よそ者」をつかまえる。隣人とよそ者を別々に透明な容器に入れる。最後に隣人のなわばりをスタート地点として、容器を両手でもってゆっくりとなわばり所有者に近づけていく。

スレッシャーは何匹かのなわばり所有者に少なくとも一五組の隣人とよそ者を見せ、どこまで近づけるとなわばり所有者が攻撃行動をはじめるか、侵害する意図のない二種類の侵入者に対する攻撃の仕方が違うかどうかに着目した。また、種の異なる二匹の魚も見せた。片方は近縁のダスキーダムゼルフィッシュ、もう片方は近縁ではないブルータングサージョンフィッシュである。

容器に入った隣人とよそ者に対する反応は歴然と違っていた。なわばり所有者はよそ者をさかんに攻撃しようとし、容器の壁に体あたりして忌々《いまいま》しい防壁の向こうから噛みつこうとした。それに対し、容器に入った隣人が近づいても無視したといってよいくらいの反応しか見せなかった。種の異なる魚に対しては、ダスキーダムゼルフィッシュでもブルータングサージョンフィッシュでも区別がなかった。

スレッシャーによるこの仲間実験から、スリースポットダムゼルフィッシュが隣人を大きさのほか、とくに微妙な色と模様の違いで見分けていることがはっきりした。実験に使われた魚は思いやりをもって扱われ、みなそれぞれのなわばりのある故郷へもどされた。もう一度そこでもとのように自分のなわばりを確保してほしいものだ。

その後、スリースポットダムゼルフィッシュがクロズキンアメリカムシクイのように長い不在のあとにも隣人を憶えていられるかどうかをテストした者はいない。この魚は回遊性ではないので、その必要はないからだろう。仮に憶えていたとしても、わたしはまったく驚かない。

スズメダイと同様に、カンムリブダイのオスもなわばりをもつ。盛り上がったこぶ状の頭部からその名がついたカンムリブダイは岩礁域に棲む大きい魚で、体長一・五メートル、体重七五キログラムにもなる。二匹のオスがなわばり争いをするときは、数メートル離れたところからたがいに近づいて大きなおでこをガツンとぶつけあう[23]。この行動はオオツノヒツジが角を突きあわせて闘うのに似ていて、目的も同じだ。二匹のオスは相対して身構え、どちらかが尻ごみして行ってしまうまで何度も頭をぶつけあう。これは闘いであり、危険がないわけではないが、儀式的な意味合いが強いのでひどく怪我をしたり死んでしまったりすることはまずない。勝者はなわばりを手にし、さらに食べもののゆたかな場所に進出する。百戦錬磨の強者はうろこと皮膚がはがれ落ちて白っぽくなったこぶの傷をひけらかす。カンムリブダイの——それをいうなら、カンムリブダイにかぎらず海水魚の——頭突き合戦が記録されたのは、驚いたことに二〇一二年のことだ。この行動がずっと気づかれずにいた理由は、あまり見られなくなってきているからではないかと科学者は考えている。カンムリブダイは乱獲のせいで数が減っているため、闘う相手もあまりいないのだろう[24]。

パーソナリティは人間だけのものではない

個体識別ができ、なわばり争いをすることから、魚の社会にはもう一つの側面があるのではないかと想像できる。パーソナリティだ。陸生動物にそれぞれの性格や個性があるのは認められているが、魚はどうだろう？

何年か前、わたしは近所のアジアレストランでテイクアウトの料理をたのんだ。料理ができるまで入り口近くでぶらぶらして待つことにしたが、そこでは水槽に三匹のガリバルディが飼われていた。ガリバルディは太平洋原産のあざやかなオレンジ色をしたスズメダイ科の魚で、その名は義勇兵に真紅のシャツを着せたイタリアの軍事家ジュゼッペ・ガリバルディにちなむ。この三匹の棲みかとなったレストランの水槽は人造岩とプラスチックの植物二本が飾られ、底には小石が敷かれていたが、本来の生息環境である岩礁とくらべれば殺風景で変化に乏しかった。海に棲んでいたなら、ガリバルディは一五年は生きられる。

そのレストランを訪れるたびに魚を観察するうちに、わたしは三匹のオレンジ色の魚たちにそれぞれ個性があることに気づいた。三匹で構成された社会に行動パターンが見られたのだ。大きめの二匹のうちの片方はいつもひとり離れていた。水槽の決まった側にいるところしか見たことがない。あとの二匹はたいていそこから一メートルほど離れた岩のあたりにいた。そしてこの三匹には、従順、積極、愛情こまやかと呼べそうな態度が観察できた。あるとき一匹狼ともう一匹が水槽の中央あたりでいさかいを起こし、小突きあっていた。押したり突いたりしていたが、激しく攻撃するようなことはなかった。また別のときには、二匹連れの一匹が水底近くで体を横にして泳ぎ、もう一匹が口で体をそっと押してやっていた。野生のガリバルディのオスはメスのために巣をきれいにする。水槽の底に敷かれた青い小石に小さい三角形のくぼみがあるのを一度ならず見かけたので、この魚たちも巣をつくりたがっているのだと想像できた。オスのガリバルディはなわばり意識が強く、巣に近づくダイバーに噛みついたりする。この三匹はカップルとオス一匹だったのではないだろうか。一匹狼がメスになったらきっともっとうまくやれたにちがいない。成長過程で状況によって性別を変える魚はたくさんいるが、ガリバルディもその一つなのである。

わたしがこの三匹を観察したのは全部合わせてもせいぜい三〇分くらいで、魚たちが見せてくれたのは彼らの生活のさまざまな面をわずかずつである。それでもその間に、のちのちも忘れられないものを目にすることができた。わたしは自分の見ているものが似たり寄ったりの三匹の魚なのではなく、それぞれがそれぞれの生活を送る個性ある魚たちであることに気づいたのだ。三匹はそのレストランに四年ほどいた。そしてあるとき姿が消え、かわりに水槽には種のばらばらなもっと小さい魚が数匹泳いでいた。

三匹のガリバルディは、どう見てもそれぞれの性格と個性をもった一個の存在だった。それはどんな魚にもいえるようだ。ニシンにしても、中華料理店の生け簀《いす》にいるタイにしても、グランマという名のペレスメジロザメにしても。クリスティーナ・ゼナトがグランマのことを話すのを聞いたら、彼女の大切な誰かのことだと思うだろう。「やさしい性質で、なでてほしくてわたしに近づいてくるんですよ。夢中でわたしのところへきます。餌をくれようとしているのが別の人で、わたしは離れたところにいても、まずわたしのところへくるでしょう。放してやってもすぐにもどってきて、ひざに乗ろうとするんです」

グランマはゼナトが愛情をかけている年とったペレスメジロザメだ。ゼナトは海洋探査と海洋動物の保護活動をする一方で、ダイビングインストラクターとして活躍している。運動家らしい壮健そうな体つきに、勇敢で快活な人柄の彼女は、活動拠点のバハマや世界の各地で二〇年も海にもぐってサメと交流している。サメをやさしくなでて緊張をすっかりほぐし、口に刺さった針をとってやる〔口絵16〕。ゼナトにとってサメはただの動物ではなく、それぞれに好みもあれば気だても違う親しい仲間だ。

ゼナトがそのなかの一匹にグランマと名づけたのは、青白いところが白髪の老婦人を思わせるからだ。知りあって五年になる。ゼナトのダイビングスポットにやってくるペレスメジロザメのグループのなかではグランマが最大で、鼻先から尾まで二・四メートルもある。この大きさからすると二〇才くらいだろう。

愛情を感じているのはゼナトのほうばかりではないようだ。「グランマはとてもやさしいんです。近くに寄ってきてなでさせてくれるのよ。おたがいに信頼するようになって、このサメたちとの気持ちの結びつきは特別なものになりました」

二〇一四年にグランマは一週間ほど姿を消した。ゼナトはグランマが妊娠していることに気づいていたので、静かに出産できる場所を探しに行ったのだと思った。繁殖率の低いペレスメジロザメは、二年ごとに五匹か六匹の子しか生まない。日は過ぎていくのにグランマはいっこうにもどってこず、ゼナトは心配になってきた。さらに一週間が過ぎ、ようやく帰ってきたグランマは見るからにスマートになっていた。海のゆりかごに子を産んできたのだ。「泳ぎが速くなっていました。出産の消耗を補うために食べものをほしがっていました。身ぶりや態度でわかりますよ」

うれしい再会だった。

サメとの長いつきあいで、ゼナトは彼らの自立的な性質を知った。「サメとの関係は『無条件の』とか『無償の』という言葉の本当の意味を教えてくれます。人間が期待するようなのとは違う関係で、もっと美しいものでもあるのです。わたしはグランマを心から大切に思っています。彼女を見ると思わずにっこりしてしまって、とてもしあわせな気持ちになるんです。彼女もわたしとの関係をしあわせに感じているようです」

ゼナトは海で出会う硬骨魚にも夢中で、ダイビングのときに餌をやることがある。たびたびもぐるある場所で、ブラックグルーパーと親しくなった。ピーナト、ザ・ウィスパラー、シークレットエージェントの三匹だ。頭がよく、好奇心が強く、自分の考えていることをよく察してくれるとゼナトはいう。

彼女は三匹をどう見分けているのだろうか。「先生と母親を見分けるのと変わりませんよ。色、形、体の特徴、行動がそれぞれ違いますもの」

一・五メートル近くあるピーナトはいちばん大きく、灰緑色の体に黒い斑点と黄銅色の点々がある。サメの口にぶら下がった魚をひと口かすめとろうとして攻撃されたときの後遺症で顔の右半分の色を変えることができなくなったので、のんびりした気分のときに色がうすくなっても右側だけは黒い仮面をつけている。さながら『オペラ座の怪人』だ。

あとの二匹もそれぞれ見た目にはっきりした特徴があり、大きさではシークレットエージェントが二番め、ザ・ウィスパラーはいちばん小さい。ゼナトはシークレットエージェントがいちばん美しいと思っている。「皮膚に傷一つなく、斑点や退色のあともなく、顔もほっそりしてますね」

たとえ大きさも色もまったく同じだったとしても、このブラックグルーパーたちはパイとケーキくらい違うだろう。ピーナトはハンディキャップがあるにもかかわらず、三匹のなかでいちばん外向的だ。ゼナトが餌をもっているのを見かけると、すぐに顔の近くまで寄ってくる。「あなたの番ではない」という合図（塩化ビニルのパイプを手に持っている）と「あなたの番よ」という合図（パイプを隠す）をわかっている。

「食べものを持っていなくても近づいてきて、なでてくれって、わたしの手をつつきます」とゼナトはにっこりしながらいう。「鎖帷子《くさりかたびら》みたいなシャークスーツに体をこすりつけるのが大好きなんですよ」

シークレットエージェントは、ゼナトの目のとどかない背中の右側か左側の下のほうにいるところからその名がついた。ピーナトと同じように、サメに餌をやる時間と彼らに餌をやる時間の違いをわきまえている。

ザ・ウィスパラーは三匹のなかでいちばん引っ込み思案だ。まるで「お魚ちょうだい、お魚ちょうだい！」とささやくかのように、いつもゼナトの耳のうしろにいる。それなのに野良猫のようにつれなくて、決してさわらせてくれない。

「わたしがふり向いたり動いたりすれば、彼女も同じようにふり向いたり動いたりしてまた見えなくなってしまうの。だからいきなりパッとふり返らないとならないわ」

グランマやザ・ウィスパラーのような生きものは、サメは凶暴なテロリスト、硬骨魚は単純で頭が鈍いというありがちな偏見に合致しない。自然選択は個体に現われた変異に作用する。心と社会生活をもつ複雑な生きものにとって、個性はその変異の現われなのである。個性ゆたかであるために被毛や羽はいらない。うろことひれで充分なのだ。

魚の絆

魚の顔は表情ゆたかというわけではないので、どれが誰か、どんな気持ちでいるのかが人間にはわかりにくい（しかし考えてみてほしい。イルカも表情を変えられないのに、人間はイルカに対しては魚に対するのと同じような決めつけはしない。これはイルカの顔がそのままでたのしそうに見えるためか、イルカが脳の大きい哺乳類だとわかっているため、もしくはその両方だろう）。それでも魚には親しいもの同士、仲のよいもの同士が結びつく確固とした進化的基盤がある。絆の役割は繁殖行動のため、子育てのため、協力するため、安全を確保するためなどだ。そして、魚にたんなる顔見知り以上の社会的な結びつきがあることを裏づける個人の観察例は数かぎりなくある。

サブリナ・ゴルマシアンはニューメキシコ州で英語の研究をしていた大学院生時代に、魚を飼っていた。魚のことは何も知らない素人だったので、三センチにも満たないゴールドバルブのフランキーを手に入れたとき、魚が利口だとは思っていなかった。フランキーは水槽に一匹きりで暮らし、ほかには巻き貝とカエルが一匹ずつしかいなかった。フランキーはときどきこの同居人たちをつついたりしたが、思わしい反応がないので飽きてしまったようだ。そこでゴルマシアンはゴールドバルブをもう一匹買ってきて、ゾウイーと名づけた。新人が到着するとともに、とたんにフランキーの行動が変わった。ゾウイーが水槽に入れられると明らかに興奮し、水にさざ波が立つほど体をふるわせた。ゴルマシアンはいう。「フランキーは新しい同居人にたちまち恋したのです。それまでずっとひとりきりだったことを思うと、驚きでした。その後はほかにも魚を飼っていますが、水槽の同居人を怖がったり無関心だったり。でもあの子はひと目ぼれしてしまったんですね」

ゾウイーのほうは初め、フランキーに関心を示さなかった。それがやがて心を動かされ、二匹は水槽で睦まじく暮らしはじめた。

ある日、ゴルマシアンが水槽を掃除していたとき、フランキーがバケツから跳び出してシンクに落ちてしまった。ゾウイーは落ち着かない様子でむやみにバケツのなかを泳ぎまわっている。ゴルマシアンはあわててフランキーを手ですくって水にもどしてやったが、フランキーはじっと動かず、意識が朦朧《もうろう》としているようだった。するとゾウイーは即座に行動し、まるで息を吹き返してほしいと願っているかのようにフランキーを水槽の底まで押していったのだ。フランキーは回復したものの、数日は動きが緩慢だった。ゾウイーはますますせっせと動きまわり、やがてフランキーはふつうに泳ぐ力と認知能力を取りもどしたのだった。

ゴルマシアンの二匹の魚はゆたかな感情をもっていると思う以外に考えようがあるだろうか。一匹の身に事件が起こってからもう一匹の行動が見るからに変わったことは、ただ同じ水槽に同居しているというのではなく、それ以上に打ち解けた仲であることを示唆している。

魚の社会生活に関するエピソードをもう一つ紹介しよう。カーネギーメロン大学の上級司書のモーリーン・ドウレーは、ペンシルベニア州ピッツバーグ近郊のビーチウッド・ファームズ自然保護区を訪れたある日、小さい池のほとりで休憩していたときに水際の近くを二匹の魚が一緒に泳いでいるのに気づいた。つづいて何があったかを彼女はこう語った。「一匹は姿勢をまっすぐにしているのもたいへんそうで、体がじりじりと傾いていき、いまにもおなかを上にしてひっくり返りそうでした。するともう一匹がそばについて、体をそっと支えたり鼻先で押してやったりするんです。魚がこんなふうに愛情深くやさしくしているのを見たのは初めてでした」

この話は前に紹介した金魚のことを思い出させる。仲間のブラッキーがひどく傷ついたとき、下から押すようにして水面の餌にとどかせてやろうとした、あの金魚だ。

もう一つのエピソードはおなじみにちがいない。水槽の魚によくあることらしいからだ。この話はニューヨークのマリスト大学の経済学准教授であるジョン・ピーターズから寄せられた。ピーターズは十代のころに魚をたくさん飼っていたが、いちばん思い出に残っているのは寝室の水槽にいたオスカーである。オスカーは捕食性のシクリッドの一種で、属名からアストロノートゥスとも呼ばれる。ピーターズの家では、同じ水槽に入れられるのは彼が餌としてあたえる気の毒な金魚だけだった。ピーターズはこの美しい魚にご執心で、毎晩同じ調子で「おやすみ」と声をかけた。

ピーターズのベッドは水槽から一メートルくらいのところにあったが、やがて彼は水槽のオスカーがベッドに近い一角で眠るか休んでいるのに気づいた。オスカーを飼いはじめて一年ほどしたころ、ピーターズは部屋の模様替えをした。家具の配置を変え、水槽もこれまでと違う壁際に置いたので、ベッドから見ると左右が逆になった。するとオスカーは数日のうちに休む場所を反対側に変えたのである。こうして魚はピーターズがおやすみと挨拶するときに、またベッドに近いガラス壁のすぐ向こうにいるようになった。

友情？　そうかもしれないし、そうでないかもしれない。飼い主にやさしくなでられてよろこぶオスカーは多い。もちろん飼い主は餌をくれる人間だから、ただ食べものがほしくてなでさせている可能性もある。

オスカーの寿命は八年から一二年だが、ピーターズのオスカーは三年と生きなかった。金魚が復讐したのだ。ある日からオスカーは具合が悪くなり、まもなくピーターズの言葉でいうと「頭がおかしくなった」。水槽内のものに片っ端から激しく体あたりし、腹を上に向けて泳いで物にぶつかった。暴れまわるのが止まったときは、もう瀕死の状態だった。オスカーに餌として金魚をあたえると健康障害を起こすことをピーターズが知ったのはずっとあとのことだった。

以上のようなエピソードは公式な記録に残らずに散逸してしまう。残念なことだ。科学者であるわたしにとっても、価値あるものだからである。心温まるというだけでなく、科学がまだ扱おうとしていない（あるいは扱えない）動物行動の側面を明かしてくれる。科学者と素人が観察したことがらを伝えあって共有することをわたしは願っている。いつかは誰かの観察した動物行動のパターンに触発されて科学者が一歩を踏み出し、その現象の研究に取り組んでくれるだろう。

魚同士のおつきあい

一方の手が他方の手を洗う。〔手を洗うには両方の手をこすりあわさなければならないことから、たすけあえばよい結果を生むという意味〕

――セネカ[1]

生きものにパーソナリティがあり、記憶があり、時間が経過してもたがいに個を認識する能力があるのなら、次の段階はもっと高度な社会的交流について考えてみよう。すなわち長期的なつきあいである。床屋や飲食店のように街に店を構えて客にサービスを提供する商売は、通りすがりの客と常連客で経営を成り立たせている。競争の激しいところでは、客をつかんで離さないためにはよい品物やよいサービスを売るしかない。トラ刈りにされた客は二度とその床屋にこないだろうし、食べものが悪くなっていれば、ほかに料理屋はいくらでもある。インチキをしようと思えばできなくはないが、ばれたときにはその報いを受けることになり、店の評判は地に堕ちてしまう。

水のなかの岩礁でも事情は変わらない。

掃除魚と客の共生関係について考えてみよう。この共生関係は、魚にかぎらず生きもの全体の生活を見ても、複雑かつ高度であることではトップクラスの社会システムである。仕組みはこうだ。一匹、あるいは二匹の掃除魚が営業開始の合図を出す。移動せずに決まった場所で営業し、身のこなしや明るい体色を利用して合図を目立たせたりする（床屋の店先にある赤青白のクルクルまわる看板のかわり）。このクリーニングステーションにさまざまな魚が集まってきて、掃除をしてもらう順番を待つ。これらの「客」は、頭を上げるか下げるかした姿勢で静止して掃除してほしいことを知らせる。掃除魚はそのつもりでいる客にいそいそと近づく。そして客の体を念入りに調べながら、寄生虫や死んだ皮膚組織や藻などの不要物を取ってやる。こうして客は寄生虫の除去を含むボディケアをしてもらえ、掃除魚は食べものにありつけるという具合だ〔口絵7〕。

掃除業に精をだす魚の種類の多さは、商売にするだけの有用性が掃除にあることを物語っている。魚の掃除行動は個別に何度か進化したもので、世界中のさまざまな生息環境に見られる。海の掃除魚には、ベラの多く、モンガラカワハギの一部、チョウチョウウオ、ディスカス、スズメダイ、キンチャクダイ、ハゼ、レザージャケット（カワハギの仲間）、ヨウジウオ、イスズミ、ウミタナゴ、コバンザメ、ジャックフィッシュ（アジの仲間）、トップスメルト（シルバーサイドの一種）。淡水魚では、シクリッド、グッピー、コイ、サンフィッシュ（ブルーギルやバスの仲間）、キリフィッシュ（カダヤシやグッピーの仲間）、トゲウオなどがいる。[2] 無脊椎動物にも掃除屋はいて、エビなどがそうだ。客になる魚はわかっているだけで一〇〇種を超え、サメやエイも含まれる。そのほかアカザエビ、ウミガメ、ウミヘビ、タコ、ウミイグアナ、クジラ、カバ、さらには人間までが掃除魚の世話になる。[3]*

わたしは掃除魚がぶらぶらしながら次の客を待っているところを見たことがあるが、彼らにはてんてこ舞いの日もある。グレートバリアリーフでの研究では、一匹のホンソメワケベラが平均して一日に二二九七匹の客をとっていた。[4] 客のほうも同じ掃除魚のところへ一日に一四四回も通ったものがいた。[5] 昼間の一二時間のあいだとして計算すると、なんと五分に一回だ！ 中毒すれすれではないか。もし掃除魚のところへ行く目的が寄生虫と藻を除去してもらうことだけなら、寄生虫にたかられ放題にたかられているのでもなければ、これだけの掃除回数は説明がつかないだろう。とはいえ、掃除魚と客の共生関係を強めるものとして、寄生虫の役割を侮ってはいけない。オーストラリアのクイーンズランド大学のアレグザンドラ・グルッターによる調査では、掃除魚が除去する寄生虫の数は平均で一日に一二一八匹だった。岩礁にケージを置いて、タレクチベラをそこに一二時間閉じ込めて掃除魚に近づけないようにすると、かわいそうなタレクチベラは四・五倍もの寄生虫にたかられてしまった。[6]

岩礁に棲む魚のコミュニティにとって、クリーニングステーションは非常に重要で、掃除魚の存在は岩礁の魚の多様性に大きく影響している。グルッターの研究チームがオーストラリア東海岸沖のリザード島でホンソメワケベラを一八カ月にわたって小さい岩礁から締め出してしまうと、そのあたりの魚の多様性は半分に、魚の総数は四分の一に減少した。多くの種――とくに岩礁から岩礁へ移動する種――が掃除魚のいるいないで岩礁を選んでいるからだと研究者らは考えている。ただ

＊アジアのスパには、掃除魚のいるプールに足を入れて掃除をしてもらえるところがある。

し、このように魚の種数が減少するには時間がかかるようで、掃除魚の不在が六カ月の場合には、多様性への影響がほとんど見られなかった[7]。

客の魚もただ受け身ではいない。自分の番がやってくるとクリーニングステーションに近づいて位置につき、隅々まで掃除してもらいやすいようにひれを広げる。口とえらぶたを開けて小さい掃除魚を出入りさせるものもいる。逆に掃除魚が鼻で客のひれとえらぶたをつついて、チェックできるように開けと合図することもある。腹びれをふるわせて客の体をトントンとたたいたりもする。「ここを調べるから動かさないでくださいよ」という合図だ[8]。

この光景は、客が大きい捕食魚だとますます見ものだ。サメやウツボなら掃除魚をパクリとやっておやつにするのも造作ないだろうが、さっぱりと身ぎれいにしてくれる相手を食べてしまうのは賢い魚のすることではない。

小さい魚に配慮するのがしきたりになっている。たとえばハタは世話をしてくれる掃除魚に合図を出して協力する。大きく開けた口は、さあやってくれという誘いだ。掃除魚がせっせと働いているあいだ、ハタはまわりに不穏な気配はないか目を光らせている。掃除魚がたまたま口のなかにいるときに危険が迫ってくるとハタは急いで口を閉じるが、脱出できるだけの隙間をあけてやるので、掃除魚は一目散に岩礁の物陰に逃げ込む。えらぶたのなかにいるときも同じで、もちろんそのとき半開きにしてやるのはえらぶただ[9]。

オグロメジロザメは体をやや上向きにし、口を大きくあけてサービス開始の合図をする。掃除魚はおそろしげな洞窟のような口に少しも怖がらずに入っていく[10]。自分の何百倍もあるこの巨大な捕食動物に自分を傷つける気がないことを知っているらしい。

　掃除魚がすばらしい知的スキルを身につけているのは、その仕事の性質ゆえにちがいない。掃除魚と客の関係は行きあたりばったりではない（一日に一四四回もサービスを受ける魚がいるのを思い出そう）。その関係は信頼のもとにきずかれ、時間をかけて培われる。このような社会性のある仕事をするには、掃除魚は自分の客を識別しなければならない。何十匹もの客を抱えた掃除魚は、顧客のデータベースを頭に入れているのである。[11]客が二匹いる場合に掃除魚がどちらに近づくかを調べた実験では、なじみのあるほうと一緒にいる時間が長かった。おもしろいのは、この実験で客のほうにはそのような偏りがなかったことだ。[12]掃除魚は同じ客を何度も相手にして商売を成り立たせているが、客に必要なのは掃除魚のサービスをたびたび受けている場所を憶えておくことだけだからだろう。

　掃除魚は掃除をした相手を記憶しているだけでなく、いつしたかも憶えている。そしてたとえば前回対応しきれなかったモンガラカワハギに優先的にサービスするかもしれない。そうでないと、そのモンガラカワハギは寄生虫にたかられる一方だからだ（最後に蜜を吸った時期にもとづいて戦略的に同じ花のところを訪れるハチドリの能力を思い起こさせる）[13]。掃除魚に四つの色とパターンで餌をあたえる実験では、掃除魚は餌がなかなか補充されない皿よりもすぐに補充される皿を選ぶことを学習した。どの客を掃除すべきかを学習するのもこれと同じことで、誰に、いつ、何をの三つの記憶の要素を使うことから、掃除魚がエピソード記憶を活用していることがわかる。[14]生物学者が高度な記憶として重視する知的スキルである。

過去のことを記憶できるなら、将来を予測することもできるだろうか。仏領ポリネシアで行われた実験によると、ソメワケベラは「将来の影」にしたがって行動を変える。[15]「将来の影」とは、今日の行動が将来自分におよぼす影響の重要度を表わすゲーム理論の用語で、人間の場合、将来もつきあいがつづくと思われるときに、パートナーにより協力的になる傾向がある。ソメワケベラは自分の生息域の中心に近い客により協力的になる。そこは顧客に再会する可能性が高い場所だ。そして掃除中に粘液をかじりとりすぎて相手を「ビクン」とさせないようにする。この研究結果は、人間以外の動物が将来利益をもたらしてくれるパートナーに対してそれに見合った協力をすることを示すすばらしい一例である。

腹黒い取引き

粘液をかじりとる？　ビクンとする？　ここが掃除魚と客の共生関係が複雑になるところだ。権謀術数がめぐらされるところといってもよい。掃除魚と客の共生関係は、なんの裏もなさそうに見えるかもしれない。どちらの側にも利益があって、礼儀と配慮が満ちあふれている。ところが信頼と善意にもとづく関係も、一歩まちがえると自己利益を優先する側が一方的に搾取することになりかねない。科学者が掃除魚と客の相利共生をもっとよく調べてみたところ、二者の利益は相反し、卑怯な行為が行なわれていることがわかった。

じつは、掃除魚が最もおこぼれにあずかりたいのは客の粘液なのである。意外にも粘液は藻や寄生虫よりも栄養価が高い。それに味もよいのかもしれない。当然、客は体から分泌する粘液を吸われるのは好まない。体を保護する粘液の層を掃除魚がかじりとると、客は身をすくめてビクンとする。痛くて身をすくめるのだろうが、客がビクンとすれば、掃除魚には自分がしてはいけないことをし、それを客に知られたということがわかる。

客とのあいだに利益の衝突があることから、掃除魚の対応の仕方には段階がある。客との関係がまだ浅いころは、掃除魚は客に懇切丁寧にサービスする。触覚刺激をあたえるのもその一つだ。顔をそらしながら、腹びれと胸びれをすばやく動かして体をなでてやるのである。[16]この行動をするのには二つの理由があるようだ。①客にできるだけ長くクリーニングステーションにいてもらうため、②ビクンとさせてしまった客をなだめるためである。客が捕食性の魚なら、身の危険がないとはいえない相手に追いまわされないようにこの行為をする傾向がより強いだろう。[17]腹をすかせた捕食魚はいっそう丁寧になでてもらえ、この際寄生虫の多さは関係ない。客を怒らせたら追いかけられ、捕まえられて食われる危険は本当にあるだろうが、そういう様子を見たことのあるダイバーをわたしは知らない。

掃除魚が営業している領域では、捕食性の魚もずっとおとなしくなるので、そのような岩礁域は安全地帯と考えられている。[18]餌になってくれる以外のありがたいサービスを提供する魚と一緒にいるときに捕食魚が行儀よくしているのは道理だ。それに触覚刺激は客を落ち着かせる効果もあるだろう。

とはいえ、そのほか大部分の客は捕食性ではない種なので、なでたりさすったりしながら丁寧に掃除してもらいたくても、捕食魚のような脅しはきかない。

だとしたら、おとなしい客はどうしたらよいサービスが受けられるだろう？　掃除魚に真面目に掃除させるには、彼らなりの作戦がある。ゲーム理論でいうしっぺ返し戦略のようなものだ。客になろうとする魚は、体を点検してもらおうと決める前に掃除魚をよく観察する。そして――これはわたしのでっち上げなどでは決してなく――仕事ぶりによって頭のなかで「スコア」をつけていくのだ。[19]ネットオークションの出品者評価のようなものと思ってほしい。粘液をかじりとって客をビクンとさせる掃除魚はいやがられ、もっときちんと掃除する掃除魚に客が集まる。この品質保証のシステムによって商売の健全さが保たれる。掃除魚は評価され、粘液かじりの違反を犯せばその代償を払うことになる。見られていれば、よい仕事をしようとするのは当然だろう。[20]

新規の客はもし騙されるようなことがあれば、その掃除魚を見限って去っていく。だが、掃除魚とのあいだに信頼関係ができている常連客は、非礼に対して相応の態度に出る。[21]掃除魚を追いかけまわすのだ。罰をあたえられた掃除魚は、次からもっと協力的になるというわけである。[22]

掃除サービスの質は客をどれだけ取れるかにも左右される。クリーニングステーションを訪れる客が少ない岩礁域では、掃除魚のハゼは真面目に仕事をし、除去した寄生虫の数にくらべて取ってしまううろこの数が少ない。このように掃除魚の仕事ぶりがよくなるのは、需要と供給の基本原則に合致している。[23]客の奪いあいが激しいときは客の市場価値が高く、よりよいサービスを提供するのが得策なのである。

掃除魚と客の相利共生は、自然界の社会システムのなかでも非常に複雑なもので、研究も進んでいる。この共生関係に詳しいルドウアン・ブシャリは、ホンソメワケベラがさまざまな種の混ざった一〇〇匹の客を認識し、それぞれについて最後に掃除したときを憶えているのではないかと考えている。そのうえこのシステムは、信頼、罪と罰、好みのうるささ、第三者の目、評判、おべんちゃらなどがからみあう長期的な関係が基盤になっている。この活発な社会関係は、わたしたち人間の固定観念に反して魚の認識力と社会性の高さを裏づけるものだ。

掃除魚と客の共生関係はどちらの側にも明らかな進化上の利点があり、この関係が維持されるには気持ちよさが重要な役割をはたしているとわたしは考えている。気持ちよさは「よい（適応的な）」行動をうながす自然の道具だ。掃除魚と客の関係を支えているのも、この気持ちよさだといえるだけの根拠がいくつかある。客の魚はケアするべき寄生虫や傷がなくても、掃除してくれるよう掃除魚にさかんに働きかけるのである。すると掃除魚はひれでやさしくなでて客の機嫌をとる。また客は体色を変えることもある。これはおそらく機嫌がよくなったことのサインと考えられる。気持ちよいことはそれだけで適応的だ。その証拠に、マッサージは治癒効果がある。

掃除魚の知的スキルには感心させられるが、掃除魚にしろ客にしろ、相手との関係の進化的な意味まで考えているかどうかは疑わしい。客は適応上有利だからと考えて掃除魚のところを訪れるのだと主張する人など聞いたことがない。客は掃除してほしいからクリーニングステーションに通うのだ。

なりすまし

掃除魚と客の共生関係は、もう一つのもっとあくどいインチキにも利用されやすい。掃除魚のふりをする魚がいるのだ。見た目は掃除魚にそっくりで、やることもいかにも掃除魚らしい。そしてこのニセ掃除魚は客が油断しているときを見計らってひれをかじりとり、さっと物陰に逃げ込むのだ。

なかでもとくに巧みなニセ掃除魚はニセクロスジギンポである。この小さないたずら者はなりすます相手のホンソメワケベラに劣らない業師だ。一連の実験で、ニセクロスジギンポは客の魚に似せたつくりものを見せられた。このにせものの客はニセクロスジギンポのずるい行為に対して彼らを追いかけて仕返しをするものと、そうしないものがある。その結果、仕返しされることで、ニセクロスジギンポはもう仕返しされないようににせものの魚とは別の種の魚を客に選ぶ率が高くなった。これはニセクロスジギンポが過去の結果を記憶していることだけでなく、仕返し行動が本物の罰として効力を発揮していることも示している。また罰せられたニセクロスジギンポはその種の魚に寄りつかなくなるため、罰した側からすれば、懲罰は種全体の公共の利益になる。

従来の進化論にそって考えれば、他者の行動に少しも協力せずに利益だけを得ている個体——「フリーライダー」——がいたら、その行動は進化するはずはない。しかし、そうだとするとおかしいではないか。すでに損害を被ってしまったのに、わざわざエネルギーを費やしてまでニセクロスジギンポを罰する客がいるのはなぜだろう？　つまりそれは、ニセクロスジギンポは仕返しをする客とフリーライダーの客（自分では仕返しをせずに同種の仲間にやらせる）をなんらかの方法で見分けることができ、フリーライダーはいずれ自分がニセクロスジギンポに騙されてかじられる危険が大きくなるということなのである。[24] したがって、もしあなたがニセクロスジギンポにひれをかじられて痛い思いをした客だったら、仕返ししたほうが身のためになる。

　これはよくできた解釈だが、わたしにはずいぶんと機械的で無味乾燥に感じられる。進化の面からばかり考えていると、生きもののもつゆたかさを見誤ってしまう。どうだろう、魚も感情を進化させているのだから、怒って仕返しすると考えてみてもよいのではないだろうか。しかも「怒り」は基本中の基本の感情だ。魚に感情があることを示す証拠に照らせば、図々しいニセクロスジギンポにかじられて客が仕返しするのは腹を立ててのことだと解釈するほうがわたしはしっくりする。

文化の香り

　掃除魚と客の相利共生に複雑な社会性が見出せるなら、そこに文化があるとしてもわたしは驚かない。生物学的にいえば、文化は世代から世代に伝えられる遺伝子以外の伝達情報である。人間がタトゥーを入れたり映画を見に行ったりするのは遺伝子に指令されているからではなく、ふつうは他人の行動を見てこうした習慣を取り入れる。かつては人間だけのものと考えられていた文化も、いまでは哺乳類と鳥類に、なかでも社会性のある寿命の長い生きものにもあることがわかっている。カラスの道具づくり、ゾウの移動経路、シャチの方言、アンテロープのレック（繁殖期にオスがメスをめぐって競い、メスと交尾する場所）などは動物のあいだに伝えられる文化としてよく知られているものだ。

学習は文化が存続していくための鍵である。わたしはブリティッシュコロンビア州の平原と森林にスピーカーを設置し、餌をとるコウモリのエコロケーションコールの録音を流して実験したことがあるが、春の終わりから夏の初めにかけては関心を示すコウモリはほとんどいなかった。この時季に飛んでいるのはおとなのコウモリだけで、彼らは餌のありかがわかっているのだろう。聞き慣れないコールに反応する必要などあるだろうか。しかし、八月から九月になると話は違った。乳離れした若いコウモリが夜間に餌をとりにいくようになるこの時季には、スピーカーにコウモリが群がったのだ。[25] 経験の浅い若いコウモリが経験のある年上のコウモリの声を利用して、昆虫のとれるよい場所を見つけようとしていたのだろう。三年後の夏の終わりの夕暮れに、わたしはテキサス州南部でメキシコオヒキコウモリの大群が洞窟から飛び立っていくのを見ながら、この季節だから若いコウモリが年長者について行って、餌の豊富にとれる場所を学習しているのだなと思ったものだ。当時はそれを文化と呼ぶ人はいなかったが、コウモリが世代を超えて移動経路やねぐらや餌の場所を変えずに守っていることを考えると、文化と呼ぶのがふさわしいと思える。

魚にも文化はあるだろうか。カリフォルニア大学サンタバーバラ校のロバート・ワーナーはパナマ沖に浮かぶサンブラス諸島で、調査の進んでいる岩礁域に生息するブルーヘッドラス（アオガシラベラ）を一二年にわたって調査し、八七カ所の繁殖場を観察した。カリブ海の岩礁に棲むこの魚は、年間を通じてほぼ毎日繁殖行動をする。ワーナーは魚が長期的な繁殖場として選ぶ場所が驚くほど一定していることを発見した。日々の繁殖行動にまったく同じ場所が一二年にわたって使われるのである。ブルーヘッドラスの寿命は最長でもわずか三年ほどなので、一二年は少なくとも四世代に相当する。そのうえ同じ岩礁域には見たところ遜色のない場所がほかにいくらでもあるのに、居住者たちはなんらかの理由でそこを選ばない。また、観察期間に生息数は変動したにもかかわらず、八七カ所の愛の巣は一つとして使われなくなることはなかった。ワーナーはこれらの繁殖場が好まれるのは資源の組みあわせが最良だからなのだろうかと考えた。もしそうであれば、現在の居住者がいなくなって新しい魚がやってきても、同じ場所を使うはずである。

そこでワーナーはその岩礁域のブルーヘッドラスを残らずほかの場所に移し、別の岩礁域にいた個体と入れ替えた[26]。新しくやってきたブルーヘッドラスは先住者の使っていた繁殖場を使っただろうか。ノーだ。彼らは新しい場所を選び、その後はそこを先住者と同じように何代も使いつづけたのである。対照実験として、一度立ち退かせた魚たちをもう一度もとの岩礁域に帰してやったところ、以前のなわばりにもどった（したがって立ち退きと捕獲という大混乱のために繁殖場を変えることはなかったということである）。ワーナーは繁殖場の選択はその場所に備わった条件によるのではなく、文化的に伝えられた慣習によると結論している。*

＊告白しておかねばならないが、わたしはこのような研究成果を複雑な気持ちで読む。仮説を実証するために実験の方法を考えて実行する科学者の独創性と熱意に頭が下がる思いがするが、その一方で、わたしたち人間にこねくりまわされる命ある生きものがかわいそうでならないのだ。棲みかから引き離された魚たちはどうなっただろう？文化をもつ動物が心地よい大切な場所から立ち退かされたらどう感じるだろうか。

社会の慣習にしたがって代々同じ繁殖場を使う魚はブルーヘッドラスにかぎらない。ニシン、ハタ、フエダイ、ニザダイ、アイゴ、ブダイ、ボラもそうだ[27]。魚の文化はほかの面にも表われており、たとえば日常の移動ルートや季節の移動ルートなどに見られる。

小さい魚は大きい魚に食われやすいため、見た目も行動も周囲の仲間と同じようにして、捕食魚に気づかれにくくする。グッピーが慣行にしたがって行動する理由もこれと同じかもしれない。グッピーは知識のある先輩のあとをついて餌場へのルートを覚え、先輩がいなくなってもそのルートを使いつづける。もっと近道の新しいルートがあるとわかっても、もとのルートは――少なくとも初めのうちは――廃れない[28]。奇妙にも、人間にもそういうところがある。効率的な新しい方法ができても、これまでのやり方を頑として変えない人が人間にもいるではないか（いまだに手書きでメモをとる人は多いだろう）。だが、グッピーがこれまでどおりのやり方で粘るのはしばらくのことで、やがては効率的なやり方を採用する。ここからグッピーも人間と同じように、ただ習慣に盲目的にしたがうわけではないことがわかる。

人間による魚の捕食には、魚の文化的知識の喪失という悲しい側面がある。水産生物学者と生物物理学者の調査チームによる二〇一四年の報告によると、人間が魚類を乱獲し、しかもより大きい個体（つまり成熟した魚）を好んで漁獲することで、魚のあいだで移動ルートの知識の伝達がうまくいかなくなっている。調査チームは次の三つの因子にもとづいて数学的モデルを作成した。①魚の社会的結びつきの強さ、②知識のある個体の割合（移動ルートと目的地を知っているのは成熟した魚のみ）、③知識のある個体による特定の目的地の選好である。その結果、社会的な結合度と知識のある個体の存在が協調行動の喪失と集団の崩壊を避けるために最も重要な要素であることがわかった[29]。

打撃を受けた文化は取り返しがつかないだろう。文化は遺伝子にコードされているわけではなく、一度失われてしまったらもとにもどるとは考えにくい。「魚の数をもとにもどしても、それですむ話ではない。集団の記憶をなくしてしまっているのだ」と調査チームの生物物理学者ジャンカルロ・デ・ルカはいう。搾取が終わっても多くの動物の個体数が回復しない理由はそこにあるのかもしれない。商業捕鯨が禁止されてから五〇年以上がたったいまも、タイセイヨウセミクジラ、コククジラ、シロナガスクジラの多くの個体群が増加の兆しをほとんど見せていない[30]。生息数が減って商業漁業を維持できなくなっている魚類の多くの種にも、同じことが起こっている。網と針は、タラ、ヒウチダイの仲間のオレンジラフィー、マジェランアイナメなどにも襲いかかり、文化的知識が世代にわたって蓄積していると考えられているこうした寿命の長い魚が数を回復させていない[31]。

これだけ海を荒らしているのは事実だとしても、文化を有するわたしたち人間は、自分たちの社会的活動の多くに善を見出すようだ。たとえば、近代民主主義によって独裁的統治者と封建領主はおおよそ放逐され、現代社会では選挙で選出された指導者が有権者の要求と必要を満たそうとしている。今日、地域紛争の解決には国家間の協力と団結が過去以上に必要とされるだろう。次章で紹介していくように、魚の社会にも、美徳、民主主義、平和維持が見られるのである。

協力、民主主義、平和維持

真に価値あることは大勢の無欲の人々の協力なしにはなしえない。
——アルベルト・アインシュタイン[1]

二〇一五年四月のこと、わたしはプエルトリコ西岸のカリブ海を望む二階建ての別荘のバルコニーから魚たちの目を見張るような姿を見た。初めに、浜から五〇メートルほど沖でいきなり大きい音がした。海面が爆発したかのように、体長七、八センチの銀色の魚が数十匹、一つの塊になって空中に跳び出したのだ。それがまた海に跳び込む前に、次の塊が、次の塊がと、ぞくぞくと跳び出す。花火大会のフィナーレを思い出した。群れの魚は数百匹はいたにちがいない。つづいてもっと大きいひれが隊列をなしてものすごいスピードで海面を切り裂き、捕食魚が小魚を追いかけているのだとわかった。

目が覚めるような光景だった。逃げる魚の懸命さはすさまじく、海岸沿いにこちらへ向かってくる群れの立てる波としぶきの音が聞こえるほどだった。一瞬静まっては、狂乱した魚がまたいっせいに水面から跳び出し、宙に躍るおびただしい数の弓なりの体が夕刻の太陽を浴びてきらきらと光る。死にもの狂いで逃げて浜に乗り上げ、次の波に救われるまでピチピチと跳ねる魚もいる。すかさずアジサシが舞い降りて砂の上の一匹をさらっていく。浅瀬から突き出した海藻だらけの岩の上に置き去りになる魚もいる。

沸き返るような群れが足元まであと数メートルというところまできたとき、わたしとガールフレンドはそれより大きい魚――体長五〇センチほど――の一団がすぐあとを並行して泳いでくるのに気づいた。ぎっちりと間隔を詰めた隊形、獲物を追うその効率は、イルカが協力して獲物をとる様子を思い出させた。イルカは魚の群れを取りかこむか岸に追い詰め、安全な場所に逃げ込もうとして必死に跳び出した魚のなかから不運なやつをさっと捕らえる。目の前のハンターの群れはかこい込みはしていなかったが、海岸線を利用して獲物を追い込んでから襲いかかっているようだった。

わたしたちがバルコニーから見たものは、漫画によくあるイメージとは違っていた。小さい魚が大きい魚に食われようとし、その魚がさらに大きい魚に、その魚ももっと大きい魚にと、ずっとつづくあのおなじみの戯画だ。ただ空腹からやみくもに獲物を追って食う生きものというイメージだが、わたしにいわせればそういう見方は陳腐でしかない。わたしたちが目にしたのは協力して獲物を捕らえる魚の姿だった。しかもそれはこれまでに目撃例のないことではない。協力して狩りをする魚はいくつかの種類が知られている。たとえば、カマスの群れは密集して円を描きながら獲物を浅いところへ追い込んでやすやすと捕まえる。[2] 同様に、マグロの集団が狩りをするときの円陣は、マグロが協力して狩りをしていることを示している。

ライオンの群れは狩りをするときの巧みな連携プレーで知られている。シャチもそうだ。ライオンがどうやって合図を出しながら狩りをするかはわかっていないが、そうしているのは明らかである。

魚が狩りの合図をするというのはありうるだろうか。

ちょうどライオンの話が出たので、ミノカサゴからはじめよう。ミノカサゴは、英語でライオンフィッシュという。長いリボンのような有毒の胸びれが「たてがみ」に似ているからだが、思えばその協調的な狩りのスタイルが名の由来だったとしてもおかしくないだろう。ミノカサゴ属の二種を調べた二〇一四年の研究は、ひれを広げる特徴的なディスプレイはもう一匹に一緒に狩りをしようと誘う合図だと報告している。一匹が頭を下げ、胸びれを広げながらもう一匹に近づき、尾びれを数秒ひらひらと動かしてから今度は胸びれをゆっくりふって誘う。誘いを受けたミノカサゴはたいていひれをふって応答し、そうして二匹で狩りに出かける。この研究では、二匹は長い胸びれを使って小さい魚を追いつめ、かわるがわる攻撃した。ディスプレイは二種のミノカサゴのどちらも同じに見え、種が違う相手とも協力する。狩りの成功率は一匹でするよりも高い[3]。二匹は交代で攻撃し、獲った獲物を分けあう。ここで独り占めしようとしたら協力は望めなくなるので、分けあうのはもっともだ。

マルクチヒメジの狩りのスタイルは陸のライオンにもっと近く、チームメンバーそれぞれの役割を決めて狩りに臨む。岩礁に棲む体長三〇センチほどのすんなりしたこの魚——普段は体色が黄色いが、ピンクと青に変わることがある——は、獲物を追う係と行く手をふさぐ係が連携して狩りをする。追う係が岩の割れ目に隠れている魚を追い立て、ふせぐ係が逃げ道に立ちふさがるのだ。[4] 相補的な二つの役割を連動させて、巧みな連携プレーをやってのける。

魚の協力行動による狩りはもっと巧妙になる。ハタとウツボはミノカサゴ式とマルクチヒメジ式を組みあわせ、狩りの誘いを合図か身ぶりで伝えたうえで役割分担をして獲物を捕らえる〔口絵8〕。この行動が最初に報告されたのは二〇〇六年のことだ。紅海でロービングコーラルグルーパーが体を小刻みにふるわせてドクウツボを狩りに誘うのを、ルドウアン・ブシャリと三人の同僚が記録した。二匹はまるで散歩する友人同士のように岩礁の上を泳ぎまわる。このような行動を研究者らは数十回も目撃し、ハタとウツボがタッグを組んで単独でするよりも多くの獲物を捕らえる様子を報告している。このやり方が成功するのは二匹が補いあうからである。[5] ドクウツボは魚をせまい岩礁の割れ目まで追いかけ、ロービングコーラルグルーパーはサンゴにかこまれた広いところで機敏に動く。この戦法で攻められた憐れな魚は進退窮《きわ》まる。

ハタとウツボの行動で最も驚かされるのは、最も目立たない点である。最終的な目標が目の前にないのに合図を出しあって行動できることだ。ハタが狩りをしようとウツボに合図するとき、獲物はそこにいない。ハタは（たぶんウツボも）これから起こりうることを予期し、それを起こすのである。これは計画力の一例を表わしている。霊長類学者のフランス・ド・ヴァールは協力行動について解説しながら、魚にできないことなどあるのだろうかと感心し、こう結論している。「生き延びるということにかけては、魚のようにわたしたちとはかけ離れた生きものも知性を要する高度な解決方法を手に入れられるのである[6]」

二〇一三年に、紅海のハタとパートナーが別のかたちで意思伝達と狩りの協力行動をしているのが発見された。合図はわたしたち人間が他者に場所を伝えるのに使う方法とよく似ていた。指し示すのである。ロービングコーラルグルーパーとその近縁のスジアラは、獲物の隠れている場所を「逆立ち」をして教える。狩りのパートナーはドクウツボ、ナポレオンフィッシュ、ワモンダコである。合図を出す状況は似ていても、このジェスチャーは体をふるわせるのとは根本的に違う。自分にはとどかないところに隠れてしまった魚などの獲物を具体的に指し示す行動だからだ。したがって「指示的ジェスチャー」とみなすことができるが、指示的ジェスチャーは以前は人間を除くと大型類人猿とワタリガラスだけがするものとされていた。どちらも動物界で頭のよいことで知られる生きものである。

逆立ちの合図は、生物学者のジモーネ・ピカとトマス・バグニャールがワタリガラスの意思伝達の研究にもとづいて提案した指示的ジェスチャーの五つの条件を満たしている[7]。

①対象(岩の割れ目に隠れた獲物)に向けられている。
②意思伝達のためだけのもので、物理的に効果をおよぼさない(たとえば直接獲物を捕らえない)。
③受け手(この場合はドクウツボ、ナポレオンフィッシュ、ワモンダコ)に向けられている。
④自発的な反応を引き出す(ドクウツボはやってきて獲物を探す)。
⑤意図があることを表わしている。

ジェスチャーは手軽で便利なツールだ。人間の指さしは意思伝達の社会的スキルとして重要とみなされている。子供が何かを指さしたら、その子は自分の注目しているものに注目するよう誘いかけている。興味のあるものに同じように興味をもってほしいのだ。

ハタは忍耐強く、その場所で一〇分待つのはたびたびだったし、二五分ということもあった。狩りのパートナー（ウツボなど）が離れたところにいて、ハタのジェスチャーに気づかないこともあった。そのようなときには、ハタがウツボに近づいて体をゆらすのが観察された。誘いはたいていうまくいき、ウツボはハタと一緒に獲物の隠れている岩の割れ目のところへ行った。

研究チームは飼育下の魚で補足実験をし、ハタの協調能力はチンパンジーに引けをとらないと結論した。ハタは本物そっくりのつくりもののウツボを二匹見せられ（実物大の写真にプラスチックフィルムを貼り、隠したケーブルと滑車で操作した）、狩りの相棒の選択肢をあたえられた。模型の一つは獲物を追い立ててくれる有能な協力者で、もう一つはプイとあちらへ行ってしまう。実験初日、ハタがとくにどちらかを好んで選ぶ様子はなかった。しかし二日目になるとどちらが獲物を追い立ててくれるかがわかり、チンパンジーと同じ比率でそちらを好むようになった。[8] とどかないところに餌があり、それを手に入れるのに他者の協力が必要なとき、ハタはチンパンジーと同じように協力者が必要だと判断でき、八三パーセントの割合で協力を求めたのである。協力者が必要でないときには、チンパンジーよりも効率的にそれを学習した。

このことはハタが頭のよさでチンパンジーと同等だということを意味しているのだろうか。そうではない。どうしてこの二者を比較できるだろう？　大型類人猿は陸に棲み、手でものを握れるが、魚はそうではないのだ。この実験結果が示しているのは、魚は必要が生じたときに要領のよい柔軟な行動をとれるということである。ハタとウツボの狩りの協力は社会的な道具使用のようなものとみなせると、アレグザンダー・ヴェイルは考えている。「チンパンジーは小枝を穴に刺して蜂蜜を手に入れることができる。ハタには手がないので、小枝をもつことができない。そこで意図的な意思伝達の方法を使って、必要とする特性をもつほかの種の魚を操るのだ[9]」。切り口の鋭いサイエンスライターのエド・ヨンは、それをうまくまとめて記事のタイトルにしている。「獲物が穴のなかにいるとき、棒がなければウツボを使え」

民主主義

わたしから見て、ハタの狩りの協調行動のすばらしさは意図的にしているところにある。二匹の魚が呼応しながら知能をはたらかせて願望と意図を伝え、解釈し、好ましい結果を手に入れているのだ。

こうしたいという願望を社会的な成果に結びつけるもう一つの方法は、集団による意思決定である。「魚や鳥の群れから霊長類まで、動物の集団に共通してみられる特徴は、どこへ行くか、何をするかをなんらかのかたちで表決していることだ」とプリンストン大学の進化生物学者イアン・カズンは述べている。「一匹の魚が餌のありそうなほうへ向かうと、ほかの魚はついて行くか行かないかをひれをふって表明する」。生きものはまさに民主的なこのプロセスを通じて意思決定をし、単独でするよりもよい成果を上げている。[10]

合意による意思決定の長所は、集団メンバーのもつさまざまな情報を組みあわせて効率を上げられるために、集団が大きくなるほど決定の速度が速くなり、正確さも増すことだ。たとえば正しい情報を知らないゴールデンシャイナーは、集団でいるときのほうがまちがった行動をとりにくい。集団は情報を集めて一定数を超える合意に達したものにしたがう定足数反応をするか、さもなければ情報をもつベテランやリーダーについていくようだ。[11]

誰についていくかを決定するときには、個体の外見からも情報を引き出せる。ほかの条件が同じなら、健康で強い魚のほうがひ弱な魚よりも自分の身を守る術《すべ》を知っていると考えられるから、よりよい決定ができると推測できるだろう。魚はそのような区別をするだろうか。その点を調べるために、スウェーデン、イギリス、アメリカ、オーストラリアの生物学者の共同研究チームが実験を計画した。アクリル樹脂の水槽の両端にまったく同じ岩と植物の隠れ場所を設置し、その真ん中にトゲウオを入れる。水槽の中央の後面に近いところから二匹のプラスチック製のトゲウオが糸に引っ張られて一定の速度で左右それぞれの隠れ場所へ向かう。模型の片方はもう片方よりも健康に見えるようにできている。たとえば大きい模型は小さいものよりも餌集めがうまくて長く生きていそうなので生存に適しているように見える。腹がふくらんで太っている模型も餌が足りていそうだ。それに対して黒い斑点のあるものは寄生虫がついているように見える。[12]

トゲウオはあらかじめ実験計画を知っていたかのようにふるまった。一匹のトゲウオに二つの模型を見せると、六〇パーセントの割合で健康に見える模型について隠れ家へ行った。しかも成績はトゲウオの集団の数が大きくなるにしたがってよくなり、一〇匹の群れになるとこの割合は八〇パーセントを超えたのである。

魚の民主主義を調べるために、もっと精巧な実験器具がつくられている。「ロボフィッシュ」は本物に似せてつくられた泳ぐ魚のロボットで、ミノウのような魚はごく自然に反応する。科学者はこのロボフィッシュを使って、集団行動の価値についてさらに洞察を得ている。一匹でいるトゲウオはロボフィッシュのリーダーの非適応的なふるまい（捕食者に近づく）に影響を受けやすいのに対し、大きい群れの場合は、定足数反応によってたいていこの落とし穴を回避できる[13]。同意しない魚が多ければ、あとの魚は同意しない魚にしたがう可能性が高い。同様に、カダヤシを使ってY迷路実験をすると、群れの規模が小さいときには捕食者の待っている通路へ行くロボフィッシュについて行ってしまうが、大きい群れの場合はロボットについて行かずに安全な通路を選ぶ傾向が強く見られる[14]。

ところで、ここで「本物らしい」「ニセの」「模型」「複製」といった言葉についてひと言いっておこう。魚がそういうものに反応したからといって、それらを本物だと認識しているということではない。また、魚が人工的な条件設定と慣れない環境に置かれていることにも注意してほしい。そのため飼育下の魚は数週間から数カ月もかけて環境に順応させる必要があり、そうしたのちにようやく落ち着いて「正常に」ふるまうようになる。知覚の鋭い魚は人間のつくった模型をどこか変なものだと認識しているだろうが、それよりもおそろしい刺激を避けようとする動因のほうが勝つのだろう。

平和維持

生きものの直面する危険は捕食者に遭遇することだけではない。魚は同じ種の魚とも争わなくてはならないが、生きて子を残すためには怪我や死は代償が大きすぎるので、ライバルと競うときには肉体を傷つけあうことはまれである。[15] ほかの生きものと同じように、魚も強さと生殖能力を示すために儀式的なディスプレイをし、命にかかわるほどの傷を負うような闘いは避ける。[16] 闘うのはやめて引き下がったほうがよいと相手に知らせるやり方はいろいろある。ひれを広げる、えらぶたを開く、側面誇示をするなどして、できるだけ体を大きく見せようとする。さらに音を出せば大きさと強さが強調され、尾びれを動かして水を押し出せば威嚇の強さを皮膚で感じさせることができる。そのほかにも、頭をふる、体をまげる、あざやかな体色を見せつける、あるいは体色を変えるといったこれ見よがしの動作をする。[17]

ディスプレイは敵対的なものばかりではない。魚は相手をなだめようともする。急所をさらけ出すのは緊張緩和のディスプレイの一つで、たとえばオオカミなら喉、サルなら生殖器といったように、身ぶりがうそでないことを示す手法である。なわばりを守るために攻撃的になりやすいアフリカ産シクリッドのトロフェウス・モーリーは、腹部の明るい黄色の縞を見せながら体をふるわせるディスプレイで相手をなだめる。[18]

それでも相手が落ち着かなかったら、シクリッドは平和の調停役のようにふるまうことがある。マラウィ湖の固有種のシクリッド（メラノクロミス・アウラートゥス）がそうだ。クリーム色の体に白で縁どられた黒いストライプのある美しいこの魚は、飼育下で優劣の明確な順位があり、何かにつけ交流するのは同列のもの同士である。オスはメスとメスの争いに積極的に介入する。どちらかの味方をするでもなく、二匹のあいだに割って入るのだ。片方のメスがよそからきたもので、オスの仲裁でたすけられたなら、それが集団に加わるきっかけになる。[19]もちろんオスにしてみれば繁殖相手の候補が増えることになるので、新しいメスが仲間になるのは大歓迎なのである。

動物の順位は概して体の大きさで決まり、大きい個体ほど順位が高い。ヘラジカのアルファのオスがハーレムを形成してほかのオスに「自分の」メスと交尾させないようにするのと同様に、魚の社会にも最も体の大きいオスだけがメスを独占する種がある。下位のオスは相手の体の大きさが自分の五パーセント増くらいまでなら上位のオスにあえて挑むが、負ければ繁殖行動の順列を何段階か転げ落ちる。小さい魚はどうすればよいだろう？　さまざまな種のハゼのオスは見るも見事な克己心で餌の摂取量を制限し、体を小さく保つことで上位のオスとの闘いを避け、自分の順位を守るのである。[20]

だが、食事を控えているハゼは修行僧でも聖者でもない。自制すればいずれよいことがあるだろうからそうしているのだ。一〇匹前後の社会集団のなかで、ハゼはふつう上位のものが死ぬと順位が上がる。食事制限は多くの生きものにおいて長生きにつながることがわかっているので、餌の摂取を控えるのはいつか子孫を残せるようになるための長期的な戦略でもあるのかもしれない。[21]

生物の社会において、自制と誠意はとくに好戦的な生きものにも基本として備わっている。フロリダ州タンパのローリ・クックは、ある日大型スーパーで小さいプラスチック容器に一匹ずつ入れられて売られていたベタ（シャム闘魚とも呼ばれる）がかわいそうでたまらなくなり、何匹かを救い出した。こまやかに世話をしてやった甲斐あって、ベタは小さい池のなかで元気になっていった。クックは魚にやさしいと地元で評判になり、近所の人が頼みもしないのに魚を持ち込んでくるせいで、池のベタはどんどん数が増えてしまった。クック自身もとうとうペットショップで一匹一ドルのメスを数匹買ってきた。メスは喧嘩をしないからつまらないと思われているので人気がないのだ。

闘争心が強いことで知られるベタだが、クックのベタはその評判に反している。毎朝彼女が餌をやりに行くと、魚たちは池のふちに集まってくる。フロリダの温暖な気候でも熱帯魚のベタには気温が低くなりすぎることがあり、クックは涼しい季節には水槽用のヒーターを使っている。もう何代目かわからないほど長く飼っているが、多くはオスだ。クックはこう話す。「オス同士でも闘っているところなど一度も見たことがありませんし、噛み痕とかボロボロのひれとか、そういう喧嘩の形跡も見たことはないんです」

気性が荒いといわれるこの魚がなぜこんなにおとなしいのだろう？　おそらく闘うよりも仲よくやっていくほうがよいからだろう。ベタ同士を闘わせる闘魚の問題の一つは、魚が人工的な環境に置かれていることだ。自然環境なら「負け魚」は逃げることもできるが、飼育下ではそれができない。下位の魚がその場を去ることで緊張をやわらげようとしても、それが許されず、気が変わってまた闘おうとしているのだと上位の魚に思わせてしまう。水槽のなかでは、評判どおり死ぬまで闘うほど闘いがエスカレートしてしまうのはそういうわけではないだろうか。

ベタは危険な闘いをむやみにするほど愚かではない。リスボンの応用心理学高等研究所のルイ・オリベイラらは、オスは闘っているほかのオスの闘いぶりを見て、敗者に対するよりも勝者に対してより服従することを見出した。闘いを観察していたオスは、勝ったオスに近づいてディスプレイすることが負けたオスに対するよりも少なかった一方、勝敗を見ていない場合には、勝者と敗者のあいだにそのような区別をしなかったのである。[22]

騙しの策略

魚の世界に自制や協力や仲裁があるなら、魚はみな「天使」なのだと思っても無理はない。しかし、ちょっとお待ちを。掃除魚と客の共生関係で見たとおり、協力にしろなんにしろ、それも私利私欲のために他者を利用する機会になる。魚とて人間と同じで、見た目や行動で相手を騙す策略をたくさん用意している。「フィッシュ」が「セルフィッシュ（自己中心的）」になるハードルは高くないのだ。

魚の策略には、まず捕食者を欺くためのものがある。幼魚はとくに捕食者の餌食になりやすく、そこで派手な体色でいかにも毒をもっていそうな生きもののふりをする。アカククリの幼魚は色と形が有毒の扁形動物にそっくりだし、つややかな白に黒い斑点のちらばるサラサハタの幼魚の体もまた別の毒をもつ扁形動物の分身のようだ。

そこに行動という装飾が加われば、騙しの効果はさらに高まる。二〇一一年に、ドイツのゲッティンゲン大学のゴデハルト・コップがインドネシア沖で魚の見事な擬態をカメラに収めた。さまざまな海洋生物のふりをする擬態の名手、ミミックオクトパスが砂の上で餌あさりをしているところを撮影していたとき、コップはカエルアマダイがタコの触手のなかに埋もれているのに(かろうじて)気づいた。この魚は色も模様もミミックオクトパスにそっくりで、タコの腕に体をそわせてカムフラージュの効果を上げていた。この行動を学会に報告した科学者らは、カエルアマダイは本来は安全な砂のくぼみの周辺にいるところ、この騙しのテクニックによってもっと遠くまで比較的安全に餌あさりをしに出かけられるのではないかと推測している。[23] これは擬態を擬態した唯一の例である。

擬態とカムフラージュの道具は被食者が捕食者を避ける場合だけでなく、捕食者のほうが獲物にこっそり近づくのにも使われる。南米とアフリカの淡水域では、リーフフィッシュが水面に浮いたり水底に沈みかけたりしている枯れ葉そっくりに擬態するよう進化した。この辛抱強いハンターたちは見た目と動きの策略を組みあわせ、ふらふらと近づいてきた小さい魚を捕らえる。まず、そのときの状況に応じて、水面に浮いている枯れ葉にまぎれ込むかぶら下がるかしてうまく姿を消す。それから透けた小さい胸びれをフル回転させてその位置から動かないようにする。ぎざぎざした肉質の顎の突起は枯れ葉の葉柄によく似ていて、何も気づいていないハゼにはおいしそうな餌に見える。そして小さい魚が射程内に入ってくると、顎を伸ばして吸いとってしまうのである。四分の一秒にも満たない早業だ。

枯れ葉のまねよりももっとおどろおどろしい擬態をするのが東アフリカのマラウィ湖の固有種であるシクリッドのニンボクロミス属である。この魚は湖底に横たわって腐乱死体に見せかけるのだ。腐肉を食べる魚が調べに近づくと、「死体」がパッと生き返って好奇心旺盛な小魚を捕食する。[24]

ヘラヤガラとヨウジウオは子供に人気の遊びを狩りの戦略に用いて獲物に忍び寄る。ヨウジウオは二つの遊びを組みあわせ、ブダイに肩車してもらってかくれんぼをするのだ。ヨウジウオが捕まえようとする小さい魚は植物食のブダイをおそれず、その背中におそろしい捕食者がいることに気づかない。小魚が近づいてきたところで、ヨウジウオはブダイからするりと下りて襲いかかるという寸法だ。[25]また、ヘラヤガラも通りすがりの小魚の群れに混ざってそのなかにひそみ、獲物にやすやすと見つけられないようにする。[26]それだけでもその巧妙さにおそれ入るが、ヘラヤガラをまぎれ込ませてやる共犯の小魚のほうの太っ腹にもわたしは感心する。肉食の魚がそばにいても縮こまる様子はないのだから。

深海の永遠の暗がりに棲むアンコウは、身を隠す必要がない。[27]彼らが使うのはまた別の、独特の騙しのテクニックだ。背びれが擬似餌のかわりをするのである。チョウチンアンコウのことはあなたもきっと聞いたことがあるだろう。奇怪な姿にパックリ開く大きい口は、中世の教会の外壁を飾るガーゴイルを思い出させる。しかし、背びれが細い竿状になっているのはメスだけだというのはあまり知られていないかもしれない。この誘引突起は専門的には「イリシウム」と呼ばれ（語源は「おびき寄せる」「誘う」という意味のラテン語）、先端の発光する疑似餌は「エスカ」という。既知の種だけで一六〇種に多様化したチョウチンアンコウは、誘いの道具もさまざまに取りそろえ、釣り人の道具箱もかなわないほどだ。イモ虫に似た疑似餌は、竿状の突起の根元の筋肉をピクピクさせてくねらせる。浅い海に棲む種は、誘引突起をあざやかな色にしている。光のとどかない深海に棲む種は色のかわりに光を使い、エスカの先の紐状のフィラメントに発光バクテリアを住まわせて光らせる。エスカの先端にレンズ状の構造をもつものもいて、調節のできるフィラメントを細い管状にして導光する。いわば自然の光ファイバーだ。また別の種は疑似餌を口のなかで踊らせて、のん気に口のなかに入ってきた小さい魚の運命を決定する（そういうことなら、チョウチンアンコウは自分と同じくらいの大きさの獲物も飲み込めるので、大きい魚でも同じ運命である）。

背びれの疑似餌をふっているとき、チョウチンアンコウは自分が騙しのテクニックを使っていると意識しているのだろうか。これは生きものの心のはたらきに関する非常に難しい問いだ。昆虫ですら鳥などの捕食者を擬態で騙しているのだから、魚もそこまで意図的に頭を使っているはずはないと考える人もいるだろう。わたしは昆虫を軽んじるつもりはないが、チョウチンアンコウやリーフフィッシュやヘラヤガラは無脊椎動物ではない。立派な脊椎動物の仲間で、それにふさわしい脳や感覚系、生化学システム、そして心を備えている。暗い海のなかで魚として生きていくには、かなりのノウハウやしたたかさを要求される。ましてや獲物にしようとするものが自分と同じ脊椎動物なら、ぼやぼやしてはいられない。

魚が体と感情で世界をどのように感じとっているのか、何をどのように考え、どのように社会を形成しているかをここまで探ってきた。そこからいえるのは、魚は知力と記憶する能力をもつ存在だということ、計画し、他者を認識し、生得的な能力を備え、経験から学習する生きものだということだろう。文化もある。本章で見てきたとおり、種をまたいで協力関係をきずくという美徳もある。

魚の社会生活には本書でまだ紹介していない重要な一面がある。すべての生物の究極の目的、すなわち子孫を残すことだ。ふさわしいときがくれば、繁殖しようとする本能が最も基本的な必要である摂餌と肩をならべる。その多様さにたがわず、魚は海のなかで子をつくり育てるのに適した数々の方法を編みだしている。

VI　魚はどのように子をつくるか

「『愛』ってどう書くの」──コブタ
「それは書くもんじゃなくて、感じるものだよ」──プー
──A・A・ミルン『クマのプーさん』[1]

セックスライフ

魚は……脊椎動物のなかではならぶもののない可塑性と柔軟性を特徴とする。

——T・J・パンディアン『魚の性行動』[2]（*Sexuality in Fishes*）

魚はすばらしく多様な形態をしているだけあって、繁殖システムもないものはないというほど豊富な様式がある——全部で三二だ。[3] 魚類の生殖行動とその戦略はほかの脊椎動物のものをすべて合わせたくらいある。* 乱婚、複婚、単婚とそろっているし、単婚の魚のなかには生涯パートナーを変えないものもいる。オスは手を変え品を変え、繁殖戦略に工夫を凝らす。ハーレムをつくり、なわばりを守り、群れで放卵させ、ほかのオスに便乗して放精し、サテライトオスとして時機を待ち、メスを乗っとる。そしてメスも、決して自分からは何もしないお飾りなどではないのはこれから見

＊T・J・パンディアンは、魚の性行動の習慣に光をあてることに最も力をそそいでいるのは日本人研究者だとしている。一件の研究のために水中で五〇〇時間以上もすごしてデータを集めた科学者もいる。スキューバ技術の進歩は、魚の性行動の理解を深めるのに大きく役立っている。

ていくとおりだ。

大部分の魚はごく一般的な「雌雄異体性」である。個体はオスかメスのどちらかで、生まれてから死ぬまで性別が変わらない。だが、そういったからには想像できるだろう。性別の線をまたぐ魚も少なからずいるのである。[4]なんらかの理由で、とくに岩礁に棲んでいることに性表現を多様にする効果がある。岩礁に棲む魚の四分の一以上はオスからメスへ、もしくはメスからオスへ、性を変えることができるのだ——高額な性転換手術をする必要はもちろんないが。そして岩礁に棲んでいない魚にもユニセックス方式を選ぶものがいて、雌雄両方の特徴を同時に備えるか、もしくは性別を入れ換える。

精子と卵の両方を同時につくる種（専門用語がお好きな人のためにいうと「同時的雌雄同体」）は、そのほとんどが深海の広大な暗がりのなかに見出せる。同種の仲間に日常的に出会う見通しが棲んでいる環境と同じくらい暗い場合、自家受精できるのが都合がよい。性を変える魚（「異時的雌雄同体」）はそこまで不自由な状況にはなく、成長過程のある時点で性を転換してうまくやっている。たとえば一匹のオスが多数のメスを独占する配偶システムにおいては、体の小さいうちはメスでいて、充分に成長して競争相手に挑まれても撃退できるようになったらオスになるほうが分がよい。[5]そういうわけで一匹のオスがハーレムのトップに君臨し、あとの若い個体はみなメスということがよくある。また、この上下関係が逆になり、下位集団のオスがいつか繁殖できるようになるのを順番待ちするケースもある。

『ファインディング・ニモ』で人気のクマノミは、体の大きさと順位と性転換で社会秩序を保っていることで知られている。この魚は二匹の大きい個体とそれより小さい数匹の個体が集団をつくって暮らす。大きい二匹が配偶して子をつくるが、二匹のうち大きいほうがメスだ。ほかはみなオスで、体の大きさで順位が決まる。メンバーはみな同じくらいの年齢と考えてよいだろうが、性的に成熟した個体が行動において優位なため、下位の個体は成長、発達が抑制される。この厳格な配偶システムを調査したハンス・フリッケとジモーネ・フリッケによれば、下位のオスはひと言でいえば心理的、生理的に去勢されているのだという[6]。それぞれが序列のなかの特定の地位に就き、重役のポストに空きがでれば昇格する。そして繁殖するメスが死ぬとペアのオスがメスになり、下位のオスのなかで次に大きい個体が繁殖ペアのオスになる。したがってクマノミの集団で下位に甘んじているオスにもつねに希望はあるのだ（だとすれば、『ファインディング・ニモ』にはやや不正確なところがあるのがわかる[7]。ニモの母である妻のコーラルを失った父のマーリンは、性転換して母にならなくてはならない）。

性転換する魚は性別に忠実にふるまい、オスのときはオスらしい、メスのときはメスらしい性行動をする。このような性行動の可塑性は、通常は性転換をしないが、ホルモンのはたらきでそうなる魚にも見られる。その仕組みは明らかではないものの、硬骨魚の一部は二つのタイプの行動をとれる両性的な脳をもつことが野外観察でも研究室での観察でも確認されている[8]。他方、そのほかほとんどの脊椎動物は雌雄で脳に違いがあり、性別に合った性行動しかしない。

魚の性転換には、性別というものが本質的にいかに流動的かが表われている。現在の社会の趨勢《すうせい》に気づいていれば、人間もジェンダーの線引きが曖昧になっているのがわかるだろう。たとえば

『ビカミング・ニコール』(*Becoming Nicole*)という本には、双子の息子の片方が幼いころから女の子として生きたいと望んでいたことから家族が直面した困難がつづられている。医学の進歩によって本当のジェンダーアイデンティティを主張する機会が広がるにつれて、わたしたちは知らず知らず魚に似てきているのである。

芸術家はもてる

自分の性別がわかっていれば、今度は誰とペアになるかが問題になる。これは軽々しく決めるわけにはいかない。自分の子供の遺伝子の半分はその人からくるのだから、よい資質をもっている人であってほしい。パートナー候補の優秀さや好ましさを測る方法があればありがたいだろう。ここで相手選びということになる。わたしたち人間はデートしたり、食事をしたり、踊りに行ったり、プレゼントを贈りあったりして結婚前に瀬踏みする。魚にもパートナーを誘う魚なりのやり方があり、ダンスをしたり、歌をうたったり、さわったりなでたりする。

そして少なくともある種の魚は芸術的技巧を用いる。わたしたちはふつう魚が芸術表現をするとは思わないし、するとしてもせいぜい多くの魚が見せる美しい色や模様のような能動的でないものしか思いつかない。ところが、ベテラン水中写真家の大方洋二が日本の南端の海にもぐっていたときにびっくりさせられたのが、魚の芸術的な技巧だった。海底約二五メートルの砂の上に直径約二メートルの円が描かれていたのだ。砂絵は凹凸のある同心円が二重になり、中心から放射状にすじが伸びている。身長一五〇メートルの巨人が水中を歩いて砂に足跡を残したかのようだ。

いったい誰がこのような精巧な作品をつくったのだろう？　不思議に思った大方が後日撮影班と一緒にもう一度もぐってみたところ、謎はまもなく解けた。[9]この「ミステリーサークル」をつくったのは、見たところごく平凡な小さいオスのフグだったのだ。体長一二センチほどのこのフグは、体を横に倒して胸びれをパタパタさせながら何時間もかけて傑作を制作する。途中、ためつすがめつしては、口で割った小さい貝殻のかけらを中心の溝に撒いて飾っていく〔口絵5〕。

ほかのオスがつくった曼荼羅《まんだら》もその後見つかった。同じものは二つとない。この構造物にはいくつかの用途があるらしい。おもにはメスの気を引き、うまくいけば内側の円のなかに卵を産んでもらうことだ。砂の上の溝は卵が潮に流されないようにするのに役立っている。おそらく貝殻のかけらでこの効果を高め、同時に卵をカムフラージュするのだろう。ミステリーサークルをより巧妙につくれるオスが繁殖に成功し、それによってこの技巧が進化したようだ。

日本の小さいフグは魚のピカソといっていいかもしれないが、砂を材料に美的表現をするのは、じつはこのフグだけではない。オーストラリアのニワシドリはバワー（あずまや）と呼ばれる凝った建造物をつくってメスの気を引くことで有名だが、多くのシクリッドもそれと同じようにあずまやで求愛の成功率を高める。鳥のあずまやとの類比は見た目だけにとどまらない。羽をもつ遠い親戚のつくるあずまやと同様、魚のあずまやも主としてディスプレイと求愛と産卵の場所として使われる。メスは卵を産むとほぼすぐにそれを口にくわえて、より安全に孵化させられる場所へ運ぶ。[10]

魚はどうやってあずまやをつくるのだろうか。ものをつかむ器官をもたないシクリッドは口で砂を拾って吐き出し、ひれで積み上げていくしかない。種によってデザインが異なり、単純なくぼみから放射状に畝《うね》のあるアリーナまである。さらには砂の楼閣とでも呼べそうな火山の形をしたものもあり、これは底面から突起が出ていて、最上部に求愛のための舞台がある。こうした水中の建造物の高さや深さは、それをつくったオスが強く健康で遺伝子の質が高いことの宣伝になる。オスがここまで労力を費やす理由は、オスの資質のわずかな違いを察知してえり好みするメスにある。すぐれた建築技術をもつオスをメスがパートナーに選ぶなら、その資質は何代にもわたって好まれるのである。

トゲウオの仲間も、オスは口を使ってあずまやをつくるが（U字形をしているのが鳥のバワーに驚くほど似ている）、さらに別の補助具で建造物を保護する。彼らは腎臓から粘液状の物質を分泌する。家を装飾する段階になると、オスは排出腔からこの糸状の物質を出し、葉や藻の断片を巣に貼りつけるのである。トゲウオ科のイトヨをスウェーデン西岸沖で観察したオスロ大学のサラ・オストルンド－ニルソンとミカエル・ホルムルンドは、オスが変わった色の藻を選んで巣の入り口を飾ることに気づいた。どう見ても飾りつけだ。そこでアルミ箔の小片と腕輪を近くに置いてみたところ、オスはすかさず拾って飾りに使った。捕食者に対するカムフラージュとしては役立たないにもかかわらず、きらきら光る巣のほうがメスを引きつけた。華やかに見せかたがるのは人間とニワシドリだけではないのだ。[11]

絶頂のふりとオーラルセックス

パートナーを獲得するための方法はものづくりの手際のよさだけではない。もう一つは古くからのおなじみの手、騙しである。前章で紹介したとおり、魚もごまかしと無縁ではない。

ブラウントラウトのメスの場合、ごまかしとはオーガズムのふりをすることだ。メスは砂に巣のつもりのくぼみをつくると、その気になっているオスの目の前で体をふるわせて放卵する。夢中になったオスはチャンスを逃すまいとして、メスにつられてさかんに体をふるわせ、水中に放精する。ところが、オスがかつがれただけということがままある。メスは体をふるわせても、卵を産んでいないのだ。なぜブラウントラウトのメスがそんなことをするのかははっきりしていない。一つ考えられるのは、オスの精力を試しているのではないかということである。あるいはこのオスは駄目だと見限って、もっとよい父親候補を見つけるためにほかのオスを引きつけようとしているのかもしれない。繁殖行動におけるこの手のもくろみの不一致は自然界にはよくあることだ。なにしろオスは大した負担もなく膨大な数の精子をつくることができ、その精子でメスの卵を全部受精させ、なおかつまだほかのメスのために残しておける。それに対してメスは貴重な卵を無駄にしたくない。だから複数のオスを父親にして、よい資質をもつオスに卵の一部でも受精させる確率を高める戦略をとるのだろう[12]。

アマノガワテンジクダイ（プテラポゴン・カウデルニィ）のメスにも独自の騙しのテクニックがある。いや、これは騙しといえるのだろうか。オスはメスの産んだ卵をそっと口に入れて守るが、ここで父親として多大な自己犠牲を強いられる。この繁殖周期の重要な時期のあいだ、食べずにいなくてはならないからだ。腹のへったオスには耐えがたく、ときどきたまらなくなって卵の塊を飲み込んでしまう。母親は迷惑なこの行為による損害をできるだけ減らす手段として、卵黄のない「替え玉」の卵を本物の卵と一緒にたくさん産む。父親はニセ卵が混ざっているとも知らずに自分の子になる卵をたくさん口に入れていると思い込み、大切な卵を慎重に守ってやろうとするというわけだ。ただし、わたしはこれに納得していない。この解釈はメスとオスがたがいに搾取しあう関係にあるとみなしているが、なにもそう考えずとも、正直な関係にあると見てもよいと思うからだ。いつかきっと、メスの産むニセ卵がオスの投資に報いるためのいわゆる「栄養卵」であることが発見されるだろう。オスもそれを見分けてニセ卵を食べ、残りの受精卵を保護するにちがいない。なんといっても受精卵にはオスも投資しているのだから。

マラウィ湖に棲む多様なシクリッドの場合、卵を利用してパートナーを操るのはオスのほうだ。卵のまねをするのである。どういうことかというと、まずメスは産卵床に産んだ卵を口のなかに集めて保護する。それを受精させたいオスの臀《しり》びれには黄色い斑点のタトゥーが入っていて、これが立体感があって卵の小さい塊のように見える。メスがそれに誘われてオスの生殖器に引きつけられたところで精子が放出され、メスはそのほとんどを吸い込む。こうして口のなかの卵がうまく受精するというわけである。これは明らかな視覚による騙しとされているが、[13] もしこのオスの斑点の「卵」が騙しだとしても、それと同時に刺激でもあるのではないかとわたしは思っている。繁殖は雌雄どちらにとっても同じように重要だから、メスはオスの誘惑の視覚シグナルに騙されるというよりも、興奮するのだろう。

いわゆるヨロイナマズの仲間で観賞魚として人気のコリドラス属の場合は、オーラルセックスにもっと直接的な役割がある。メスはオスの生殖口に口をあてて精子を吸いとる。精子は一気に腸管を通過し、メスは腹びれのあいだに抱えた三〇個ほどの卵にそれを放出するのである。[14]

精子はメスの消化酵素で破壊されないのだろうかと思うのはわたし一人ではないだろう。しかし、その心配はない。精子がメスの消化管を通過するスピードがものすごいからだ。日本の研究者チームが二二匹のメスで通過時間を計測している。[15] 研究者らはメスがオスの精子を吸い込んだ瞬間にメスの口に青い染料を噴射し、青いものが肛門から出るのを待った(ただでさえプライバシー無視なのに、この上こんな屈辱を受けるとは)。待つというほど待たずにすんだ。平均通過時間は四・二秒だったのだ!

この小さなナマズにはもう一つの適応があり、それが精子の通過速度と消化管内での生存を高めているらしい。コリドラスは腸呼吸をするのである。水面へ上がって空気を吸い、その空気が急速に腸を通過する。したがって、コリドラスの消化管は精子がすばやく無傷で通過するための前適応のようだ。

魚は卵を受精させるのになぜこのような型破りな手段を用いるのだろう? 一つには、父親も母親も誰の遺伝子が結びつくかがわかるからで、そのことはパートナーを慎重に選ぶなら非常に意味がある。オスにとってのメリットは、そのメスの卵を受精させるのがまちがいなく自分の精子であること、自分の精子のみであることだ。最大のメリットがなんであれ、ナマズが精子を口から取り込むのに何か役割があるのはまちがいない。なぜなら二〇種ものナマズに見られる現象と考えられているからである。

精子と卵が結びつく場所として、メスの消化管よりももっと奇妙な場所がある。無脊椎動物の内臓というのはどうだろう？　海の生きもののすばらしい共生関係の一つに、ヨーロッパタナゴ（ヨーロッパ大陸の川に棲む小さい魚）と二枚貝との生殖に関する不思議な協定がある。繁殖期がやってくると、ヨーロッパタナゴのメスは適当な大きさのイシガイ類を探してそのなかに卵を産みつけるのだ。殻を固く閉じた貝のなかにどうやって卵を産むのだろうか。貝には水と餌を取り込むための入水管という管状の器官があるが、母になろうとしているヨーロッパタナゴは長い産卵管を使ってその入水管に卵を送り込むのである。貝の内部に卵が産みつけられると、オスが入水管の入り口近くに放精し、精子の一部が貝のなかに取り込まれる。時満ちて受精卵は孵化し、箱入りの子魚たちは安全な場所で成長する。

タナゴにはよいことずくめのようだが、魚の子の隠れ場所に利用される貝のほうはいったい何か得なことがあるのだろうか。答えはこうだ。二枚貝は自分の卵が成熟するまでタナゴの幼魚を吐き出さない。貝の卵は稚魚にくっつき、稚魚が貝を跳び出すときに貝の幼生を一緒に連れていって分散させてくれるのである。[16]植物の種子が動物の皮膚や被毛（人間なら衣類）にくっついて撒き散らしてもらうように、二枚貝の卵は成長に適した栄養豊富な場所へ向かって有利なスタートを切る。情けは人のためならず、というわけだ。

フェミニストのひとひねり

メスのヨーロッパタナゴが貝殻に産卵管を差し込んで貝内部の聖域に卵を産みつけている写真を見たことがあるが、まるでガソリンスタンドの給油ホースのようだった。妙ちくりんなやり方だとこのメスはわかっているのだろうか。ほかのメスを見て学習するというなら話は別だが、そうでなければ、するべきことは本能で知っているにちがいない。しかしスリコギモーリーのオスの繁殖行動の場合は、本能の指令によるばかりではないらしい。社会的な状況に応じてふるまいを変え、とくにライバルがいるときは別のメスに気があるふりをして競争相手を騙すのである。スリコギモーリーのオスにはゴノポディウムと呼ばれる交接器がある。骨のある肉質の突起で、ペニスと同じはたらきをする。オスは気に入ったメスがいるとかじりついてこのゴノポディウムを突き出す。マーティン・プラスによる研究では、オスのスリコギモーリーをメスに会わせ、まわりにほかのオスがいる場合といない場合とを観察した。まず、二匹のメスのいる水槽にオスを一匹ずつ順に入れて、どちらのメスを好むかを選ばせた。次の段階では、オスはまた同じメスと一緒の水槽に入れられたが、今度は水槽の背面に透明な筒が設置され、オスのうち半分はその筒に入れられたライバルのオスに恋人選びを見られることになった。

ライバルに見られていない（筒のなかに何もいない）対照群のオスは、メスの好みに変化がなかった。ところがライバルに見られているオスは、ほぼ全部が前回には好まなかったほうのメスを好んでいるようにふるまいだした。大きいメスから小さいメスに、また同種のメスから近縁種のアマゾンモーリーに好みを変えたのである。

スリコギモーリーのオスのこの行動は、好ましいメスからライバルの注意をそらす目的があると考えられている。[17] これ以前の研究では、スリコギモーリーのオスがライバルの好みに影響を受けて、アマゾンモーリーを含む別のメスに鞍替えすることが発見されているのである。[18] この策略は精子競争をさらに軽減するのかもしれない。近くにいるオスはこうした公開情報に乗じてそのまねをし、最初のオスのでっち上げのパートナーを選ぶだろうからだ。ライバルの注意を別のメスにそらすことで、オスは本命のメスの卵を受精させる比率を上げ、精子競争の勝率を高くするのである。

モーリーのごまかしには、ひとひねりしたフェミニストバージョンがある。スリコギモーリーと違って、近縁のアマゾンモーリーは全部がメスである。オスはいない。爬虫類、両生類、魚類、鳥類には、全個体がメスの種がいくらかある。卵が発生をはじめるのに精子を必要としないことから、これを単為生殖という。だが、アマゾンモーリーの場合はさらに特殊だ。種の異なるモーリーのオスと配偶して初めて卵が発生を開始するからである。配偶行動はきっかけとして必要とされるだけで、オスにしてみれば、自分の精子が卵に取り込まれるわけではない。そういうわけで、アマゾンモーリーのメスと配偶したオスのモーリーは、正真正銘の騙しの被害者なのだ。

精子の行き場がないのにそんなメスと配偶するオスを自然選択がなぜ許しているのか、あなたは不思議に思うだろう。このようなオスにも、スリコギモーリーのメスに好まれやすくなるという利益があるようだ。モーリーとその近縁のグッピーを含むいくつかの種の魚は、流行に乗ろうとすることで知られている。スリコギモーリーのメスはよくアマゾンモーリーのメスの選択をまねるのである。

巨根の魚

モーリーはおかしな魚といえばいえるけれども、多くの卵胎生魚の一例である。大半の魚は交尾をしない。しかしこれにも例外はたくさんある。板鰓類《ばんさいるい》（サメとエイ）のオスはみな二つの交尾器があり、メスの生殖器の開口部に挿入して交尾する。硬骨魚ではグッピー、モーリー、プラティ、ソードテイルはみなゴノポディウムがある。

ゴノポディウムは普段はうしろ向きになっているが、いざというときにはくるりと逆向きになる。[19]わたしは大学院生として動物行動学の研究室にいたころ、グッピーのオスがどれくらいの頻度で「ゴノポディウムをふり」、「S字形になる」かを記録したものだった。S字形というのは、交尾の準備ができたときの体勢である。体色の派手なオスは、ひとりでに動く魔法の杖のようにゴノポディウムをふってメスにアピールした。グッピーはせいぜい三～五センチのとても小さい魚だが、ゴノポディウムは体長の五分の一くらいあり（計算はお任せする）、学生にもメスのグッピーにも、すぐにそれとわかった。

ぴったりの学名がつけられたトウゴロウメダカ科（ラテン語の科名は「胸にペニス」という意味）の仲間も挿入して交尾する。半透明の体の小さい（体長三・五センチ）地味な魚で、タイとフィリピンの汽水域に生息する二三種が知られている。英名をプリアピウムフィッシュというのは、オスの顎の下に骨と筋肉でできた「プリアピウム」という交接器があるからだ。そう、読みまちがいではない。この魚たちはペニスが頭部にある。種によってはしっかり機能する睾丸まである。[20]プリアピウムのもう一つの特徴は、鋸歯《きょし》状のフックがあることで、これで交尾のあいだメスの体をがっちり固定する。この非常に複雑な道具は骨盤帯と腹びれが変形したものであることが解剖の結果、わかった。[21]

進化が有用な一対のひれを捨てて生殖の道具に仕立てかえたのは、性行動の重要さを証明している。また、これらの魚の祖先はプリアピウムがなくてもなんら不足なくやっていたようだから、生命の不思議を感じさせもする。彼らのペニスがなぜ頭部に移動したのかはわからない。あえて推測してみれば、目の近くにペニスがあればより確実に挿入できるからではないだろうか。

メスはオスのこの部分をどう思っているのだろうか。もっとはっきりいえば、魚の世界で大きさは重要なのだろうか。カダヤシにとってはそこが肝心らしい。ゴノポディウムが体長の七割もの大きさになるのだ。セントルイス・ワシントン大学の生物学者ブライアン・ランガーハンスは「大きさの重要度」をテストするために、メスのカダヤシを水槽に入れ、両側にオスの映像を映し出した。映像は一方のオスのゴノポディウムがもう一方のそれよりも長く見えるようにデジタル処理してある。試行するたびに、メスは長いものをもつオスに近づいた。[22]だが、効率重視の自然は贅沢品を締めつけ、モノが大きいことはオスのカダヤシにとって少なくともある点で不都合になっている。飾り羽がライバルより六〇センチも長いクジャクが捕食者の餌食になりやすく、かえって子を残すどころではなくなるのと同じで、カダヤシもその器官が長いほど敵にやられやすい。大きいゴノポディウムは水中で足手まといになり、もち主は捕まりやすいのである。捕食者がたくさんいる湖に棲むオスは、安全な水域のオスよりもゴノポディウムが小さい。

生殖器を挿入して交尾する魚をここで取り上げたからといって、いわゆる「体外受精」のために卵と精子を水中に放出する数多くの魚を軽く見るつもりは毛頭ない。このやり方は生殖様式の一つであって、魚の生殖システムは数かぎりないといってよいほどある。一つだけ例を挙げておこう。ウミヤツメの営巣と配偶の複雑な行動である。それは古代から生きているこの無顎類に貼られた「原始的」というレッテルを打ち破るものだ。サケと同様、ウミヤツメも遡河性の魚で、一生のあいだに海に棲む時期と川ですごす時期とがある。繁殖期になると川を遡上し、直径六〇センチから一メートル弱の楕円形の巣をつくる。配偶したペアは吸盤状の口で石を持ち上げたり引きずったりして巣の上流に積み上げる。それからメスは口で岩につかまり、オスはメスの頭のうしろからメスをくわえ込んで体をメスの体にからませる。そうして二匹は激しく体をふるわせる。この動きで細かい砂が巻き上がり、放出された卵に刺さることで卵が巣の上にうまく落ちる。つづいてペアは体を離し、巣の上流の石をどけて下流に移動させるのだが、ここに二つのはたらきがある。砂がゆるんで卵を覆い隠すこと、空洞の巣が支えられて卵の育つ安全な場所になることだ。親になったオスとメスは卵がすっかり押し出されるまでこの作業を繰り返す。この一大事業はロミオとジュリエットのような悲劇的な結末で幕を閉じる。二匹は体力のかぎりを使い果たし、まもなく息絶えるのである。

例によって、魚の性行動についてわかっていることは、現実のわずかな一部分でしかない。研究の進んでいる種の多くは人工の環境に置かれている。飼育下では調査や実験はしやすいとはいえ、残念なことに野生の環境で自然に現われる性行動が抑制されてしまう。たとえば飼育下のコガネヤッコは、自然環境でするようなハーレム形成につながる求愛行動を見せない。わたしたちは驚きの発見を期待するが、深い水のなかに永遠に隠されるものもあるにちがいない。

一つわかっているのは、繁殖がセックスで終わらない魚は数多くいるということだ。子は育てなければならず、そこからまたさまざまな驚きの工夫が生まれる。

子育てのスタイル

この世に生きる価値のない人などいない。人は誰でも、誰かの重荷を軽くしてやることができるからだ。
——チャールズ・ディケンズ[1]

わたしが八歳のとき、学校で先生がサケの映画を見せてくれた。大洋から故郷の川にもどって遡上し、産卵して死んでいくサケの壮大な旅路を描いたものだ。生徒は感想文を書かされた。そのときわたしが書いたものを母がとっておいてくれたので、以下に一部を抜粋してみよう。

サケはてきがたくさんいてタマゴをたべられてしまうので、たくさんタマゴをうまなくてはならない。なんしゅうかんかすると、一五コくらいしかのこっていなかった。「卵から孵ったサケの子は」たくさんえさをたべて大きくなり、一カ月でサケだとわかるくらいになった。とつぜんなにか大きいものがちかづいてきて、小さいさかなはみなたすかろうとしておよいだ。でも、ほとんどがつかまってたべられてしまった。そいつは大きいカワカマスだった。

記憶しているかぎりでは、映画はサケが死にもの狂いで生きて過酷な生涯を終える生きものだという印象をあたえるものだったが、わたしはなかなか鋭くて、「子どもをつくるときは必死に見えるけれど、本当は思いっきりたのしんでいる」のだと思った。子供はよく大まじめに本当のことをいおうとして、そこが大人には笑えるのだが、映画は魚の一生について少なくとも一つはまちがったことを伝えていた。わたしたちが教えられたこと――サケは母川で放卵ないし放精をすると一生を終えて死ぬ――とは逆に、実際には一部のオスと多くのメスはまた川を下って海に帰り、体力を回復して成魚としての生活にもどる。[2] そしてまた何年か経つと、また繁殖の欲求にしたがうのである。

もう一ついうと、わたしは映画を見て魚は子供の面倒を見ないのだとも思った。しかし、魚の場合は子の世話という行為が少なくとも二二回進化している。全種の魚のうちおよそ四種に一種――八〇〇〇種あまり――は、なんらかのかたちで子の世話に励む。[3] 卵を守ることから、ひ弱な稚魚をしばらく世話することまで、いろいろだ。サメをはじめとする多くの魚は胎生で、したがって出産という仕事もする。サメには胎盤のあるものもいて、胎仔は母体を出るまでへその緒を通して栄養物質をあたえられる。[4]

そういうと哺乳類が思い浮かぶが、魚類は子に乳をやらない。それでも子の食べものになる体物質をつくる種がある。[5] 最も有名なのは観賞魚として人気の南米産のシクリッド、ディスカスである。ディスカスの両親は稚魚が孵化してから数週間のあいだ、自分の体を保護している粘液を子に食べさせる。[6]これはただの粘液ではない。脇腹の厚くなった特別なうろこから分泌されるものだ。それを子にあたえるのは、免疫を高めるための親子間の栄養補給サービスといえる。粘液は抗菌作用のある物質を豊富に含み、稚魚を感染症から守るのである。現在、免疫促進物質の生成が魚にめずらしくないことが発見されつつある。ピシジン（直訳すると「魚に関連する化合物」）という新しい抗菌ペプチドのファミリーが魚の粘液から分離されている。[7]

魚の世界では、おいしいネバネバだけが乳の代用品ではない。アマノガワテンジクダイのメスが口のなかで子育てするオスのためにつくっているかもしれない未受精の「栄養卵」を憶えておいでだろうか。多くのサメは体内で発達中の子に追加の食べものとして栄養卵をあたえる。マラウィ湖のある種のナマズも、泳げるようになった稚魚に栄養卵をあたえることで知られている。子は母親の排出腔の近くで待ち構え、母親が水中に放出する卵を食べるのである。水中をふわふわ漂ってくるキャビアだ。

卵の保護

稚魚が孵化するのを待ちわびる両親は、卵の保護に余念がない。まず一つに、卵をねらう外敵を追い払わなくてはならない。スズメダイは気の強い魚といわれているだけあって、子を守るときも敵に負けていない。わたしがフロリダ州キーラーゴ島沖でスノーケリングをしながらサンゴ礁を眺めたとき、魚同士が喧嘩をしているのを見かけたのは一時間半ほどのあいだに数回程度だったが、たいていはイエローテールダムゼルフィッシュが相手を追いかけているところだった。世界的に有名な海洋生物学者のティアニー・サイズは、卵を守るスズメダイに遭遇したときのことを語っている[8]。もっとよく見ようとして近づくサイズに、たかだか一〇センチちょっとの魚が何度も威嚇して鳴いたという。スズメダイは巨大なダイバーに退散する様子がないと見ると、突進してきて「編んだ太い髪の束をくわえてグイと引っ張ったのです……すごい力だったので、痛くて思わず悲鳴を上げてしまったんですけど、笑ってしまってマスクに水が入ったものですから、悲鳴もモゴモゴしてしまったわ」

闘うほかにも、親魚は巣やシェルターをつくって卵を隠す。洞、植物を材料にした凝った構造物、唾液を吹いた泡の膜など、さまざまなタイプがある。ホワイトテールメージャーは細かい作業を念入りにやる。サンドブラストの要領で産卵床をととのえるのだ。両親は口で砂を拾い上げ、それを岩の表面に向けて思い切り吹き出す。それからひれでそのあたりをあおぐ。最後に岩の表面にまだ残っている砂粒を口でつまんで取り除くのである[9]。

もっと実際的なやり方は卵を持ち運んでしまうことで、口か袋のなかに入れて卵を守る。袋で有名なのはタツノオトシゴのオスの育児嚢だろう。インド太平洋の熱帯域に棲むカムフラージュの達人カミソリウオでは、腹びれが癒着したメスの育児嚢がゆりかごのはたらきをし、タツノオトシゴの親戚のヨウジウオの場合は袋をもっているのはやはりオスだ[10]。ニューギニアのコモリウオのオスは、伴侶の産んだ卵を額にある鉤状《かぎじょう》の突起からぶどうの実のようにぶら下げて持ち運ぶ。ギアナのナマズの一種は卵をまとってしまう。卵塊の上を転がって皮膚に卵をくっつけると、その上に新しい皮膚の層ができて保護膜になるのだ。子は充分に発達するまでそのなかで守られ、時がくると、この風変りな子宮から稚魚が出てくるというわけである[11]。

南アメリカのシクリッドの仲間であるブジュルクイナ・ヴィッタータは、注意深く選んだ葉の上に卵を産む。オスとメスは放卵と放精の前に葉を「検査」する。これはと思う葉を引っ張ったり持ち上げたり裏返したりして、動かしやすいものを選ぶのだ。そして放卵と放精が終わると二匹で卵を守る。そしていざ異常事態が発生したときには、その葉の端をくわえてもっと深く安全な場所に大急ぎで運んでいくのである。

わたしがとくに感心してしまうのがコペラ・アーノルディだ。英名のスプレーカラシンは、卵を保護するためのその突飛な行動からつけられた。この魚はブジュルクイナ・ヴィッタータのように水中の葉に卵を産みつけるのではなく、高跳び選手のように空中に跳び出して水面の上の葉に卵を産むのである。これから親になろうとしているオスとメスは水面のすぐ下にならび、彼らだけにわかる一瞬の合図で頭上の葉に向かって同時に跳び出す。二匹は頂点で体をさかさまにしつつ一〇個あまりの卵と無数の精子を放出する。なんと見事なタイミング！　これを繰り返して産みつけられた数十の半透明の（そしてうまくカムフラージュされた）卵は、葉の上でくっついて塊になる。ジャンプの高さはものの本によると約一〇センチとのことだが、動画を見るかぎりではもっと高く跳んでいるようだ。数秒ほど葉にとどまって放出の時間を稼ぐこともできる。

孵化日数が非常に短いのはさいわいだ。それまで父親は卵が乾いてしまわないように働きづめだからである。何をするのかというと、尾びれを巧みに使って卵塊に水をかけてやるのだ。卵が孵って稚魚が水に落ちるまでの二日から三日のあいだ、一分間隔で水しぶきをかけなければならないから、相当な重労働にちがいない[12]。

このような動物の不思議な行動を知るにつけ、わたしはなぜそういうことになったのかと考えずにいられない。魚なのだから水中で卵を産んで世話すればよいものを、わざわざ水から跳び出して葉に卵を産みつけ、さらに水をかけてやるなどという奇想天外なやり方をするのはなぜなのだろう？　それはきっとこういうわけにちがいない。つまり、段階を経てだんだんとそうなっていったのだ。古代の生息環境には見るもおそろしい捕食者がいて、コペラ・アーノルディの祖先はそれらを撃退しながら水中の葉に卵を産んでいた。その後さらに強い捕食圧がかかり、あるとき大胆なペアが伸びあがって水面のすぐ上に垂れている葉に卵を産んだ。そのころには卵はくっつきやすくなっていたかもしれない。やがて水中にもっと強い捕食者が現われたので、水面の上に跳び出す能力をさらに磨いていった。そうやって一歩ずつ進化するたびに、なんらかの強みを獲得していったにちがいない。そうでなければ新しい行動は遺伝的に選択されなかったはずである。

コペラ・アーノルディだけが卵を水の外に持ち出す魚ではない。高潮位と低潮位のあいだの潮間帯に生きるさまざまな種も、空気中に卵を産むという特徴をもつ。タウエガジ科とニシキギンポ科の魚、そしてウルフイールは、引き潮のときに卵のまわりを長い体でぐるりとかこんで小さい水たまりをつくってやる[13]。魚が空気にさらされながら長いあいだその体勢で子を守る姿には、親の献身が表われている。

水面より高いところにある卵を保護するにはほかに、海藻で覆う、砂に埋める、岩陰に隠すといった戦略がある。ここにもメリットがあるにちがいなく、水中よりも温度が高いために孵化がうながされる、酸素濃度が高い、捕食される危険度が低いといったことが考えられる[14]。

うがいの水は飲んじゃダメ

孵化したあとも、子がまだ小さいうちは外敵にねらわれやすい。そんな時期に子を守ってやる方法もいろいろあるが、なかでも利口なやり方はやはり大きい口に入れて持ち運ぶことである。卵でも稚魚でも、子を口に入れて育てる口内保育は四大陸に生息する少なくとも九つの科の魚に見られる[15]。稚魚の場合、親魚は危険が迫ると頭を下げ、ゆっくり後退して子に知らせる。寄ってきた子供たちは親の口のなかに吸い込まれ、危険が去るまで出してもらえない。まるで嘔吐の動画を逆まわしにしたようだ。

口内保育を得意としているのはシクリッドで、既知の二〇〇〇種のうち七割が子を口に入れて日々世話をしている（口絵6）。シクリッドがこれだけ多種に分化し、現在も繁栄しているのは、この適応によるところが大きいと考えられる。シクリッドの子の大きさが多くの魚の子よりも小さいのは、多数の子を口に入れるからだろう。小さいかわりに、ひと腹の子のうち生き延びる子の割合が大きいのである。

ほかに口内保育をすることで有名なのはベタ属である。その数は七〇種を超える。この仲間には泡で巣をつくって子を守るものがあり、これは口内保育が進化する前段階かもしれない。ベタが生息するのはよどんだ川などの水の流れの少ないところで、そういう場所は泡の巣をつくるのに向いている。卵や成長中の稚魚がばらばらにならず、安全で水分が保たれ、酸素濃度の高い空気と接している。他方、水の流れのある川などでは、泡の巣は流されやすい。親魚は泡の巣をつくるあいだ卵を口で動かすから、卵を口に入れて保護するようになるまでにはあと一歩進化すればよい。こんなふうに想像できる。流れのある新しい環境に出ていかざるをえなかった祖先の魚は、泡の巣が流れ去るのを見て途方に暮れながら、大事なものは口に入れておけばよいと知ったのだろう。

口内保育には別の面でも利点がある。泡の巣で子育てする魚はそこから離れるわけにいかず、遠くへ行こうとすれば卵や稚魚を失う覚悟でなければならない。その点、口に卵を入れておけば、自分と子の安全を確保しつつ自由にどこへでも行かれる。また、呼吸をするたびに新鮮な水が口に入るので、卵に酸素をたっぷりあたえてやることもできる。

口内保育は利口なやり方だというだけでなく、かいがいしくもある。卵や稚魚が口のなかでぷかぷか浮いている期間、親魚はふつう摂餌しないのだ。その期間は一カ月以上もつづく場合もあるのだから、並大抵のことではない。口内保育をする魚が飢えて死んでしまうことがあるのも不思議はないだろう[16]。

そして口内保育は気高い行動とさえいえるまでになる。親魚は摂餌しなくても口に餌を入れつづけ、それを飲み込まずにいる。餌は、親の口のなかに隠れて大事に育てられている稚魚のためのものなのだ。たとえばタンガニーカ湖に生息するシクリッドの一種のトロフェウス・モーリーの研究で明らかになったとおり、メスは湖の静かな水域へ行って、およそ三三日間にわたって口内保育をするが、その間、餌を消化管まで入れることはない。それでも成長していく子魚の腹を満たすために、摂餌量は増えていくのである。[17] この自制心は動物界の第一位を認定してやるべきだ。

よきお父さん

トロフェウス・モーリーの話はわきに置くとして、魚の世界で子育てをおもに担っているのは誰だろうか。父親である。陸生動物では親の務めはおもに母親の肩にかかっているが、魚の場合はこの役割が逆転しているのがふつうだ。メスが卵を産むという点で犠牲を払いつづけるのはいたしかたないが、そのあとのことを引き受けるのはたいていオスなのである。そこで、泡の巣をつくって孵化するまで卵を守るのはベタのオスということになる。危険を察知すれば、水面近くで胸びれをふるわせて警報を発するのもオスだ。[18] 小さな波に気づいた稚魚は父親のほうへ泳ぎ寄り、安全な口の洞に逃げ込む。

オスは口内保育の主戦力であるため、顔がその仕事に適したように進化しているケースがある。テンジクダイ科の九種の頭部を調べたところ、オスはメスよりも鼻と顎が長いことがわかった。[19] 研究者らはこれにさらに理由を見出している。口を使って保育をすると、もう一つの重要な口の役割、すなわち呼吸をするのに差し支えるからだ。数十匹もの稚魚で口のなかを占領されていれば（子もみな水から酸素を摂取している）、子の世話をする親の酸素摂取が犠牲になる。このことから予想されているのは、テンジクダイには暗い将来が待っているだろうということである。オーストラリアのクイーンズランド州にあるジェームズクック大学海洋熱帯生物学部のデヴィッド・ベルウッドはこう述べている。「口内保育をするせいで、テンジクダイは気候変動の影響を受けやすい。海水の温度が上がっていけば、もっと呼吸して酸素の摂取量を増やさなくてはならなくなる――呼吸が必要なときに口に子を入れるなんて、いちばんやりたくないことだ」

魚のなかで父親として最もお見事なのは、タツノオトシゴとその近縁のヨウジウオだろう。オスが妊娠した状態にかぎりなく近づくのである。メスがオスの育児嚢のなかに産卵し、オスはその卵を受精させて孵化するまで持ち運ぶ。[21]「出産」時には筋肉を収縮させ、体をふるわせて育児嚢から稚魚を放出する。

この「父親妊娠」方式には重要なプラスアルファがある。純粋に繁殖の観点から考えると、父親にとっては①自分が父親であるのが確実なこと、②産みっぱなしにして海のなかの困難に立ち向かわせるよりも、独り立ちするまで成長する子の数が多くなること、という二つの利点がある。父親であることが確実なのは、自然界では決して些細なことではない。母親からすれば子が自分の子であることにまちがいはないが――ただし、そのかわり妊娠と子育てに少なからぬエネルギーを奪われる――父親が自分の子だと確信できることはめったにない。皮肉なことに、父親中心の保護方式によって、親であることの不確実さはメスの側に移る。タツノオトシゴのオスが一夫一婦婚をとる率は一〇パーセントと低いことが遺伝子解析で明らかになっており、六匹ものメスの卵を持ち運んでいるオスも発見されているのである。ただし、メスも複数のオスの育児嚢に卵を産みつけて数の駆引きをしていることがわかっている。[22]

ヘルパー登場

繁殖の能力があってもその実現を妨げるのは、父親であるのが不確実なことばかりではない。一家を構えて養っていくための資源が乏しいことも、もう一つの大きい問題である。営巣の場所、餌の量、ふさわしい配偶相手はみな不足ぎみで、そのせいで大きく譲歩せざるをえない事態になる。

わたしは大学院生時代に行動生態学者たちと週に一度のペースで集まり、鳥類の共同繁殖に関する最新の研究について話しあった。この行動は様式が非常に多様化していて、それを専門に取り上げる授業や書籍があるほどだった。共同繁殖は一羽ないし複数羽の成鳥が自分は繁殖せずに別のペアの子育てを介助するものである。繁殖するペアは、かならずではないにしろ、ヘルパーの親であることが多い。鳥類の共同繁殖はチメドリ、カケス、カワセミ、サイチョウなど、数百種が知られている。[23]

わたしは一九八九年にその授業を取った。魚類でもその数年前にネオランプロログス・プルケールの例が報告されていたが（まもなくさらに発見された）、どういうわけか魚の共同繁殖のことを話題に出す者はいなかった。現在、魚類でわかっているのはわずか十数種で、鳥類（約三〇〇種）および哺乳類（一二〇種）とくらべればずっと少ないが、魚の生活そのものが水中にあって研究しにくいので、見つかっていないものがまだたくさんあるにちがいない。

共同繁殖する魚で最もよく知られているのは、あのアイデア豊富なシクリッドである。ヘルパーは卵や稚魚の掃除をしてやる、新鮮な水を送ってやる、繁殖域の砂や貝を取り去る、親のなわばりを守るなど、卵と稚魚の世話と保護に関してじつにさまざまな仕事をする。[24]

鳥類と哺乳類のヘルパー行動は、血縁選択を通じて進化したと考えられている。たとえばちょうどよい営巣場所がないなど、自分の子を育てる機会がかぎられている場合、時がくるのをただ指をくわえて待っているよりも、自分と血のつながったものを手伝うのは理にかなっている。血縁者は自分と遺伝子を共有しているので、血縁者が繁殖に成功すればヘルパーの遺伝的適応度が増すのである。また、貴重なトレーニングの機会にもなる。巣をつくる、卵を孵化させる、稚魚に餌をやる、巣を守るといったことを見習い期間にひととおり経験しておけば、将来いざ自分が子を残そうというときにより手際よくやれるだろう。

それはそうだとしても、状況が許すならば、やはりヘルパーなどしていないで自分の子の子育てにいそしむほうがよい。鳥類では、このことを裏づける証拠がセーシェルヤブセンニュウの研究から得られている。[25] この鳥は保護活動によってセーシェル諸島内の他島へ移植されたが、ヘルパー行動が観察されるようになったのは質の高い繁殖なわばりが占有されて見つからなくなってからだった。繁殖適地がみな取られてしまうと、妥協するしかないのだ。

魚の場合も、ほかによい選択肢がないという理由でヘルパーをするのだろうか。このいわゆる生態的制限要因仮説を確かめるために、スイスのベルン大学の研究チームがタンガニーカ湖の南端で捕獲したネオランプロログス・プルケールを使って、飼育下での緻密な実験に着手した。[26] この魚は魚類の共同繁殖を調査する研究者にかわいがられている。ほんのりピンク色がかった黄色の体に大きい目をした美しい小さなシクリッドで（最大でも体長約八センチ）、ふわりとしたひれにはスカイブルーの縞が入っている。その社会生活もきれいな色にふさわしくカラフルだ。巣のヘルパー活動として産卵床の砂を掘って取り除く、巣の防衛には口と口で噛みあう、体をぶつけあう、ひれやえらぶたを広げる、また頭を下げたり体をS字にくねらせたりして威嚇するなどし、また上位の魚をなだめるには、尾びれをふるわせる、体を釣り針形にする、逃げるといったさまざまな服従行動をする。

スイスの研究室では、七二〇〇リットルのドーナツ形の水槽を仕切って三二の繁殖室を設け、それぞれの部屋に一組ずつ計三二組のペアを入れた。繁殖室は四つごとにあいだに分離スペースがあり、繁殖室のすべてと分離スペースの半分にはたっぷりの砂のほか、繁殖用の隠れ家として半分に割った植木鉢が二つずつ備えられている。各ペア（全部で六四匹）に、いずれも繁殖ペアよりも小さい大小二匹のヘルパーが組みあわされた――ヘルパーも全部で六四匹ということだ。ヘルパーは繁殖室と分離スペースを仕切るアクリル板の隙間を通り抜けるように訓練されている。この隙間はせまくて繁殖ペアには通り抜けられない。

国外から輸送されて方向感覚を失っていたにもかかわらず、魚たちはまもなく新しい環境に順応した。一組のペアが到着から五日のうちに卵を産み、全三二組のうち一組を除いて四カ月半の実験期間に少なくとも一度は産卵した。

さて、ヘルパー自身に繁殖機会があるとき、彼らはどうしたか。ヘルパーの仕事をしただろうか、それとも子づくりをしはじめただろうか。子づくりしたのである。生態的制限要因仮説から予測されたとおり、繁殖用隠れ家のある分離スペースに出入りできるヘルパーは、居場所を変えて別のへルパーとペアになり、自分の子をつくった。大きいほうのヘルパーは担当する繁殖ペアをあまり手伝わず、また自分の隠れ家をもった大きいヘルパーは隠れ家のないものよりも体が大きくなった。このことから、これらの魚は繁殖状況によって体の大きさを戦略的に調整できると考えられる。

子づくりしたヘルパーのうち、最初に同じ繁殖室に入れられたもう一匹のヘルパーと配偶したものはいなかった。たぶん相手が小さく、隣の繁殖室の大きいヘルパーよりも配偶相手としてふさわしくないとみなしたからだろう。また、隠れ家のない分離スペースで繁殖したものもなく、このことは繁殖のための設備がととっていることの重要さを物語っている。

よく考えられたこの実験は、多くの鳥類と同じようにネオランプロログス・プルケールにとっても、ヘルパー行動は生息環境の資源がかぎられている場合の妥協策であることを示している。わたしが連想するのは、正規の従業員として採用されたり自分で起業したりする前にボランティアやインターンとして働く人たちだ。

他人の子育てを手伝うのは美しい行為だが、ネオランプロログス・プルケールのヘルパーの場合は美徳というには程遠く、彼らは予備訓練とか間接的な遺伝子の投資を目的とするほかの生物よりももっと計算高い。タンガニーカ湖南端にあたるザンビアのカサカラウェポイントで捕獲した野生のネオランプロログス・プルケールの遺伝子を解析したところ、繁殖メスは実質的にすべて子の母親だったが、繁殖オスが子の父親である率は九〇パーセントに達しなかった。産卵と受精の四分の一以上に、オスのヘルパーが一枚くわわっていたのである。[27] 同じくタンガニーカ湖のネオランプロログス・プルケールを調べた別の研究でも、調査した五つの集団のうち四つで複数の父親が混ざっていたことが遺伝データから明らかになっている。[28]

こうしたことがあっても、上位の繁殖オスは踏んだり蹴ったりというわけではない。どのみち彼らはヘルパーの密通に最後まで気づかないのだ。それに反則行為をするオスのヘルパーは、自分の遺伝子が大きく関与しているとわかっているから、ただヘルパーをしているときよりも略奪者から卵を守ることにやる気を見せ、繁殖用隠れ家の近くにとどまる傾向にある。[29]ヘルパーが一時的に手伝いの仕事からはずされた場合は、集団のほかのメンバーがなわばりの防衛を強化して補う。手伝いを妨害されたヘルパーがまた巣の場所にもどされると、たとえ怠け者として繁殖ペアから罰せられなくても、いっそうヘルパー行動にいそしむのである。[30]

このような関係は人間社会も無縁ではない。一夫一婦制の社会に貞節という規範があっても、ややこしいことはまま起こる。でなければ人間の言語に「不貞」とか「寝取られ男」とか「DNA鑑定」といった言葉はないだろう。里親と養子縁組で事足りるはずだ。

ただ乗り屋

魚の子育ての世界では、ヘルパーの立派な行為は次の違反行為につづく道でもある。科学者のいう托卵である。

巣の世話を手伝うヘルパーと同様、托卵も鳥類が最もよく知られている。他者の巣に卵を産む策略のことだ。托卵は魚類、両生類、昆虫類にもあり、自分の子の世話と保護を他人にやらせる進化のただ乗り戦略である。鳥類の托卵では、多くの場合、寄生者は巣のもち主（ホスト）の卵をどかしてそこに卵を産む。またホストの卵が無事に孵った場合でも、ヒナが寄生者の子よりもずっと小さく、餌のほとんどを横取りされてしまえば、巣の主の子は飢えて死んでしまうだろう。無惨なのは、卵や生まれたばかりのヒナを巣から外に落としたりくちばしでつつき殺したりするケースで、とくにカッコウがそういうことをやる。カッコウのヒナのくちばしには鋭い鉤がついていて、ホストのヒナを始末したあと数日でとれるのだ。一方で、そのほかたとえばオオコウウチョウなどは、オオツリスドリやツリスドリに寄生しても害をおよぼさないどころか、まぎれ込んだヒナがホストのヒナについた寄生虫のウマバエの幼虫をとってやるので、むしろ見返りがあることがわかっている。[31]

魚類の托卵は、非常に高度な魚の社会行動が見られるアフリカの大きい湖での観察例がよく知られている。マラウィ湖では、カンパンゴの一四の巣のうち一一個がこの湖に多いボンベに托卵されていることをペンシルベニア州立大学の研究チームが発見した。カンパンゴとボンベはどちらもナマズの仲間で、ボンベは地元民の呼び名である。寄生されたカンパンゴの巣にはほぼボンベの子だけがいて、体長一〇センチくらいに成長するまでカンパンゴの親に守られていた。カンパンゴはオスもメスも子に給餌する。稚魚は母親のあたえる栄養卵がほしくてメスの腹部近くに集まる。父親は周辺から無脊椎動物をとってきて、それをえらぶたから出して腹をすかせた子に分けあたえる。[32]托卵されたカンパンゴの巣では、ボンベの稚魚がカンパンゴの子と一緒に餌をもらっていた。ボンベの稚魚が養父母の給餌方式を本能的に知っているのか、それとも学習するのかはこれまでのところわかっていない。

ボンベのカンパンゴへの托卵は通例というよりも例外かもしれない。ジェイ・スタウファーは二〇〇七年の初めに托卵を観察するまでに一六〇〇時間以上もマラウィ湖にもぐっているが、この行動を目にすることはなかった。ボンベは常習的にカンパンゴに托卵しているわけではないらしい。なぜなら自分で自分の子を世話し、しっかり守ってやりもするからである。スタウファーはボンベの巣を撮影しようとして近づきすぎ、手を噛まれた。

少なくともボンベは托卵先のカンパンゴとの寄生関係においてさほど不作法ではない。マラウィ湖から北西に八〇〇キロのタンガニーカ湖では、まさにぴったりの名をつけられたカッコウナマズ（シノドンティス・ムルティプンクタートゥス）がシクリッドの真上にきて産卵する——そしてシクリッドはカッコウナマズの卵と稚魚を口内保育するのである。これだけでも図々しいことこのうえないのに、カッコウナマズの稚魚はシクリッドの稚魚よりも早く孵化し、自分の黄身を食べつくしてしまうとシクリッドの子を食べはじめるのだ。京都大学の動物学者の佐藤哲がこのことを一九八六年に報告し、子が異種の親にかならず依存する真性托卵の魚類で最初の例になった。


魚に関する現在の科学知識から引き出せる普遍的な結論があるとすれば、こういうことだ。すなわち、魚はただ生きているのではない——魚には魚の生活がある。魚はものではなく、生きて暮らしている。一匹ずつ性格と個性と社会関係をもつ、一個の存在なのである。計画し、学習し、感じ、創造し、なだめ、企む。恐怖やたのしさや痛みを感じ、遊び心もある。そして――わたしが思うに――よろこびも。魚は感じ、知っている。そのことはわたしたちと魚の関係とどのように噛みあっているだろうか。

VII 水を失った魚

彼にとっては多くの指を持つ恐怖の昼の光である、このおれが彼を死に至らしめたのだ。

――「魚」D・H・ロレンス[1]（安藤一郎訳）

魚でいるのはらくではない。ことに、この人類の時代には。人間は太古より漁をしてきた。家畜が柵に入れられるはるかむかしから、魚は釣り針や網で獲られてきた。現在発見されている最古の釣り針は、一万六〇〇〇年から二万三〇〇〇年前のものとされる。同じく最初の漁網は、一九一三年にフィンランドの農民がぬかるんだ草地で溝を掘っているときに見つけた。柳の繊維でできた長さ約三〇メートル、幅約一・五メートルのその網は、放射性炭素年代測定法によって紀元前八三〇〇年ごろのものと推定されている[2]。

漁をはじめたころの人間は、浅瀬で釣り針を投げ、網を打ちながら、水平線の向こうまで果てしなくつづいていると思っていた大海の魚が獲りつくされてしまう心配などしなかっただろう。その必要はなかった。いまも沿岸の先住民の共同体は、有史以前から野生の魚とうまく調和を保って暮らしている。末長く生きていくためには、人間の必要と魚の必要のバランスをとって維持していかなくてはならない。いまにして思えば、まるでよその世界の話だ。現代社会では、漁は生きるための糧を得る目的だけでなく、儲けるためにも行なわれている〔口絵10〕。

二十世紀に入ってもまだしばらくは、魚は世界の海洋から無限に「供給」されると広く信じられていた。何年か前、わたしは裏通りに積まれたゴミの山から一冊の古い本を救い出した。母の生まれ年の一九三四年に刊行された『世界の動物の生態』（*Animal Life of the World*）というその本のなかで、著者のH・J・シェプストーンはこう書いている。「毎年、何百万トンもの魚が獲られているが、海という食料品店の在庫が底をつく兆しはない」[3]

同じようなことがリョコウバトについてもいわれていた。その挙げ句どうなったかは、ご存じのとおりだ〔リョコウバトはかつて北米大陸東岸に生息していた渡り鳥で、一時はその数五〇億羽ともいわれたが、食用にするための乱獲により一九一四年に絶滅した〕。

シェプストーン氏は、当時すでに明らかだった二つの傾向にふれていない。第一に、地球の人口の着実な増加である。ほかのすべての条件が変わらなければ、人口増加はすなわち食物消費量の増大を意味する。一人あたりの魚の消費量を同じと仮定しても、世界人口が三倍になっただけで、今日ではシェプストーン氏の著作が刊行された時代の約三倍の魚が食べられている計算になる。

今日、世界の人口順位の一位と二位の国で魚の消費量が急増している。中国人は平均で一九六一年の五倍、インド人は二倍以上の魚を食べている。この二つの国は、人口もこの五〇年で二倍以上にふくらんだ。国連食糧農業機関（FAO）によれば、二〇〇九年には世界平均で一人あたり一八・四キログラムの魚を消費し、一九六〇年代の二倍近くに増大している。[4]アメリカは一人あたりではほぼ横ばいだが、人口増によって総消費量は大きく増加しているうえ、魚を原料とする家畜用飼料の消費も拡大している。[5]

魚の消費量が増えているのは、魚類の個体数が増えていることの現われだろうと思うのは甘い考えだ。現実はその逆である。世界の魚の数は減少しつつあり、壊滅した漁場も一九五〇年以降、増加の一途をたどっている。[6]＊

これは矛盾してはいないか？　魚の個体数が減っているなら、なぜ人間はかつてなく大量の魚を食べられるのだろう？　「［海のような］変化の少ない閉ざされた環境で無限の増加があると考えるのは、頭がおかしい人か経済学者のどちらかだ」とイギリスの動物学者で自然ドキュメンタリー番組の案内役のデヴィッド・アッテンボローは皮肉っている。[7] ここからシェプストーン氏が見落とした第二の傾向が見えてくる。テクノロジーのたゆまぬ進歩である。これにより商業漁業は様変わりした。現代の漁船は、ソナーや衛星航法システム（つまりＧＰＳ）、深度センサー、詳細な海底図を使って魚群を追跡できる。観測用飛行機やヘリコプターを利用する船もある。数キロメートルもの長さの軽量で耐久性の高い合成繊維の漁網を海中に投じる。長さ一・六キロメートル、深さ二三〇メートルに達する巾着網でイワシ、ニシン、マグロの群れを海面近くでかこい込む。それから網の下部を引きしぼって（巾着形になる）船上に引き上げる。延縄漁《はえなわりょう》では、手作業で餌針をつけた二五〇〇〇本以上の枝縄を一〇〇キロメートル近く延ばした幹縄から垂らし、それを浅く浮かせたり、

＊このような事態をさらに悪化させているのが商業漁業への政府の助成金で、その世界総額は年間三五〇億ドルという莫大な金額である。

重りをつけて水深八〇〇メートルの海底近くまで沈めたりする。[8] 漁獲物は巨大なウィンチで甲板へ引き上げられる。

漁法のなかで最も破壊的かつ無差別なのが底引き網漁である。底引き（トロール）漁船は、重りつきの大きい網を取りつけた芝刈り機のようなものだ。鋼鉄製のローラーを備えた網が水深約八〇〇メートルから一六〇〇メートルの海底をさらい、途中のあらゆるものをなんであろうとかまわずにすくい取る。一〇〇〇年かかってできた海底の地形――サンゴやカイメン、ウミウチワなどが生息し、魚にとって重要な繁殖環境になる――が底引き網を一度引いただけで、ひどく傷ついたり破壊されたりする。さまざまな年齢と大きさの魚、さらには海藻類やイソギンチャク、ヒトデ、カニまでが根こそぎにされ、命を落とす。[9] アメリカの著名な海洋学者でＴＥＤプライズの受賞者でもあるシルヴィア・アールは、底引き網漁を「ハチドリを捕まえるのにブルドーザーを使う」ようなものだとたとえる。[10]

漁船そのものも、もはや船というより洋上の工場だ。漁獲物を保存するための冷蔵装置と缶詰製造装置を完備し、積み荷がいっぱいになっても、集荷船に積み替えればわざわざ港へもどる必要はない。こうして漁船は一回の漁で数週間から数カ月も海の上にとどまる。[11] そしてこのような一〇〇トン級の工場船が世界の海洋を二万三〇〇〇隻以上も行き来しているのである。[12]

現代の商業漁業は、パン食い競争を口ではなく手を使ってやるようなものだ。魚に勝ち目はない。今日、漁獲量の上限はどれだけ獲ってよいかではなく、あとどれだけ獲れるかというところにきている。

人工的に育てられる

海で野生の魚を獲るほかに、もう一つ選択できる道は魚を人工的に育てることだ。養魚（革をとるためのワニの飼育、真珠貝や海藻の養殖などと同じく、養殖の一区分）は世界の動物性食品の生産で最も成長の著しい分野である。一九七〇年には世界の魚類生産の五パーセントだったが、今日では四〇パーセントを占めている。[13]* 魚の養殖の手法は家畜の工場飼育の手法と基本的に同じだ。魚は密度の高い状態で飼育され、できるだけ大きく成長するように調合された栄養豊富な飼料をあたえられ、その後人間が消費するために殺されて処理される。クレートや多段式ケージのかわりに、海や川を網で仕切った生け簀か、陸の水槽か池に閉じ込められる。マスの養殖場では、浴槽程度の量の水で体長三〇センチの魚が二七匹も飼育されるほど過密になることもある。[14]

一見すると、養殖は野生の魚にとって救世主になりそうだ。ところが、現実はそれほど単純ではない。皮肉なことに、魚の工場生産は野生魚の生息数への圧力を減らしてはくれないのだ。なぜなら養殖魚にあたえられるおもな飼料が、ほかでもない、魚だからである。人間の味覚は肉食性の魚の味を好む。肉食性の魚が自然界で食べるのは小型の魚だ。海で漁獲される「餌魚」（カタクチイワシやニシンなど）の大半は、人間ではなく養殖魚と工場飼育の豚や鶏の口に入る。世界で生産さ

＊現在、海産物の生産全体に占める養殖業と商業漁業の割合はほぼ同じである。ただし、養殖のうち魚類生産の占める割合は半分ほどにすぎないため（海藻だけで養殖全体の生産量の四分の一以上を占める）、養殖魚の生産量は野生魚の漁獲量のほぼ四〇パーセントになる。

れる魚油の半分以上が養殖サケの餌になり、八七パーセントが養殖で消費されている。[15]魚を市場に出せる大きさまで育てるために、どれだけの魚が必要なのだろう？　その数字はさまざまだ。二〇〇〇年のある分析によれば、サケ、ハタ、クロマグロといった肉食性の養殖魚を一ポンド生産するのに、二ポンドから五ポンドの「餌魚」が必要だという。[16]餌魚は小型だから、養殖魚種を育てるにはそれだけ数が必要になる。

名も知られぬ餌魚のうち最も特筆すべきは、おそらくあなたが見たことも聞いたこともないだろうし、ましてや食べたことなどほぼまちがいなくない魚だ。メンハーデン（商業漁業の捕獲対象である四種の総称）は大西洋にも太平洋にも生息する地味な魚である。体長約三〇センチ、よくある楕円形の体形、Y字に分かれた尾びれ、白銀色のうろこ、そして濾過摂食をするとなれば、図鑑に「魚」の代表として例示されるのにぴったりだろう。人間に捕獲される数の多さから、文化史学者のH・ブルース・フランクリンはメンハーデンを『海で最も重要な魚』（*The Most Important Fish in the Sea*）と呼び、そのまま著書のタイトルにした。二〇一二年十二月に大西洋沿岸州海洋漁業委員会が大西洋におけるメンハーデンの漁獲量の上限をさだめたことにより、二〇一三年の漁獲量は二五パーセント減、すなわち三億匹減った。[17]要するに、前年に同海域で獲られたメンハーデンの個体数は一二〇〇〇〇〇〇〇〇匹、つまり一二億匹だったのである。

世界で獲れた魚の三分の一がそうだが、メンハーデンを人間は食べない。メンハーデンという名はアメリカ先住民の言語で肥料を意味する言葉に由来する。この魚は商業用途として、魚油、固形物、魚粉に加工されるのである。息絶え、乾燥された魚を圧搾したメンハーデン油は、化粧品、リノリウム、健康補助食品、潤滑油、マーガリン、石鹸、殺虫剤、塗料に使われる。メンハーデンミール（魚の死骸を乾燥させて粉砕した製品）の大半は工場飼育される家禽と豚の餌になり、一部はペットフードや養殖魚の餌にもなる。[18] オメガ・プロテインという企業は二〇一〇年現在で、六一隻の船と三二機の観測用飛行機、五カ所の生産施設をもっぱらメンハーデンを金に換えるために稼働させていた。[19]

野生魚が養殖魚に餌としてあたえられる一方、養殖魚もすでに別の生物のメニューに載っている。別の生物とはウオジラミだ。ウオジラミという名は、魚などの海洋生物の体に付着して組織を食べる多種の寄生性カイアシ類をまとめて呼ぶ俗称である。ウオジラミは自然界ではさして大きな脅威にはならない。だが、魚を過密状態で閉じ込める人工的な環境では、次の宿主になる魚が一〇センチと離れていないところにいるため、旺盛に繁殖する。逃れる術《すべ》のない魚の粘液を吸い、体や目に取りついていくにつれて、ウオジラミの天国が魚の地獄になっていく。養殖業では、魚の死亡率が全体の一〇～三〇パーセントまでなら許容範囲とみなされる。[20]

海の生け簀に魚を閉じ込める網は、猛威をふるうこの寄生生物が海に出ていくのを防がない。ウオジラミのメスは七カ月の寿命のあいだにおよそ二万二〇〇〇個の卵を産み、それが周囲何キロメートルもの海域に煙幕のように拡散して、たまたま養殖場の近くにいた野生の魚にも災いが降りかかる。カナダ太平洋岸のカラフトマスが八〇パーセントもの大量死に至ったのは、ウオジラミが原因とされている。サケ類を補食するクマ、ワシ、シャチなどの野生動物にも、いわばトリクルダウン効果で被害がおよんでいる。[21]

養殖場の過密な環境はほかにも問題を引き起こす。伝染性膵臓壊死症（IPN）、ウイルス性出血性敗血症（VHS）、流行性造血器壊死症（EHN）といったウイルスと細菌による病気、その治療に使われる有毒な化学薬品、大量に廃棄される魚などだ。それらすべてが周辺の水域を汚染し、一帯の魚やその生息環境に害をもたらす。ティラピア（アメリカで人気の高い養殖魚）を飼育するニカラグア湖の養殖場一カ所が湖におよぼす影響は、三七〇万羽の鶏が湖水に糞をするのに等しい[22]。さらに、アシカ、アザラシ、悪天候などのせいで破損した網から大量の養殖魚が逃げ出し、野生種の遺伝子が攪乱される。

養殖場で育った魚は、野生魚にくらべて生命力が弱いだけでなく、生きる知恵もない。筋肉と同じで、脳も正常に発達するためには使う必要がある。野生で生きる魚は獲物を見つけ、それが何かを認識して対応することを学習しなければならない。だが、変化も刺激もない飼育槽での生活は、脳の発達と機能を妨げる。孵化場育ちの魚を放流してから再捕獲してみると、胃袋が空っぽか、さもなければ浮遊ゴミや餌のペレットに似た石といった無機物でいっぱいということがよくある。無理もない。こうした若い魚は自然のなかで生きていく術を学ぶ機会がなかったのだ[23]。対策として、飼育中に餌をとる訓練をすることも考えられる。観察して学習する魚の能力をよく知る行動主義の魚類学者カラム・ブラウンとケヴィン・ラランドは、孵化場で育った経験不足のサケに生き餌を食べている魚のビデオを見せて、それまで知らない生きた獲物を捕食する方法を教えようとしている[24]。しかし、過密状態で飼育される大量の魚を訓練することが実現できるかどうかは、資金や物資の面から疑わしい。

研究施設訪問

魚の養殖をこの目で見るために、わたしは養殖研究所のフレッシュウォーター・インスティテュート（ＦＩ）を訪ねた。ウェストバージニア州シェパーズタウン近郊にあるポトマック川流域の森にかこまれた小規模な研究所である。案内してくれたクリス・グッドは三十代半ばの長身の如才ない男性だった。研究所に採用される前は、カナダのゲルフ大学のオンタリオ獣医科カレッジで魚類疫学を研究し、獣医学の学位と博士号を取得した。

ＦＩの目標はさまざまな方法を通じて養殖の持続可能性を高めることで、養殖魚の福祉の向上に関する研究も含まれている。典型的な商業養殖場にくらべると、ＦＩの規模は小さい。クリスは中心施設のある棟を見学させてくれた。ビール醸造所の大樽を思わせる円筒形の水槽が十数個ある。機械とポンプのうなる音がやかましくて、怒鳴らないとおたがいの声が聞こえない。直径九メートル、深さ二・六メートルのいちばん大きい水槽に、生後約一四カ月で体長三〇センチに育ったサケのスモルト〔体色が銀色になり、海水への適応が完了して川を下る二年子〕が四〇〇〇～五〇〇〇匹も入れられている。小窓からのぞいてみると、緑色がかった茶色い魚が何重にもなって悠々と回遊するのが見えた。淡い光のなかで、銀色のうろこがあちらこちらに光った。

自動給餌器が決められたスケジュールにしたがって一時間か二時間おきにペレットを水槽に供給する。餌の袋が壁際に積んである。こまごま書かれた原料を見てみると、鶏油、魚油、植物油、小麦グルテンが含まれていた。魚の種類までは明記されていなかったが、きっとメンヘーデンも使われているだろう。クリスがひと袋開けてくれたので、直径五ミリくらいの赤紫色の小さい粒が見えた。キャットフードに似ている。一つ味見してみた。歯ごたえがあって、硬い全粒粉クラッカーのようだ。かすかな油っぽさと塩気が感じられるほかは、ほとんど味がない。

体長二・五〜五センチほどの小さいサケの幼魚が何百匹も入っている小型の水槽も見た。顎の奇形や下痢の流行、研究計画案、集団内の順位(職員ではなく魚の)についてクリスと話しあいもした。見学の締めくくりは、建物の最後にある魚の殺処理場だった。FIでは、殺処理前の七日間は餌をあたえない。これは魚の「臭み」をとるための処置だが、養殖の方法によっては筋肉組織に臭いが蓄積して食味が落ちてしまうことがある。魚卵を採取する魚の場合は七〜八カ月も絶食させられるという。そうすることで卵の質が上がると考えられているからだが、クリスは福祉とはほど遠いやり方だと思っている。魚たちが最期を迎える直前に移される待機用水槽も見せてもらった。それは最深部が長さ約二・五メートルの長方形のステンレス製の代物で、中央部が肝心の先端部に向かって漏斗状に細くなっている。漏斗の上に空気圧装置が搭載され、漏斗に流れ込んでくる魚の頭に一撃を加える。同時に鋭い刃が下りてえらを両側から切り開き、そこから脱血させる。クリスの説明では、非常に効率的な装置だという。漏斗に上下逆さまに入ってくるなどして魚が死に損なった場合には、衝撃処理装置から出てきた魚を受ける桶のところで作業員が棍棒で頭を殴りつける。ただし、この研究所では処理量が多くないので作業がスムーズに進むが、大規模な工場のようなところではそうはいかないとクリスは釘を刺した。

食べられるために死ぬ

商業用のスタナーは、魚を殺す最先端の装置である。だが、わたしたちが食べるために殺される膨大な数の魚の大半は、違う死に方をする。沖で巾着網を一回引けば、ニシンなら五〇万匹、チリマアジのようなもっと大きい種でも一〇万匹が網に入る。[25] このようにして獲られた魚は、網がしぼられ、引きずられてウインチで船に揚げられるあいだに、何万匹という魚の重みで押し潰される。巾着のなかに沈められた水中ポンプで掃除機で吸うように吸い上げられ、水切り箱に仮置きされてから甲板下の魚倉に収められるときもある。この過程を経てなお生きている魚も、空気から酸素を取り入れようとえらを空しく動かすうちに、酸素欠乏で死んでいくだろう。

もしあなたが延縄の釣り針にかかった魚だったら、何時間も、ときには何日も、針に刺さったまま弱った挙げ句に船の甲板まで少なくとも一キロ半、引かれていくだろう。まだ死んでいなくても、船上に揚げられれば窒息死が待っている。しかも引き上げられるまで、捕食者が咬みついてくるのにじっと耐えながら。むろん逃れる術はない。

深海に棲む魚にはまた別の苦難が降りかかる。減圧である。減圧は魚を無惨な目に遭わせる。海面へ向かって引き上げられる際、浮力を調節するための気体の詰まった浮き袋が一気にふくらむため、膨張した浮き袋に圧迫されて、周囲の内臓が潰れてはたらかなくなる。一九六四年から二〇一一年までに発表された一〇件あまりの研究で、漁業か海洋レクリエーションで釣り上げられた魚が減圧のために致命的かそれに準じる状態になることが立証されている。以下にその吐き気を催すような状態を列挙してみよう。食道外翻（食道が裏返しになって口から出る）、眼球突出（目玉が眼《がん》窩《か》から飛び出す）、動脈塞栓《そくせん》（血管が気泡にふさがれて血流が途絶する）、腎臓塞栓、大量出血、臓器捻転、浮き袋周辺の臓器の損傷や転移、総排出腔の脱出（人間でいえば直腸にあたる部分が裏返しになって体外に出る）[26]。

人工的に育てられた魚は減圧や圧迫や釣り針で死なずにすむが、だからといって決して恵まれているわけではない。魚の殺処理に関する研究をまとめた二〇〇二年のある論評は、血抜きされ（通常は鋭利な刃物でえらを切られる）、頭を落とされ、塩水やアンモニアに浸され（ドイツでは一九九九年以降、ウナギをこのやり方で殺すのは非人道的だとして禁じられている）[27]、感電死させられる魚の苦痛は「きわめて大きい」と結論している。窒息、氷上での窒息、二酸化炭素麻酔、無酸素水への浸漬はそれらよりましとはいえ、それでも苦痛の「大きい」方法に分類される。これらの方法のなかには、魚が感覚を失う前に動けなくなることのあるものがあり、苦痛を感じなくなったわけではないのに感じていないと錯覚させてしまう[28]。氷上での窒息死は、窒息状態が長引くために魚の福祉に反すると考えられている。室温でサケの成魚が意識を失うまでにかかる時間は二分半、動きが完全に停止するまでが一一分であるのに対し、氷点に近い温度ではもっと長く、それぞれ九分以上と三時間以上なのである。

巻きぞえ

養殖魚を殺すことが野生魚を殺すよりもいくらかましだとはいえないとしても、少なくとも養殖業者は自分が何を扱っているかをわかっている。海で漁師の手に落ちるのは目あてのものばかりではない。網や釣り針には何がかかるかわからないのだ。目的の魚を獲るときにたまたま一緒に引っかかった不要な魚や生物は、混獲物と呼ばれる。商業漁業における混獲物には以下のようなものがある。ウミガメの全七種、アホウドリ、カツオドリ、ミズナギドリ、オオハシウミガラス、ウミツバメを含む数十種の海鳥、実質的にすべての種のイルカとクジラ、無数の無脊椎動物、生きたサンゴ、そしてもちろんありとあらゆる種の魚。それらは不要であるため、廃棄されるのがふつうだ。

混獲はめずらしくない——まったくもってめずらしくない。不要な廃棄物として海に投げもどされる生物の量の推定値には幅があるものの、かならず目が飛び出るような数字だ。一億キログラムの海洋生物が積み上げられている様を思い浮かべてほしい。その大半はすでに死に、残りもいずれ死ぬ。それが海からわたしたちが漁獲している混獲物の一日あたりの量なのである。[29]

国連食糧農業機関（ＦＡＯ）の水産養殖局によれば、世界全体で年間に混獲される量は減少傾向にあり、一九八〇年代に約二九〇〇万トンだったところが二〇〇一年までに七〇〇万トンに減った。[30]漁具の選択的使用と混獲を減らすための規則の整備がいくらか功を奏したためと一部ではいわれている。ところが、この傾向はあてにならない。一九九四年と二〇〇五年の推定値からは減少しているように見えるが、計算方法がまちまちなので正確な比較をするのは不可能なのである。それに漁獲対象の魚の数が減ってしまったため、漁師がそれまで海に投げ捨てていた魚をとっておくようになったこともある。以前は価値がないものとして廃棄された生物が人間や動物の食料に活用されるようになった。こうしたことを理由に、おもに世界自然保護基金（ＷＷＦ）インターナショナルで活動する野生生物分析の専門家四人は、混獲物の定義を広げて「非管理」漁獲物も含めるよう提言している。漁獲の対象ではないが廃棄されず、かつ持続可能な管理計画のないもののことである。これにしたがえば、今日、混獲物は世界の漁獲量全体の四〇パーセントを占めている。[31]

廃棄される量は漁法によって異なる。混獲率の高さで有名なのはエビ漁だ〔口絵11〕。エビは海底近くをちょろちょろ動きまわっているので、先述した底引き網ですくって捕獲する。不要魚とエビの重量比は、アメリカ南東部のエビ漁で平均して一対一から三対一である。[32] アメリカのエビ底引き網漁の混獲物として記録されている魚は全部で一〇五種にのぼる。[33]

混獲とならんで、目立たないが油断のならない問題がある。「幽霊網（ゴーストネット）」だ。漁船団は毎年、把握しきれないほどの合成繊維製の流し網と底刺し網を捨てたり失くしたりする。ワールド・アニマル・プロテクションの最近の分析によれば、逸失、投棄された漁具は年間およそ六四万トンにのぼる。[34] この見えざる脅威は貪欲な人間に気づかれないまま漂い、動物をからめとりつづける。おもな犠牲者はイルカ、アシカ、アザラシ、海鳥、ウミガメなどで、ほかの海洋生物の餌になるが、その生物も一部は網に引っかかり、ついには死骸の重量で網全体が海底に沈む。

混獲と幽霊漁業という不始末に関して、対策はとられているだろうか。とられている。そしていくらか進歩もあった。一九七二年にアメリカで海洋哺乳類保護法が成立したおかげもあって、アメリカのマグロ漁によって命を落とすイルカの数は年間およそ五〇万頭から二万頭に減った。その後のさまざまな措置により、殺されるイルカの数は一九九〇年代半ばまでに年間三〇〇〇頭にまで減少した[35]。それでもイルカの生息数は回復していないし[36]、しかもこれはアメリカのマグロ漁という一例にすぎない。世界全体でいまだに年間およそ三〇万頭の小型のクジラ、イルカ、ネズミイルカが漁網に引っかかって死んでおり、これが小型クジラ類のおもな死因になっている。

海鳥も同じ状況にある。餌のついた延縄と、底引き網漁船のワイヤーの引き綱により、年間一〇万羽のアホウドリとウミツバメが命を落としている[37]。しかし、二〇〇八年にイギリスの慈善団体アルバトロス・タスク・フォースが南アメリカ沖で実施した試験調査で、繰り返し使用できるピンク色の吹き流しを綱やワイヤーに結びつけてひらひらさせれば鳥が寄ってこず、この簡単な方法で犠牲になる鳥の数を八五パーセント減らせることがわかった（船一隻あたりの費用は二二ドルほど）。いまではアホウドリとウミツバメを守る多国間協定のもとで、このような簡単な鳥よけ方法の利用が産業界に推奨されている[38]。だが、アホウドリは依然として苦境にある。二二種のうち一七種が国際自然保護連合（ＩＵＣＮ）のさだめる危急種、絶滅危惧種、近絶滅種に、残る五種も近危急種に指定されているのだ。

一説にヨシフ・スターリンの言葉とされるこんな警句がある。「一つの死は悲劇だが、百万の死は統計だ」。人間による海の略奪の犠牲になる動物の天文学的な数をつきつけられても、なかなかピンとこない。だが、そのような目に遭わされているイルカやアホウドリ、それをいうなら引き上げられて息絶える名もない魚のいずれかにでもふれてみれば、彼らを一個の存在として知るようになる。動物たちがものではなく、命ある存在になるのである。

ひれを奪われる

海の生命を粗末にする慣習はまだある。フカヒレ漁の世界をのぞいてみよう。フカヒレ漁では、サメを捕らえてひれを切りとる。中国をはじめとするアジア諸国で珍重される高級食材として、フカヒレスープに使うためである。

フカヒレ漁は非常に儲かると同時に、非常に残酷だ。鋭い歯をもつ筋肉質の大きい動物を滑りやすい甲板で扱うのはただでさえ非常に危ない作業で、しかもそれを殺そうというのだからますます危険は大きい。そこで手早く「効率よく」やるために、ひれを切り落としてしまうと、まだ生きているサメ（「丸太」と呼ばれる）を船外に投げ捨てる。サメは海の底に向かってゆっくりと沈みながら、失血や窒息や高水圧による圧迫によって死ぬ。

アイリス・ホーはワシントンＤＣの国際人道協会で人数を増しつつある中心メンバーの一人として、フカヒレの取引禁止を目ざして活動している。台湾で育ったホーは、動物保護を志す前からフカヒレスープになじんでいた。フカヒレは何世紀ものあいだ皇帝だけが味わえる希少な贅沢品だったが、一九六〇年代に入って捕獲技術が進歩したことから幅広い層の消費者にも手のとどくものになった。二〇一一年までに、年間二六〇〇万〜七三〇〇万匹のサメがひれのために殺されるようになった。

インターネットで情報がすばやく広まる時代になり、動物保護と海洋保全を求める声も拡散されて高まっている現在、フカヒレ漁の禁止は大きな話題になっている。慈善団体ワイルドエイドは有名人を広告塔としてキャンペーンを実施し、俳優のジャッキー・チェン、サッカーのデヴィッド・ベッカム、バスケットボールの姚明《ヤオ・ミン》などを起用している。母国の中国で尊敬を集める姚は出演した公共広告で、レストランで出されたフカヒレスープを断わり、みなも同じようにするよう呼びかけた。国際人道協会は市民と連携したキャンペーンに的をしぼり、運動に弾みをつけている。中国では学生が市民の意識を高めるキャンペーンを企画した。米国資本の大型スーパーマーケットのウォルマートは中国の大都市のある店舗で、店頭のテレビモニターにサメの映像を映して「脱フカヒレ」宣言を後押しした。中国政府は浪費を禁じて質素を奨励する政策の一環として、公務接待の食事会でフカヒレを出すことを禁じた。

こうした運動は功を奏している。ワイルドエイドの報告によれば、調査した中国の消費者の八五パーセントが過去三年間にフカヒレスープを口にするのをやめた。二〇一四年後半には、香港にかわって中国のフカヒレ取引の中心になっていた広州で、フカヒレの売上高が二年前とくらべて八二パーセント減となり、小売価格は四七パーセント、卸売価格は五七パーセント下落した。民間航空会社が軒なみフカヒレの輸送をやめ、高級ホテルチェーンもメニューからフカヒレ料理をはずしている。

四億五〇〇〇万年前にサメの祖先が地球に出現して以来の最大の災厄にちがいないこの苦境を、サメが切り抜けられるかどうかはまだわからない。サメの苦難の原因はフカヒレだけではない。[39]売買されるサメ肉は二〇〇〇年以降四二パーセント増え、総計一億一七〇〇万キロを超えた。アメリカは洋上でのひれの採取を禁止したにもかかわらず、二〇一一年に約三万八〇〇〇キロのフカヒレを輸出している。わたしたちはサメをおそろしい殺し屋とみなしてきたが、サメが殺す人間の数と人間が殺すサメの数の比がおよそ一対五〇〇〇万だとは、なんと皮肉なことか。サメの専門家の一部がサメ漁の禁止を目ざして研究を進めるのもまったく不思議はない。[40]

釣り上げられる

商業漁業、養殖、混獲、フカヒレ漁は、いずれも利益を得るための商売としての釣りである。では、娯楽としての釣りは、魚にどんな影響をおよぼしているだろう？ 米国魚類野生生物局は、釣り——アングリング、スポーツフィッシングともいう——をアメリカで人気の高いアウトドアレジャーの一つと位置づけ、二〇一一年には十六歳以上の三三一〇万人がたのしんだと報告している。[41]世界全体では一〇人に一人以上が釣りに行くのを習慣にしている。[42]スポーツフィッシングの雑誌——現在アメリカでは少なくとも三〇誌発行されている——のページをめくってみれば、釣りが一大ビジネスであることがすぐに見てとれるだろう。[43]アメリカスポーツフィッシング協会の概算によれば、アメリカの釣りファンは二〇一三年に、釣り具代、交通宿泊費、その他諸経費に四六〇億ドルを費やした。

漁業の持続不可能性と残虐性が人々に認識されるようになってきた一方で、釣りはわたしたちの文化において人々に愛されるのんびりした娯楽という地位を獲得している。だからこそ、医薬品や引退後の居住地の広告に釣りの場面がよく使われるのだ。どちらも釣りと直接の関係はないのだが。

釣りは本当にそれほどのんびりした娯楽なのだろうか。魚はそう思っていないだろう。釣り針で口を貫かれ（あるいはもっとひどいことをされ）、息のできないところに無理矢理放り込まれることが、平和な午後のひとときをすごそうとする人々の選ぶ娯楽とは思えない。かえしのある一般的な釣り針を魚の口からはずそうとしたことのある人なら、かえしにはつける理由があり、その理由が魚にとってはありがたくないことを知っているはずだ。あの小さな突起は、たとえ注意深く抜こうとしても魚の顔の組織を傷つけてしまうのに、まして力づくで引き抜こうとしてするりとはずせるわけがない。わたしは子供のころに少しだけ釣りをした時期があるが、慣れない手で針を抜こうとしてなかなか抜けないあの抵抗感とバリッという音をいまでも思い出す。あたりを感じて釣り糸をぐいと引くときに、魚の顔のどの部分に針が刺さるかはほぼ運しだいだ。釣り針による目の損傷は非常に多く、多数の魚類研究で言及されている。[44] 川を遡上するサケに関するある研究では、釣り上げたサケの一〇匹に一匹が視力を長期的ないし永久に失うほど目を傷つけられていた。

今日、釣り人にはかえしのない釣り針を使うという選択肢がある。買ってもよいし、ペンチでかえしを潰してしまってもよい。かえしのない釣り針が生まれたのは、たぶんイギリスだろう。イギリスで一〇〇年以上前からキャッチアンドリリースが行なわれているのは、魚のよく釣れる水域に対象種がいなくならないようにするためである。かえしのない釣り針のほうが抜きやすく、たいていは魚を水から揚げなくても抜ける。

釣り上げられた魚が死んだり傷ついたりする原因は釣り針だけではない。おとなしくしない野生生物を相手にするときは、どうしても手荒くなってしまう。うろこを覆うぬるぬるした粘液の保護層は、手やたも網や針はずしの道具で傷つけられ、そうなると魚は病気にかかりやすくなる。たも網によってひれは擦り切れ、うろこや粘液は剥がれ落ち、こうした傷がもとで四〜一四パーセントの魚が死ぬ[45]。病原菌もひそんでいる。ある研究で、釣り競技会で釣り上げられた二四二匹のオオクチバスをケージに入れて四日間観察したところ、表皮に傷のある七六匹のうち四二匹から四種の毒性細菌が検出された。八パーセントの魚が計量の前に、二五パーセントが観察期間中に死んでいるので、これを合わせれば三匹に一匹が死んだことになり、感染症の少なくとも一部は致死的だったと推測される[46]。

最後にもう一ついっておこう。娯楽の釣りは、深海漁業で獲られた魚が受ける減圧による障害とは無縁だと思われているかもしれない。しかし実際には、遊びの釣りでも深いところの魚がかかり、引き上げられるあいだに減圧障害を起こすことがある。それでも、すぐに水にもどしてやれば死なせずにすむ。それには重りをつけてかごを水に沈め、ロープで蓋を開けてやればよい。重りつきリリーサーも市販されている[47]。

食べられる

漁業でもレクリエーションでも、わたしたちが釣り上げて食べているのは野生生物である。人間はマグロやハタ、メカジキ、サバといった捕食性の大型魚の味を好むため、それらを漁や釣りの対象にすることが多い。二十世紀に、人間は捕食性魚類の生物量の三分の二以上を減らしてしまったが、このただならない減少の大部分が一九七〇年代以降に起こったことだ。[48] シルヴィア・アールはその危機的状況をこう表現している。「魚市場で売られているどれも、狩猟で獲った野生動物の肉だと思ってください。それらは海のワシ、フクロウ、ライオン、トラ、ユキヒョウ、サイなのです[49]」

人間が大量に消費する野生の捕食魚の最たる例は、マグロだろう。マグロを食べるのは、トラを食べるようなものだ。トラと同様、マグロは非凡な魅力をもつ最高位の捕食者である。そして、トラと同様に大きい。最大種であるタイセイヨウクロマグロはトラよりも大きく、体長約三メートル、体重約六八〇キロに達する。筋肉のみっちりついた弾丸形の体が高速で泳ぐ速さは、獲物に跳びかかるトラのスピードに匹敵する。食物連鎖の頂点に立つマグロは、体の成長と維持のために多大なエネルギーを必要とする。自身の体重と同量の獲物（ほとんどが魚だが、イカといくらかの甲殻類も含む）を約一〇日間で捕食する。[50] 食料品店の棚でぴかぴか光っているツナ缶の山のせいで、商業目的で獲られる種の大半は苦境にある。なかでもタイセイヨウクロマグロとクロマグロは著しい危機に瀕しており、生息数は一九六〇年以降、前者が八五パーセント、後者が九六パーセント減少したと推定されている。[51]

絶滅に近づいていることにはジレンマがある。希少になればなるほど珍重され、商品価値が上がることだ。今日、クロマグロの売値は一匹で一〇〇万ドルを超えることがある。重さで比較すると銀の価格の二倍で、[52] 商業漁業者には垂涎《すいぜん》の的だ。

わたしたちは魚を食べるとき、野生生物だけでなくほかのものも一緒に食べている。魚肉はあらゆる食品のなかで最も汚染されている。水は低いほうへ流れていく。廃水は食物連鎖の最下部にある生物の体内に流れ込むと、今度は食物連鎖をさかのぼりながら生体内蓄積を通じて濃縮されていき、ついには頂点の捕食者の組織内にとどまる。産業革命以降に開発された新しい化学物質一二万五〇〇〇種のうち、八万五〇〇〇種が魚の体内に見つかっている。妊娠中および授乳中の女性と幼児を中心に、水銀などの有害化学物質を摂取しないように魚食を控えめにすることが推奨されるようになり、もはやその考え方が定着している。[53]『食事のせいで、死なないために』の著者で、人気のウェブサイト〈ニュートリションファクツ〉を主宰する内科医のマイケル・グレガー医学博士によれば、水銀、ダイオキシン、神経毒、ヒ素、ＤＤＴ、プトレシン、ＡＧＥ（終末糖化産物）、ＰＣＢ（ポリ塩化ビフェニル）、ＰＢＤＥ（ポリ臭素化ジフェニルエーテル）、処方薬剤が体に取り込まれるのは、魚を食べることが大きな原因になっている。そしてこれらの汚染物質が人体におよぼす有害な作用には、知能の低下、精子数の減少のほか、鬱症状や不安感やストレスの増大、第二次性徴の早まりがある。[54]

これまでのところ、こうした事実のいずれも国の政策や人々の行動に反映されていない。それどころか、先進国では脂ののった魚の摂取を少なくとも二〜三倍に増やすよう奨励されるようになってひさしい。[55]オメガ-3脂肪酸の供給源として魚よりも安全な食品がほかにあるのもさることながら（亜麻仁やクルミなど）、その最大の問題は、人間の魚食の習慣が現在の消費水準でさえも持続不可能である事実を無視していることだ。[56]

これはたんに環境だけの問題ではない。社会経済の問題でもある。魚の需要の増大と漁場の壊滅が相まって、アメリカ、日本、EU加盟国など、経済力のある先進国は発展途上国からの輸入を増やしている。[57]途上国の沿岸漁場にますます圧力がかかり、地元民が重要なタンパク源を奪われる一方で、先進国では栄養過多と運動不足が大きな問題になっているのである。

生まれたときにはすでに魚類の生息数の激減がはじまっていたシルヴィア・アールは、魚を食べるのをやめる決心をした。[58]彼女はこう問いかける。「考えてみてください。あなたにとって大切なのは魚を食べることですか。それとも、魚は食べられるためではなく、もっと大きな目的のために存在するのだと考えることですか[59]」

意図して捕獲するにせよ偶然に獲れてしまったにせよ、人間が犠牲にしている海洋生物の数は膨大だ。WWFとロンドン動物学会の二〇一五年の共同研究は、魚類の生息数が一九七〇年から二〇一二年のあいだに半減したと結論している。マグロ類、サバ類、カツオ類をはじめ、商業目的で大量に漁獲される種には、生息数が七五パーセント近く減少したものもある。[60]

商業漁業界に浸透している残虐さと無駄を非難するのは簡単である。消費者は自分も共犯であることを認めなくてはいけない。いかなる経済においても、需要は供給というエンジンを動かす燃料だ。魚を食べるとき、わたしたちは魚の捕獲にお金を出しているのである。

魚にはよい知らせの一つもないのだろうか。いや、ある。過去四半世紀あまりのあいだに、動物は倫理的判断の対象として、また生態系への懸念の対象として、かつてないほどの関心を集めるようになり、魚もようやくその流れに入れられようとしている。養魚の倫理に関する二〇〇七年の論文で、獣医学、神学、哲学を研究する五人の著者は「知覚能力のある動物は、倫理をもって扱うものに含めるべきだ」と述べている。[61] 魚も苦痛を感じることは明らかなのだから、もっと魚にやさしくしようではないか。

おわりに

道徳の世界は大きく長い弧を描いているけれども、その行き着く先は正義なのです。

——マーティン・ルーサー・キング・ジュニア[1]

知識には力がある。知識は倫理を教え、革命の火をつける。植民地主義と奴隷制度の終焉、女性の権利と公民権の拡大を考えてみるとよい。それらは不公正を憎む気持ちの高まりに押されてもぎとった、理性の勝利だった。不公正は強欲か狭量か偏見か、あるいはそのすべてによってのさばるが、知識にもとづいた理性が対峙すれば衰えていく。肌の色、宗教、子宮をもつことなどの特質は、もとよりいわれのない搾取を正当化する根拠にならない。

足の数やひれの有無はどうだろう？　二十世紀後半には、人々の動物への気づかいに空前の進歩があった。たとえば動物の権利を擁護する運動がさかんになり、知識をたくわえて成果を上げるようになった。その気運は二十一世紀に入っても高まる一方だ。世界で最も影響力のある動物保護団体のヒューメイン・ソサイエティー・オブ・ザ・ユナイテッドステイツは、アメリカでは二〇〇四年以降、一〇〇〇以上の動物保護法が制定されていると報告している。これはアメリカの歴史がはじまってから二〇〇〇年までに制定された動物保護法の総数に匹敵する。動物の虐待を重罪とする州は一九八五年には全米でわずか四州だったが、二〇一四年には五〇州すべてになった。二〇一五年七月にアフリカの国立公園の人気者だったセシルというライオンをアメリカ人歯科医が射殺し、世間の非難を浴びた事件には、動物の苦難への人々の共感が高まっていることが表われている。一週間としないうちにセシルの名は世界に知れわたり、インターネット上の「セシルに正義を」という誓願に一二〇万人近い人々が署名した。

　だが、ライオンの人気にくらべると、ライオンフィッシュ（ミノカサゴ）はその足元にもおよばない。わたしが思うに、魚に対する偏見の最大の原因は魚に表情が乏しいことだ。わたしたち人間は、表情と感情を結びつけて考えるからである。「魚は陸ではないもう一つの生息環境に生きるもので、声を出さず、微笑まず、足がなく、目が死んでいる」と、ジョナサン・サフラン・フォアは『イーティング・アニマル――アメリカ工場式畜産の難題《ジレンマ》』で述べている。[2] あの焦点のさだまらないガラスのような目に、うつろな眼ざしよりほかのものを見るのは難しい。魚の口に釣り針が刺さっても、魚の体が水から引き上げられても、わたしたちには叫び声も聞こえなければ涙も見えない。まばたきしないその目――つねに水に浸かっているのでまぶたは必要ない――が、魚は何も感じないという錯覚をさらに強める。ふつうなら同情を誘うはずの要素がないせいで、わたしたちは魚の苦しみに鈍感になってしまう。

　魚には親しみを感じにくいと思うときにわたしたちが見落としているのは、目の前の生きものが本来の生息環境の外にいるということである。魚が空気中で苦しいと叫んでも、わたしたちが水中で苦しいと叫んでも伝わらないのと同じように無益だ。魚の体の仕組みは、動くことも意思を伝えることも感情を表わすことも、みな水中でするようにできている。魚の多くは本当は痛みを感じれば音声を発するのだが、魚は水中で伝わりやすい音声を出すように進化しているため、人間が聞きとるのは難しい。魚が苦しんでいる徴候——酸素をとり入れようとして跳ねたり、のたうったり、えらを開閉させたりする——にたとえ気づいても、それはたんなる反射作用だという考えを刷り込まれていれば、心配することは何もないと、気にとめようとしないだろう。

今日、魚については一〇〇年前よりもはるかに多くのことがわかっている。それでもわたしたちが知っているのは、魚が知っていることのごくわずかな一部にすぎない。既知の三万種あまりの魚のうち、多少なりとも詳細に研究されているのはわずか数百種である。本書で取り上げた魚たちは、いわば魚の世界の花形だ。なかでも最も研究され、魚の「実験用ラット」ともいえるゼブラフィッシュについては、二万五〇〇〇本を超える科学論文が発表され、そのうち二〇〇〇本以上が二〇一五年のものである（だからといってこの魚をうらやんではいけない。多くの研究が非人道的だからだ）。ということは、三万種もの魚のどの一つを研究の対象としても、数かぎりない疑問と発見があるにちがいない。

前章では、人間がどのように魚を搾取し虐待しているかをおもに取り上げた。それでもわたしたちと魚の関係はもちろん悪いことばかりではなく、知識が深まるにつれて人々が魚の福祉について以前よりも関心をもち、気にかけるようになっている。「魚の福祉」をキーワードにしてインターネット検索をしてみたところ、学術文献のデータベース〈インジェンタコネクト〉で七一件がヒットし、そのうち六九件は二〇〇二年以降に発表されたものだった。また本書の準備をしていた数年間に、魚をこよなく愛し、傷つけることを決して望まない何十人もの人々がわたしに連絡をくれた。

そういう人々が魚を好きなのは、たいてい魚がわたしたちに似ているからではない。魚のすばらしい点、そして尊重すべき点は、人間に似ていないところだ。わたしたちとは異なる魚の生き方は魅力と驚きにあふれ、共感をも呼び起こす。水面に上がってきたディスカスが指先からそっと餌をつまみ取るのを肌で感じるとき、ハタが信頼しているダイバーになでてもらいたくて近づくとき、人間と魚はたがいを隔てる大きな違いを越えてふれあうことができる。

何よりも、魚は生存し繁殖するために脳を使う。なんとかして魚の地位を高めようとわたしが模索してきた方法にも、魚の意識と認知能力への注目をうながすことがその一つにあった。しかしながら、人間以外の生きものの知的能力のすぐれた点をほめたてるのは、知性重視に傾きすぎてしまうことになる。本来、知性と道徳的地位とはほとんど関係がない。わたしたちは発達障害の人の基本的権利を道義的に否定しない。感覚をもち、苦痛やよろこびを感じる能力が、倫理的配慮の基盤である。すなわちそれは、倫理的判断の対象になるものとして共同体の一員に迎えるべき条件なのだ。

道徳の向上は望ましいし、実現しつつある。巷にあふれるニュースとは矛盾するようだが、人間の暴力は歴史的水準からすれば大幅に減少している。[3] 心理学者のスティーヴン・ピンカーは大著『暴力の人類史』で、この傾向を説明するために人間の文明化の過程を多角的に取り上げて概説している。そして民主主義の台頭、女性の地位向上、識字能力の拡大、国際社会の形成、理性の向上などを指摘する。今日、新しい考え方はほぼ瞬時に地球の隅々にまで広まる。誰かが先頭をきって運動をはじめれば、進歩的な社会的プロジェクトの発足に向けて資金がぞくぞくと集まるし、独立財団は新しい考え方の拡散に手を貸してくれる。

法の概念が生まれて以来、動物は人間の法的所有物とみなされてきた。しかし、わたしたちの意識に深く刻み込まれたこの基本的な人間中心のパラダイムさえ、変わろうとしている。二〇〇〇年以降、アメリカの少なくとも一八の都市で、自治体の条例により動物の法的地位が「所有物」から「コンパニオン」に変更された。[4] もしあなたがアメリカかカナダに住んでいるなら（同居するコンパニオンによるが）、六〇〇〇万人以上の公式に認められた「アニマルガーディアン（動物の守護者）」の一人になってはいかがだろうか。二〇一五年五月、ニューヨーク最高裁判所の判事は、二匹のチンパンジーのために審理をした。[5] ストーニーブルック大学で何年も侵襲的な実験に使われてきたこのチンパンジーたちが不法に監禁されているとして、人間の弁護士が彼らの権利を弁護した。ノンヒューマン・ライツ・プロジェクト（非人間の権利プロジェクト）の弁護士は、ほかの動物も保護するべく訴訟を起こす準備をしている。

法律、政策、行動を通じて、魚は倫理的共同体のなかに地位を確立しつつある。現在ではヨーロッパのあちこちで、金魚——本来は数十年の寿命のある社会的生きもの——を何もない水槽で一匹きりで飼うことが法律で禁じられている。[6] 二〇〇八年四月にスイス連邦議会で成立した法律は、より人道的な魚釣りのための講習を受講して修了することを釣り人に求めている。[7] オランダ政府は魚を気絶させて殺す方法の改善が必要だと明言し、同国の魚類愛護団体はその言葉を言葉で終わらせないためにロビー活動をはじめた。ドイツでは二〇一三年に制定された法律で、すべての魚が殺処理前に意識のない状態にされることが求められ、釣った魚を水にもどす前に計量する釣り競技会と、小魚を生き餌にすることが禁止された。[8] ノルウェーでは二〇一〇年に、二酸化炭素で意識を失わせることが非人道的だとして禁じられた。[9]

法律による保護を超えたところには、もちろん愛情がある。魚は多くの人の心にたんなる関心ではなく愛情を芽生えさせる。わたしは本書執筆の準備中に、魚に心からの愛情をそそいでいる人々から手紙をもらった。ワシントン州スポーカンの大学教授は、流されそうになっているところをたすけた金魚がかわいくてしかたなくなったという。パールと名づけたその金魚は、毎日挨拶がわりに水面まで泳いできて彼女の手から餌を食べた。パールが十七才で死んだときは、「家族同様にかわいがっていた猫や犬を亡くしたときと同じ」喪失感に襲われたという。フロリダ州ゲインズビルの専門職の女性は、ブルーディスカスのジャスパーと水槽のなかと外で追いかけっこをするようになった。しかもジャスパーはこんなこともする。「水面のすぐ下に両手でカップをつくると、ジャスパーは体を横にして手のなかに入り、わたしが脇腹をなでてやっているあいだ、そのままじっと横になっていますよ」。オレゴン州ポートランドのビジネスウーマンは、九才になるファハカのマンゴーについてこんな話を寄せてくれた。

生まれたときからマンゴーを飼っていますが（九年以上）、うちの愛犬にそっくりです。わたしが帰宅すると抑えられないといった感じで体をゆらゆらふるわせますし、とにかくうれしそうに相手をしてくれますから。よくにらめっこをしますが、勝つのはいつもマンゴーです。これまで、こんなにかわいがった魚はいません。知りあいのほとんどにマンゴーを会わせましたが、みんな夢中になります。マンゴーが魚に対する見方を変えたのはまちがいありません〔口絵15〕。

さらに、魚のためにはひたすら労をいとわない人々がいる。わたしの友人もその一人で、彼女は匿名の電話を受けて教えられた場所へ赴き、交渉して三匹の大きい鯉《コイ》を救出した。鯉は水の腐った汚い水槽で一一年間も飼い殺しにされていた。彼女はそれから二時間車を走らせ、アジア料理店の管理の行きとどいた鯉の池へ三匹を連れて行った。鯉たちはいまでは仲間と一緒に快適に暮らしている。

この救出劇は、このところ増えている魚への思いやりある行為の一つにすぎない。アマチュアが撮影した動画を流す現代の水路、ユーチューブをちょっとのぞけば、ダイバーがサメの口から釣り針を抜いたり、マンタのひれにからまった釣り糸と網を切ったり、ビーチコーミング〔浜や海岸で漂着物を収集したり観察したりしてたのしむ活動〕をする人たちが打ち上げられた魚をたすけたり、干上がった川や湖から大勢の人がバケツで魚を運び出したりする様子が見られる。生物学教授を引退した魚類学者の友人は、野外授業や採集旅行で魚を殺すのに嫌気がさし、水生生物を捕獲して撮影したらその場で放すことのできる携帯用の器具を開発した。その教材撮影用水槽が市販されるようになったおかげで一〇〇万匹以上の魚が救われ、ホルムアルデヒド浸けにされてほとんど利用されないまま博物館で棚ざらしになるのを免れた。別の生物学者は、水中に棲む友のための北米初の愛護団体フィッシュ・フィールを設立した。また、シーシェパードは南極海での日本の捕鯨に対する環境保護団体の妨害行動を追う人気テレビ番組「ホエール・ウォーズ」の主役として有名だが、彼らはサケ、タラ、クロマグロ、ライギョダマシ、サメの保護キャンペーンも行なっている。シーシェパードの設立者ポール・ワトソンは、歯に衣着せずにわたしにこう語った。「サケ養殖場を見ると、西海岸の先住民族が海のバッファローとみなしていた魚が奴隷のように貶められているのを目のあたりにする……。最高に痛快だったのは、リビア沖でマルタの密漁船の漁網を切断して、八〇〇匹のクロマグロを放したときだね。出走するサラブレッドさながらに網の穴をビュンビュンすり抜けていったよ[10]」

理性が目覚め、すべての生きものと相互依存しているという意識が高まるにつれて、人間はより心ゆたかな知恵ある時代へ向かっている。すべての人間を尊重するという基本原理が、以前は除外されていた生きものにも少しずつ拡大されようとしているのである。

とはいえ現在のところ、わたしたちは救うよりもはるかに多くの魚を殺しつづけている。本稿を書いているいまも、漁網が破れたためにバージニア州東岸の浜辺に七万五〇〇〇匹のメンハーデンが打ち上げられているというニュースがとどいた。ぱっくりと口を開けて腐っていく死骸が水平線まで広がる写真を何枚も見ていると、本書がテーマとする生きものの名は同時にその死をも意味することにあらためて思い至る。英語の「fish《フィッシュ》」には、魚という意味と、魚を獲ることという意味があるからだ。

あるエピソードを紹介して本書を締めくくりたい。わたしはそれを最初に読んだとき、涙ぐんでしまった。その話をわたしに知らせてくれた女性によれば、その出来事はたぶん彼女が三歳のときのことで、それが最初の記憶だという。家に三匹の小さい魚がいて、マントルピースの上の水槽で暮らしていた。のちに聞かされたところでは、「高い場所なら、遊んだりよじ登ったり駆けまわったりするのが好きなエネルギーの塊のようなちびっ子の手がとどかずに安全」だからだった。少女はまた、水は危険なものだと教えられてもいた。水のなかでは呼吸ができないからだ。幼い少女は自然の仕組みをよく知らず、魚も水中では息ができないのだと思った。それからというもの、家の魚がマントルピースの上の水槽でだんだん溺れていってしまうのが心配でたまらなくなった。そこで自分がたすけてあげなくてはいけないと思った。

ある日、家族で出かけようとしていたとき、少女は自分が最後に家を出るようにした。みながドアを出て家のなかに誰もいなくなると、椅子と近くの食器棚を利用してマントルピースの上によじ上り、救出を敢行した。魚たちを水中の墓場から解放したあとどうするかは、頭になかった。死がどんなことか、溺れたらどうなるかも理解していず、お風呂で鼻に水が入ったときのように苦しいのだろうとしか思っていなかった。水槽のゴミを取る小さい網があったので、それで魚をすくい上げ、マントルピースの上に置いた。親が呼びにきたので、少女はそのまま外出した。

魚たちがどうなったかは憶えていないが、その姿を見ることは二度となかった。幼稚園に通うようになってもずっとそのことをときどき思い返したので、ほかのことは淡い記憶になってもこの一件だけは鮮明に憶えていた。そして年月は、幼いときに感じた動物への深い共感をうすれさせはしなかった。四〇年経ったいまも、誰かをたすけようとして逆に苦しめてしまったことに胸が痛む。

この話には、本書が扱ったいくつかのテーマに通じる点がある。魚も人間と同様に空気を吸う必要があるという無邪気な子供の思い違いには、わたしたちの魚に対する無知が表われている。また、魚を生息環境の外へ出して窒息させてしまった少女の行為は、人間の手にかかった魚に強いられる苦痛を象徴している（ただし少女の意図は、地球上の魚は人間の食料と娯楽のために存在するという一般の概念とはまったく違うところにあったが）。そして、この女性がそれほど幼いときに胸に芽生えさせ、今日なおもちつづけているすばらしい共感は、気づきさえすれば、人間はこの世界で善をなす無限の可能性を秘めていることを思い出させてくれるのである。

謝辞

ファラー・ストラウス&ジルー社のアマンダ・ムーンへ。わたしの主張に賛同し、しっかり目標を見すえてわたしをサポートしながら最後まで導いてくれた。本書の完成までつねに見せてくれた積極性と熱意は、あなたが自分で思う以上だ。

ステイシー・グリックへ。本書の企画に可能性を見出し、掃除魚が客の世話をするように、クライアントであるわたしの面倒を見てくれた。

アニー・ゴットリーブへ。あなたの要を得た徹底な原稿チェックには舌を巻いた。

原稿に目を通してくれたケン・シャピロ、マーティン・スティーヴンズ、ジニー・ジェネツコ、レジー・アダムズ、カラム・ブラウン、マリリン・バルコム、ピーター・ヘイゲン、カレン・ダイアン・ノールズ、ティアニー・サイズへ。建設的な意見とお知恵をありがとう。

ファラー・ストラウス&ジルー社のスコット・ボーチャート、スティーヴン・ウェイル、ラード・ギャラガーへ。プロとして厳しく仕事に向きあうあなたたちは、いつでも頼りになった。

カラム・ブラウン、ベルント・クラマー、ゴードン・M・バーグハルト、テッド・ピーチ、ナフシカ・カラカトソウリ、シャロン・ヤング、クリス・グッド、クリスティーナ・ゼナト、アラン・ゴールドバーグ、ロナルド・スレッシャー、アイリス・ホー、ゴードン・オブライエン、K・K・シーナジャ、ロマン・コラー、エリン・ウィリアムズ、ジェイ・スタウファー、ヴィクトリア・ブレイスウェイト、ビロ・

ハインツペター・シュトゥーダー、リン・スネドン、ティアニー・サイズ、レネ・アンバーガー、リントン・バーガー、アイラ・フランス・ポーチャー、スコット・ガードナー、ステファニー・コティー、ビル・ロフタス、ドス・ウィンケル、ジョー・デナム、キャプテン・ポール・ワトソン、スティーヴン・コーベット、ロバート・ウィントナー、イヴォンヌ・サドヴィ、マリアン・ウォン、ジョーン・ダネヤー、ロバート・ワーナー、マイケル・エンゲル、ジョン・ルーカスへ。専門家としていろいろ教示してくれたことに感謝する。

レイ・シコラ、サブリナ・ゴルマシアン、アレグザンドラ・ライクル、テレサ・フィッシャー、サラ・キンドリック、カレン・デイ、ロビン・ウォーカー、カレン・チェン、ベン・カリソン、アイラ・フランス・ポーチャー、ジェイミー・コーエン、ホリー・ファーナンデス・リンチ、アナ・ネグロン、ネヴィル・ジェイコブス、ジョン・ピーターズ、ヘレアナ・アミコーネ、マイク・ハウエル、ローリ・クック、ローリ・ウィリアムソン、ロザモンド・クック、ミシア・サップ、モーリーン・ドウレー、ヴィッキー・ソーンリー、イングリッド・ニューカーク、キャシー・アンルー、タリ・オヴェイディア、デイヴ・ボネルへ。とっておきの話を聞かせてくれた。

キャサリーン・ヘッドへ。文献その他の引用に関してとりまとめてくれた。

モーリーン・バルコム、レジー・アダムズとマーリー・アダムズ、アンドルー・ロウアン、ローリ・マリノ、アンシア・メッセルシとジョー・メッセルシ、マリリン・バルコムとエミリー・バルコム、シンディ・ロストリット、ソニア・ファルキ、ローラ・モレッティ、マーク・ベコフ、メラニー・ジョイ、サブリナ・ブランドー、ブルース・フリードリックへ。それぞれのやり方でわたしをサポートし、インスピレーションをあたえてくれた。

魚たちへ。この世界に美と不思議を添えてくれてありがとう。

訳者あとがき

陸に生きるわたしたちがなかなか目にすることのできない魚の世界。水のなかに棲む魚たちはいったいどんなふうにこの世界を知覚し、どんな工夫を凝らして生きているのでしょうか。

サケが生まれた川に帰ることやマグロが海を回遊していることは有名ですが、サケが母川のほんの微量なにおい物質を嗅ぎつけてたどっていくこと、マグロが対向流熱交換システムで体全体を温め、冷たい水のなかを効率よく泳いでいることなどは、あまり知られていないかもしれません。自ら発電して電磁場をつくり、その電磁場の変化から障害物を感知してよけるデンキウナギ、可視スペクトルが広いおかげで、人間には見えない模様を見分けて仲間を識別するニセネッタイスズメダイ。嗅覚の鋭い犬や夜間も視力の利く猫などと同じように、魚はその生息環境に適した五感を発達させています。繁殖と子育ての戦略もバラエティに富み、状況に応じて性転換したり、卵や子を口のなかで守り育てたり、はてはある種の鳥のように托卵したりする魚までいます。魚は学習し、計画し、道具を使いもするし、さらには社会を形成してたがいに意思を伝え、協力関係をきずき、騙したり騙されたりもするようです。そんな生きものの多彩な生活が水中で繰り広げられているのを知ると、目を開かれたような思いがします。

本書は、このようなあまり知られていない魚たちの環世界と生態を科学研究の成果と個人のエピソードを織り交ぜて紹介してくれる内容ゆたかな本です。しかし、それだけにとどまりません。著者のバルコム氏が魚も社会生活をもって個として生きる存在であり、その点では陸に生きる獣や鳥とまったく同じだと粘り強く繰り返しているのは、大切なメッセージを伝えようとしているからです。

それは、わたしたち人間から見た魚の地位が不当に低いこと、生きものの仲間として魚をもっと尊重すべきだということ。概して人間は魚を釣るものか食べるものだと思っているとバルコム氏は指摘します。これにはドキリとさせられます。わたしは釣りをしませんので、だとしたら魚は食べるものでしかない？　まさか！　そんなふうに思ったことなどありませんし、魚に関する科学ニュース記事に驚いたり感心したりもしますが、本来の生息環境で生きて動いている魚を目にするのは近所の池で泳いでいる鯉くらいで、それよりも鮮魚店やスーパーマーケットで売られている食材としての魚を見るほうが圧倒的に多いことは事実です。そして本書の最後の章を読めば、総じて人間が魚を資源とみなしていることをいやでも認めざるをえなくなります。

魚は不利です。表情に乏しく、鳴き声を出さず、体は冷たく、接する機会も多くはありません。趣味でダイビングをする友人は一所懸命に生きている魚の姿に感動するといいますが、その友人でさえ、意思表示のはっきりしない魚は犬や猫と違って家族にはなりえないと感じるそうです。観賞魚を飼っている知人がもしいれば、ぜひとも意見を聞いてみたいところです。

この本のページをめくるうちに、魚がゆたかな生活を営んでいること、知覚し、意識し、苦痛を感じる生きものであることがわかってくるでしょう。哲学者で倫理学者のピーター・シンガー氏は、「ある存在が苦しみを感じることができるかぎり、その苦しみを考慮しないことは道徳的に正当化できない」と述べています。そうであれば、魚にも陸の獣や鳥に対するのと同様の配慮をすべきだと考えるのが自然ではないでしょうか。この本をきっかけに、読者のみなさんが少しでもこれまでと違った目で魚を見るようになれば、著者にとってこのうえないよろこびにちがいありません。

翻訳にあたって最も苦心したのは魚の名称でした。原書で用いられている英名のすべてにそれぞれ対応する和名があるわけではなく、生物の名称として唯一正しいのは学名だとはいえ、なじみのない学名をならべるのはこの本にふさわしくありません。そこで編集部と相談のうえ、原則として和名、英名、学名のなかから一般的に定着していると考えられるものを採用することにしました。お気づきの点がありましたら、ご教示いただければさいわいです。

本書は*"What a Fish knows : The Inner Lives of Our Underwater Cousins"*の全訳です。著者のジョナサン・バルコム氏は、カナダとアメリカの大学で生物学および動物行動学の学士と博士の学位を取得したのち、米国人道協会をはじめとするいくつかの動物保護団体でその知識と経験を生かす仕事をしています。本書のほかに四冊の著作があり、そのうち『動物たちの喜びの王国』(インターシフト、二〇〇七年)と題して邦訳されている一冊は魚を含むさまざまな動物の「快楽」を、本書と同様に「科学研究とエピソードの両面から」紹介するたのしい本です。

最後になりましたが、白揚社編集部の筧貴行氏には今回も原稿を丁寧にチェックしていただき、たいへんお世話になりました。この場をかりてお力添えに深く感謝いたします。

二〇一八年八月

桃井緑美子

ruling-grants-legal-right-research-chimps. のちに裁判官は逆転判決を下した. Jason Gershman, “Judge Says Chimps May One Day Win Human Rights, but Not Now,” July 30, 2015, http://blogs.wsj.com/law/2015/07/30/judge-says-chimps-may-one-day-win-human-rights-but-not-now.

6 北イタリアの自治体モンツァは2004年にそのような法律を制定している. www.washingtonpost.com/wp-dyn/articles/A44117-2004Aug5.html. Rome followed suit in 2005, www.cbc.ca/news/world/rome-bans-cruel-goldfish-bowls-1.556045.

7 Accessed November 2015 at: www.swissinfo.ch/eng/life-looks-up-for-swiss-animals/6608378; www.animalliberationfront.com/ALFront/Actions-Switzerland/NewLaw2008.htm.

8 匿名(2012). *Tierschutz-Schlachtverordnung*, vom 20 (December 2012): BGBl. I S. 2982.

9 FishCount.org, “Slaughter of Farmed Fish,” http://fishcount.org.uk/farmed-fish-welfare/farmed-fish-slaughter, 2015年12月11日に閲覧.

10 Paul Watson, 私信, 2015年5月.

46 Thomas M. Steeger et al., "Bacterial Diseases and Mortality of Angler-Caught Largemouth Bass Released After Tournaments on Walter F. George Reservoir, Alabama/Georgia," *North American Journal of Fisheries Management* 14, no. 2 (1994): 435–41.

47 "Bring That Rockfish Down," Sea Grant catch-and-release brochure on preventing and relieving barotrauma to fishes www.westcoast.fisheries.noaa.gov/publications/fishery_management/recreational_fishing/rec_fish_wcr/bring_that_rockfish_down.pdf.

48 David Shiffman, "Predatory Fish Have Declined by Two Thirds in the Twentieth Century," *Scientific American*, October 20, 2014, www.scientificamerican.com/article/predatory-fish-have-declined-by-two-thirds-in-the-20th-century.

49 Evans, "Making Waves."

50 Valerie Allain, "What Do Tuna Eat? A Tuna Diet Study," SPC Fisheries Newsletter 112 (January/March 2005): 20–22.

51 Ira Seligman and Alex Paulenoff, "Saving the Bluefin Tuna" (2014), https://prezi.com/lhvzz56yni7/saving-the-bluefin-tuna.

52 British Broadcasting Corporation (BBC), "Superfish: Bluefin Tuna" (2012), 44分のドキュメンタリーが以下で見られる．http://wn.com/superfish_bluefin_tuna.

53 FAO Fisheries and Aquaculture Department, "Fish Contamination," 2015年10月9日に閲覧．www.fao.org/fishery/topic/14815/en.

54 "Fish," NutritionFacts.org, 2015年10月に閲覧．http://nutritionfacts.org/topics/fish.

55 David J. A. Jenkins et al., "Are Dietary Recommendations for the Use of Fish Oils Sustainable?" *Canadian Medical Association Journal* 180, no. 6 (2009): 633–37.

56 Jenkins et al.

57 Jenkins et al.

58 Natasha Scripture, "Should You Stop Eating Fish?" IDEAS.TED.COM, August 20, 2014, http://ideas.ted.com/should-you-stop-eating-fish-2.

59 Sylvia Earle, in Scripture, " Should You Stop Eating Fish?"

60 Alister Doyle, "Ocean Fish Numbers Cut in Half Since 1970," *Scientific American*, September 16, 2015, www.scientificamerican.com/article/ocean-fish-numbers-cut-in-half-since-1970/?WT.mc_id=SA_EVO_20150921.

61 Vonne Lund et al., "Expanding the Moral Circle: Farmed Fish as Objects of Moral Concern," *Diseases of Aquatic Organisms* 75 (2007): 109–18.

おわりに

1 Martin Luther King, "Keep Moving from This Mountain," sermon at Temple Israel (Hollywood, CA, February 25, 1965). Taken from https://en.wikiquote.org/wiki/Martin_Luther_King,_Jr.#Keep_Moving_From_This_Mountain_.281965.29.

2 Foer, *Eating Animals* (New York: Back Bay Books, 2010).〔フォア『イーティング・アニマル―アメリカ工場式畜産の難題』黒川由美訳，東洋書林〕

3 Steven Pinker, *The Better Angels of Our Nature: Why Violence Has Declined* (New York: Viking Penguin, 2011).〔ピンカー『暴力の人類史』幾島幸子・塩原通緒訳，青土社〕

4 www.coloradodaily.com/ci_13116998?source=most_viewed. The "guardian campaign" website was last updated in 2012: www.guardiancampaign.org; www.guardiancampaign.org/guardiancity.html.

5 David Grimm, "Updated: Judge's Ruling Grants Legal Right to Research Chimps," last updated April 22, 2015, http://news.sciencemag.org/plants-animals/2015/04/judge-s-

Ornamental Aquarium Fish Trade," *PeerJ* 3: e756, DOI 10.7717/peerj.756.
27 Anon. (1997). Verordnung zum Schutz von Tieren in Zusammenhang mit der Schlachtung oder Tötung — TierSchlV (Tierschutz-Schlachtverordnung), vom 3. Marz 1997, Bundesgesetzblatt Jahrgang 1997 Teil I S. 405, zuletzt geändert am 13. April 2008 durch Bundesgesetzblatt Jahrgang 2008 Teil I Nr. 18, S. 855, Art. 19 vom 24. April 2006.
28 D. H. F. Robb and S. C. Kestin, "Methods Used to Kill Fish: Field Observations and Literature Reviewed," *Animal Welfare* 11, no. 3 (2002): 269–82.
29 R. W. D. Davies et al., "Defining and Estimating Global Marine Fisheries Bycatch," *Marine Policy* 33, no. 4 (2009): 661–72.
30 FAO Fisheries and Aquaculture Department, "Reduction of Bycatch and Discards," www.fao.org/fishery/topic/14832/en, 2015年9月9日に閲覧.
31 Davies et al., " Defining and Estimating Global Marine Fisheries Bycatch."
32 Helfman et al., *Diversity of Fishes* (2009).
33 Helfman et al. (2009).
34 A. Butterworth, I. Clegg, and C. Bass, *Untangled— Marine Debris: A Global Picture of the Impact on Animal Welfare and of Animal-Focused Solutions* (London: World Society for the Protection of Animals [now: World Animal Protection], 2012).
35 NOAA Fisheries, "The Tuna-Dolphin Issue," 2014年12月24日修正. https://swfsc.noaa.gov/textblock.aspx?Division=PRD&ParentMenuId=228 & id=1408.
36 Paul R. Wade et al., "Depletion of Spotted and Spinner Dolphins in the Eastern Tropical Pacific: Modeling Hypotheses for Their Lack of Recovery," *Marine Ecology Progress Series* 343 (2007), 1–14.
37 "Rosy Outlook," *New Scientist*, February 28, 2009, p 5.
38 アホウドリとミズナギドリを保全する国際協定 , "Best Practice Seabird Bycatch Mitigation," September 19, 2014, http://acap.aq/en/bycatch-mitigation/mitigation-advice/2595-acap-best-practice-seabird-bycatch-mitigation-criteria-and-definition/file.
39 [Wilcox 2015]. Christie Wilcox, "Shark fin ban masks growing appetite for its meat," www.theguardian.com/environment/2015/sep/12/shark-fin-ban-not-saving-species.
40 Juliet Eilperin, *Demon Fish: Travels Through the Hidden World of Sharks* (New York: Pantheon, 2011).
41 United States Fish and Wildlife Service, "National Survey of Fishing, Hunting, and Wildlife-Associated Recreation: National Overview" (2012), http://digitalmedia.fws.gov/cdm/ref/collection/document/id/858.
42 Stephen J. Cooke and Ian G. Cowx, "The Role of Recreational Fishing in Global Fish Crises," *BioScience* 54 (2004): 857–59.
43 American Sportfishing Association, "Recreational Fishing: An Economic Power house" (2013), http://asafishing.org/facts-figures.
44 Robert B. DuBois and Richard R. Dubielzig, "Effect of Hook Type on Mortality, Trauma, and Capture Efficiency of Wild, Stream-Resident Trout Caught by Angling with Spinners," *North American Journal of Fisheries Management* 24 no. 2 (2004), 609–16; Robert B. DuBois and Kurt E. Kuklinski, "Effect of Hook Type on Mortality, Trauma, and Capture Efficiency of Wild, Stream-Resident Trout Caught by Active Baitfishing," *North American Journal of Fisheries Management* 24, no. 2 (2004): 617–23.
45 B. L. Barthel et al., "Effects of Landing Net Mesh Type on Injury and Mortality in a Freshwater Recreational Fishery," *Fisheries Research* 63, no. 2 (2003): 275–82.

8 J. Rice, J. Cooper, P. Medley, and A. Hough, "South Georgia Patagonian Toothfish Longline Fishery," Moody Marine Ltd. (2006), www.msc.org/track-a-fishery/fisheries-in-the-program/certified/south-atlantic-indian-ocean/south-georgia-patagonian-toothfish-longline/assessment-documents/document-upload/SurvRep2.pdf.
9 W. Jeffrey Bolster, *The Mortal Sea: Fishing the Atlantic in the Age of Sail* (Cambridge, MA: Belknap Press/Harvard University Press, 2012).
10 Lloyd Evans, "Making Waves: An Audience with Sylvia Earle, the Campaigner Known as Her Deepness," *The Spectator*, June 25, 2011, http://new.spectator.co.uk/2011/06/making-waves-2.
11 FAO, "The Tuna Fishing Vessels of the World," chapter 4 of the FAO's "Managing Fishing Capacity of the World Tuna Fleet" (2003), www.fao.org/docrep/005/y4499e/y4499e07.htm.
12 FAO Fisheries Circular No. 949 FIIT/C949, "Analysis of the Vessels Over 100 Tons in the Global Fishing Fleet" (1999), www.fao.org/fishery/topic/1616/en.
13 J. Lucas, "Aquaculture," *Current Biology* 25 (2015): R1-R3; Lucas, 私信, 2016年1月6日.
14 Philip Lymbery, "In Too Deep— Why Fish Farming Needs Urgent Welfare Reform" (2002), www.ciwf.org.uk/includes/documents/cm docs/2008/i/in too deep summary 2001.pdf.
15 FAO, "Highlights of Special Studies," *The State of World Fisheries and Aquaculture* 2008 (Rome: FAO, 2008), ftp://ftp.fao.org/docrep/fao/011/i0250e/i0250e03.pdf.
16 Rosamond L. Naylor et al., "Effect of Aquaculture on World Fish Supplies," *Nature* 405 (2000): 1017–24.
17 P. Baker, "Atlantic Menhaden Catch Cap a Success," The Pew Charitable Trusts, May 15, 2014, www.pewtrusts.org/en/research-and-analysis/analysis/2014/05/15/atlantic-menhaden-catch-cap-a-success-millions-more-of-the-most-important-fish-in-the-sea.
18 Jacqueline Alder et al., "Forage Fish: From Ecosystems to Markets," *Annual Review of Environment and Resources* 33 (2008): 153–66; Sylvester Hooke, "Fished Out! Scientists Warn of Collapse of all Fished Species by 2050," *Healing Our World* (Hippocrates Health Institute magazine) 32, no. 3 (2012): 28–29, 63.
19 Helfman and Collette, *Fishes: The Animal Answer Guide*.
20 Lymbery, "In Too Deep" (2002); www.ciwf.org.uk/includes/documents/cm_docs/2008/i/in_too_deep_summary 2001.pdf.
21 Cornelia Dean, "Saving Wild Salmon, in Hopes of Saving the Orca," *New York Times*, November 4, 2008.
22 Elisabeth Rosenthal, "Another Side of Tilapia, the Perfect Factory Fish," *New York Times*, May 2, 2011.
23 Culum Brown, T. Davidson, and K. Laland, "Environmental Enrichment and Prior Experience of Live Prey Improve Foraging Behavior in Hatchery-Reared Atlantic Salmon," *Journal of Fish Biology* 63, supplement S1 (2003):187–96.
24 see Culum Brown, "Fish Intelligence, Sentience, and Ethics," *Animal Cognition*, (2014) 18:1–17.
25 ニシンの平均の重さと，1回に200トンのニシンが獲れることにもとづく．以下を参照．The Gulf of Maine Research Institute, www.gma.org/herring/harvest_and_processing/seining/default.asp.
26 Emily S. Munday, Brian N. Tissot, Jerry R. Heidel, and Tim Miller-Morgan, "The Effects of Venting and Decompression on Yellow Tang (*Zebrasoma flavescens*) in the Marine

Seahorses: Insights from Microsatellite Studies of Maternity," *Journal of Heredity* 92, no. 2 (2001): 150–58.

23 Julie K. Desjardins et al., "Sex and Status in a Cooperative Breeding Fish: Behavior and Androgens," *Behavioral Ecology and Sociobiology* 62, no. 5 (2007): 785–94.

24 Helpers perform a variety of tasks: Helfman et al., *Diversity of Fishes* (2009).

25 Jan Komdeur, "Importance of Habitat Saturation and Territory Quality for Evolution of Cooperative Breeding in the Seychelles Warbler," *Nature* 358 (1992): 493–95.

26 Ralph Bergmuller, Dik Heg, and Michael Taborsky, "Helpers in a Cooperatively Breeding Cichlid Stay and Pay or Disperse and Breed, Depending on Ecological Constraints," *Processes in Biological Science* 272 (2005): 325–31.

27 Rick Bruintjes et al., "Paternity of Subordinates Raises Cooperative Effort in Cichlids," *PLoS ONE* 6, no. 10 (2011): e25673, doi:10.1371/journal.pone.0025673.

28 K. A. Stiver et al., "Mixed Parentage in *Neolamprologus pulcher* Groups," *Journal of Fish Biology* 74, no. 5 (2009): 1129–35, doi:10.1111/j.1095-8649.2009.02173.x.

29 Bruintjes et al., "Paternity of Subordinates."

30 Bergmuller et al., "Helpers in a Cooperatively Breeding Cichlid" ; R. Bergmuller, M. Taborsky, "Experimental Manipulation of Helping in a Cooperative Breeder: Helpers 'Pay to Stay' by Pre-emptive Appeasement," *Animal Behaviour* 69, no. 1 (2005): 19–28.

31 Michael S. Webster, "Interspecific Brood Parasitism of Montezuma Oropendolas by Giant Cowbirds: Parasitism or Mutualism?" *Condor* 96 (1994); 794–98.

32 Jay R. Stauffer and W. T. Loftus, "Brood Parasitism of a Bagrid Catfish (*Bagrus meridionalis*) by a Clariid Catfish (*Bathyclarias nyasensis*) in Lake Malaŵi, Africa," *Copeia* 2010, no. 1: 71–74.

33 Tetsu Sato, "A Brood Parasitic Catfish of Mouthbrooding Cichlid Fishes in Lake Tanganyika," *Nature* 323 (1986): 58–59.

VII 水を失った魚

1 D. H. Lawrence, "Fish."

2 Arto Miettinen et al., "The Palaeoenvironment of the Antrea Net Find," in *Karelian Isthmus: Stone Age Studies in 1998–2003*, ed. Mika Lavento and Kerkko Nordqvist, 71–87 (Helsinki: The Finnish Antiquarian Society, 2008).

3 H. J. Shepstone, "Fishes That Come to the Deep-Sea Nets," in *Animal Life of the World*, ed. J. R Crossland and J. M. Parrish (London: Odhams Press, 1934), 525.

4 FAO, "State of World Fisheries, Aquaculture Report— Fish Consumption" (2012), www.thefishsite.com/articles/1447/fao-state-of-world-fisheries-aquaculture-report-fish-consumption.

5 Carrie R. Daniel et al., "Trends in Meat Consumption in the United States," *Public Health Nutrition* 14, no. 4 (2011): 575–83.

6 Gaia Vince, "How the World's Oceans Could Be Running Out of Fish," September 21, 2012, www.bbc.com/future/story/20120920-are-we-running-out-of-fish.

7 Adam Sherwin, " 'Leave the badgers alone,' says Sir David Attenborough. 'The real problem is the human population,' " *The Independent*, November 5, 2012, www.independent.co.uk/environment/nature/leave-the-badgers-alone-says-sir-david-attenborough-the-real-problem-is-the-human-population-8282959.html.

21 Ralph J. Bailey, "The Osteology and Relationships of the Phallostethid Fishes," *Journal of Morphology* 59, no. 3 (2005): 453–83.
22 R. Brian Langerhans, Craig A. Layman, and Thomas J. DeWitt, "Male Genital Size Reflects a Tradeoff Between Attracting Mates and Avoiding Predators in Two Live-Bearing Fish Species," *PNAS* 102, no. 21 (2005): 7618–23.
23 Norman and Greenwood, *History of Fishes*.
24 Ike Olivotto et al., "Spawning, Early Development, and First Feeding in the Lemonpeel Angelfish *Centropyge flavissimus*," *Aquaculture* 253 (2006): 270–78.

子育てのスタイル

1 Charles Dickens, *Our Mutual Friend* (Oxford: Oxford University Press, 1989).〔ディケンズ『我らが共通の友』間二郎訳，筑摩書房〕
2 Norman and Greenwood, *History of Fishes.*
3 Clive Roots, *Animal Parents* (Westport, CT: Greenwood Press, 2007); Judith E. Mank, Daniel E. L. Promislow, and John C. Avise, "Phylogenetic Perspectives in the Evolution of Parental Care in Ray-Finned Fishes," *Evolution* 59, no. 7 (2005): 1570–78.
4 William C. Hamlett, "Evolution and Morphogenesis of the Placenta in Sharks," *Journal of Experimental Zoology* 252, Supplement S2 (1989): 35–52.
5 Helfman et al., *Diversity of Fishes* (1997).
6 Norman and Greenwood, *History of Fishes*.
7 Edward J. Noga and Umaporn Silphaduang, "Piscidins: A Novel Family of Peptide Antibiotics from Fish," *Drug News and Perspectives* 16, no. 2 (2003): 87–92.
8 Thys, "For the Love of Fishes."
9 Thys, 私信, 2015年8月.
10 Eleanor Bell, "Gasterosteiform," *Encyclopedia Britannica*, www.britannica.com/animal/gasterosteiform.
11 McFarland, *Oxford Companion to Animal Behavior*.
12 C. O'Neil Krekorian and D. W. Dunham, "Preliminary Observations on the Reproductive and Parental Behavior of the Spraying Characid *Copeina arnoldi* Regan," *Zeitschrift für Tierpsychologie* 31, no. 4 (1972): 419–37.
13 Lawrence S. Blumer, "A Bibliography and Categorization of Bony Fishes Exhibiting Parental Care," *Zoological Journal of the Linnean Society* 76 (1982): 1–22.
14 Helfman et al., *Diversity of Fishes* (2009).
15 Clive Roots, *Animal Parents*.
16 Andrew S. Hoey, David R. Bellwood, and Adam Barnett, "To Feed or to Breed: Morphological Constraints of Mouthbrooding in Coral Reef Cardinalfishes," *Proceedings of the Royal Society of London B: Biological Sciences* 279 (2012): 2426–32.
17 Yasunobu Yanagisawa and Mutsumi Nishida, "The Social and Mating System of the Maternal Mouthbrooder *Tropheus moorii* in Lake Tanganyika," *Japanese Journal of Ichthyology* 38, no. 3 (1991): 271–82.
18 Reebs, *Fish Behavior.*
19 Hoey et al., "To Feed or to Breed."
20 "Saving the World's Fisheries," unsigned editorial, *Washington Post*, October 3, 2012.
21 Roots, *Animal Parents*.
22 Adam G. Jones and John C. Avise, "Sexual Selection in Male-Pregnant Pipefishes and

24 Ron Harlan, "Ten Devastatingly Deceptive or Bizarre Animal Mimics," Listverse, July 20, 2013, http://listverse.com/2013/07/20/10-devastatingly-deceptive-or-bizarre-animal-mimics.
25 McFarland, *Oxford Companion to Animal Behavior*.
26 Morris, *Animalwatching*.
27 Pietsch, *Oceanic Anglerfishes*.

VI 魚はどのように子をつくるか

セックスライフ

1 A. A. Milne, *Winnie-the-Pooh* (New York: Puffin Books, 1992).〔ミルン『クマのプーさん』石井桃子訳，岩波書店〕
2 T. J. Pandian, *Sexuality in Fishes* (Enfield, NH: Science Publishers, 2011).
3 James S. Diana, *Biology and Ecology of Fishes, 2nd ed*. (Traverse City, MI: Biological Sciences Press/Cooper Publishing, 2004).
4 Yvonne Sadovy de Mitcheson and Min Liu, "Functional Hermaphroditism in Teleosts," *Fish and Fisheries* 9, no. 1 (2008): 1–43.
5 Robert R. Warner, "Mating Behavior and Hermaphroditism in Coral Reef Fishes," *American Scientist* 72, no. 2 (1984): 128–36.
6 Hans Fricke and Simone Fricke, "Monogamy and Sex Change by Aggressive Dominance in Coral Reef Fish," *Nature* 266 (1977): 830–32.
7 Helfman et al., *Diversity of Fishes* (2009), 458.
8 Arimune Munakata and Makito Kobayashi, "Endocrine Control of Sexual Behavior in Teleost Fish," *General and Comparative Endocrinology* 165, no. 3 (2010): 456–68.
9 大方洋二が撮影したこの現象の写真は 2012 年 9 月 23 日に掲載されたものが以下で何点か見られる．http://mostlyopenocean.blogspot.com.au/2012/09/a-little-fish-makes-big-sand-sculptures.html.
10 Helfman et al., *Diversity of Fishes* (2009).
11 Sara Ostlund-Nilsson and Mikael Holmlund, "The Artistic Three-Spined Stickleback (*Gasterosteus aculeatus*)," *Behavioral Ecology and Sociobiology* 53, no. 4 (2003): 214–20.
12 Lesley Evans Ogden, "Fish Faking Orgasms and Other Lies Animals Tell for Sex," BBC Earth, February 14, 2015, www.bbc.com/earth/story/20150214-fake-orgasms-and-other-sex-lies?ocid=fbert.
13 Norman and Greenwood, *History of Fishes*.
14 Masanori Kohda et al., "Sperm Drinking by Female Catfishes: A Novel Mode of Insemination," *Environmental Biology of Fishes* 42, no. 1 (1995): 1–6.
15 Kohda et al.
16 Morris, *Animalwatching*.
17 Martin Plath et al., "Male Fish Deceive Competitors About Mating Preferences," *Current Biology* 18, no. 15 (2008): 1138–41.
18 Ingo Schlupp and Michael J. Ryan, "Male Sailfin Mollies (*Poecilia latipinna*) Copy the Mate Choice of Other Males," *Behavioral Ecology* 8, no. 1 (1997): 104–07.
19 Norman and Greenwood, *History of Fishes*.
20 Lois E. TeWinkel, "The Internal Anatomy of Two Phallostethid Fishes," *Biological Bulletin* 76, no. 1 (1939): 59–69.

5 R. Bshary et al., "Interspecific Communicative and Coordinated Hunting Between Groupers and Giant Moray Eels in the Red Sea," *PLoS Biology* 4 (2006): e431.

6 Frans B. M. de Waal, "Fishy Cooperation," *PLoS Biology* 4 (2006): e444, doi:10.1371/journal.pbio.0040444.

7 Alexander L. Vail, Andrea Manica, and R. Bshary, "Referential Gestures in Fish Collaborative Hunting," *Nature Communications* 4 (2013): 1765, doi:10.1038/ncomms2781; Simone Pika and Thomas Bugnyar, "The Use of Referential Gestures in Ravens (*Corvus corax*) in the Wild," *Nature Communications* 2 (2011): 560.

8 A. L. Vail, A. Manica, and R. Bshary, "Fish Choose Appropriately When and with Whom to Collaborate," *Current Biology* 24, no. 17 (2014): R791–R793, doi:10.1016/j.cub.2014.07.033.

9 Ed Yong, "When Your Prey's in a Hole and You Don't Have a Pole, Use a Moray," http://phenomena.nationalgeographic.com/2014/09/08/when-your-preys-in-a-hole-and-you-dont-have-a-pole-use-a-moray.

10 Jon Hamilton, "In Animal Kingdom, Voting of a Different Sort Reigns," NPR Online, last updated October 25, 2012, www.npr.org/2012/10/24/163561729/in-animal-kingdom-voting-of-a-different-sort-reigns3.

11 Iain D. Couzin, "Collective Cognition in Animal Groups," *Trends in Cognitive Sciences* 13, no. 1 (2009): 36–43; Larissa Conradt and Timothy J. Roper, "Consensus Decision Making in Animals," *Trends in Ecology and Evolution* 20, no. 8 (2005): 449–56.

12 David J. T. Sumpter et al., "Consensus Decision Making by Fish," *Current Biology* 18 (2008): 1773–77.

13 Ashley J. W. Ward et al., "Quorum Decision-Making Facilitates Information Transfer in Fish Shoals," *PNAS* 105, no. 19 (2008): 6948–53.

14 A. J. W. Ward et al., "Fast and Accurate Decisions Through Collective Vigilance in Fish Shoals," *PNAS* 108, no. 6 (2011): 2312–15.

15 以下の拙著で詳しく論じている．Balcombe, *Second Nature: The Inner Lives of Animals* (New York: Palgrave Macmillan, 2010).

16 John Maynard-Smith and George Price, "The Logic of Animal Conflict," *Nature* 246 (1973): 15–18.

17 Reebs, *Fish Behavior*.

18 McFarland, *Oxford Companion to Animal Behavior*.

19 Mark H. J. Nelissen, "Structure of the Dominance Hierarchy and Dominance Determining 'Group Factors' in *Melanochromis auratus* (Pisces, Cichlidae)," *Behaviour* 94 (1985): 85–107.

20 Marian Y. L. Wong et al., "The Threat of Punishment Enforces Peaceful Cooperation and Stabilizes Queues in a Coral-Reef Fish," *Proceedings of the Royal Society of London B: Biological Sciences* 274 (2007): 1093–99.

21 M. Y. L. Wong et al., "Fasting or Feasting in a Fish Social Hierarchy," *Current Biology* 18, no. 9 (2008): R372–R373.

22 Rui F. Oliveira, Peter K. McGregor, and Claire Latruffe, "Know Thine Enemy: Fighting Fish Gather Information from Observing Conspecific Interactions," *Proceedings of the Royal Society of London B: Biological Sciences* 265 (1998): 1045–49.

23 L. A. Rocha, R. Ross, and G. Kopp, "Opportunistic Mimicry by a Jawfish," *Coral Reefs* 31 (2011): 285, doi:10.1007/s00338-011-0855-y.

14 Lucie H. Salwiczek and Redouan Bshary, "Cleaner Wrasses Keep Track of the 'When' and 'What' in a Foraging Task," *Ethology* 117, no. 11 (2011): 939–48.
15 Jennifer Oates, Andrea Manica, and Redouan Bshary, "The Shadow of the Future Affects Cooperation in a Cleaner Fish," *Current Biology* 20, no. 11 (2010): R472–R473.
16 Bshary and Wurth, "Cleaner Fish *Labroides dimidiatus* Manipulate."
17 Bshary and Wurth.
18 Karen L. Cheney, R. Bshary, A. S. Grutter, "Cleaner Fish Cause Predators to Reduce Aggression Towards Bystanders at Cleaning Stations," *Behavioural Ecology* 19, no. 5 (2008): 1063–67.
19 "Machiavellian Intelligence in Fishes."
20 R. Bshary, Arun D'Souza, "Cooperation in Communication Networks: Indirect Reciprocity in Interactions Between Cleaner Fish and Client Reef Fish," in *Animal Communication Networks*, ed. Peter K. McGregor, 521–39 (Cambridge: Cambridge University Press, 2005).
21 R. Bshary, A. S. Grutter, "Asymmetric Cheating Opportunities and Partner Control in the Cleaner Fish Mutualism," *Animal Behaviour* 63, no. 3 (2002): 547–55.
22 Bshary, " Machiavellian Intelligence in Fishes."
23 Marta C. Soares et al., "Does Competition for Clients Increase Service Quality in Cleaning Gobies?" *Ethology* 114, no. 6 (2008): 625–32.
24 Andrea Bshary and Redouan Bshary, "Self-Serving Punishment of a Common Enemy Creates a Public Good in Reef Fishes," *Current Biology* 20, no. 22 (2010): 2032–35.
25 J. P. Balcombe and M. Brock Fenton, "Eavesdropping by Bats: The Influence of Echolocation Call Design and Foraging Strategy," *Ethology* 79, no. 2 (1988): 158–66.
26 Robert R. Warner, "Traditionality of Mating-Site Preferences in a Coral Reef Fish," *Nature* 335 (1988): 719–21, 719.
27 Helfman et al., *Diversity of Fishes* (2009).
28 Culum Brown and Kevin M. Laland, "Social Learning in Fishes," in *Fish Cognition and Behaviour*, 186–202.
29 Giancarlo De Luca et al., "Fishing Out Collective Memory of Migratory Schools," *Journal of the Royal Society Interface* 11, no. 95 (2014), doi:10.1098/rsif.2014.0043.
30 International Whaling Commission (undated), "Status of Whales," 2014年11月29日に閲覧. http://iwc.int/status.
31 www.terranature.org/orange_roughy.htm; www.eurekalert.org/pub_releases/2007-02/osu-ldf021307.php.

協力，民主主義，平和維持

1 Albert Einstein, *The World As I See It* (Minneapolis, MN: Filiquarian Publishing, 2005), 44.
2 Brian L. Partridge, Jonas Johansson, and John Kalish, "The Structure of Schools of Giant Bluefin Tuna in Cape Cod Bay," *Environmental Biology of Fishes* 9 (1983): 253–62.
3 Oona M. Lonnstedt, Maud C. O. Ferrari, and Douglas P. Chivers, "Lionfish Predators Use Flared Fin Displays to Initiate Cooperative Hunting," *Biology Letters* 10, no. 6 (2014), doi:10.1098/rsbl.2014.0281.
4 Carine Strubin, Marc Steinegger, and R. Bshary, "On Group Living and Collaborative Hunting in the Yellow Saddle Goatfish (*Parupeneus cyclostomus*)," *Ethology* 117, no. 11 (2011), 961–69.

15 Logan Grosenick, Tricia S. Clement, and Russell D. Fernald, "Fish Can Infer Social Rank by Observation Alone," *Nature* 445 (2007): 429–32.
16 Neil B. Metcalfe and Bruce C. Thomson, "Fish Recognize and Prefer to Shoal with Poor Competitors," *Proceedings of the Royal Society of London B: Biological Sciences* 259 (1995): 207–10.
17 Lee Alan Dugatkin and D. S. Wilson, "The Prerequisites for Strategic Behavior in Bluegill Sunfish, *Lepomis macrochirus*," *Animal Behaviour* 44 (1992): 223–30.
18 Pete Brockdor, 私信, 2014年4月12日.
19 C. Newport, G. M. Wallis, and U. E. Siebeck, " Human Facial Recognition in Fish," European Conference on Visual Perception (ECVP) Abstracts, *Perception* 42, no. 1 suppl (2013): 160.
20 Helfman and Collette, *Fishes: The Animal Answer Guide*.
21 Renee Godard, "Long-Term Memory of Individual Neighbours in a Migratory Songbird," *Nature* 350 (1991): 228–29.
22 Ronald E. Thresher, "The Role of Individual Recognition in the Territorial Behaviour of the Threespot Damselfish, *Eupomacentrus planifrons,*" *Marine Behaviour and Physiology* 6, no. 2 (1979): 83–93.
23 Roldan C. Munoz et al., "ExtraordinaryAggressive Behavior from the Giant Coral Reef Fish, *Bolbometopon muricatum*, in a Remote Marine Reserve," *PLoS ONE* 7, no. 6 (2012): e38120, doi:10.1371/journal.pone.0038120.
24 Munoz et al., "Extraordinary Aggressive Behavior."

魚同士のおつきあい

1 Seneca ("*Manus manum lavet*").
2 Alexandra S. Grutter, "Cleaner Fish," *Current Biology* 20, no. 13 (2010): R547–R549.
3 Grutter, " Cleaner Fish" ; McFarland, *Oxford Companion to Animal Behavior*.
4 A. S. Grutter, "Parasite Removal Rates by the Cleaner Wrasse *Labroides dimidiatus*," *Marine Ecology Progress Series* 130 (1996): 61–70.
5 A. S. Grutter, "The Relationship between Cleaning Rates and Ectoparasite Loads in Coral Reef Fishes," *Marine Ecology Progress Series* 118 (1995): 51–58.
6 A. S. Grutter, Jan Maree Murphy, and J. Howard Choat, "Cleaner Fish Drives Local Fish Diversity on Coral Reefs," *Current Biology* 13, no. 1 (2003): 64–67.
7 A. S. Grutter, "Effect of the Removal of Cleaner Fish on the Abundance and Species Composition of Reef Fish," *Oecologia* 111, no. 1 (1997): 137–43.
8 McFarland, *Oxford Companion to Animal Behavior*.
9 Desmond Morris, *Animalwatching: A Field Guide to Animal Behavior* (New York: Crown Publishers, 1990).
10 *Shark* [documentary series], BBC, www.bbc.co.uk/programmes/p02n7s0d.
11 Sabine Tebbich, Redouan Bshary, and Alexandra S. Grutter, "Cleaner Fish *Labroides dimidiatus* Recognise Familiar Clients," *Animal Cognition* 5, no. 3 (2002): 139–45.
12 Tebbich et al., " Cleaner Fish *Labroides dimidiatus* Recognise..."
13 Melissa Bateson, Susan D. Healy, and T. Andrew Hurly, "Context-Dependent Foraging Decisions in Rufous Hummingbirds," *Proceedings of the Royal Society of London B: Biological Sciences* 270 (2003): 1271–76. www.jstor.org/stable/3558811?seq=1#page_scan_tab_contents.

10 Flora Malein, "Catfish Hunt Pigeons in France," Tech Guru Daily, December 10, 2012, www.tgdaily.com/general-sciences-features/67959-catfish-hunt-pigeons-in-france.
11 Lucie H. Salwiczek et al., "Adult Cleaner Wrasse Outperform Capuchin Monkeys, Chimpanzees and Orang utans in a Complex Foraging Task Derived from Cleaner–Client Reef Fish Cooperation," *PLoS ONE* 7 (2012): e49068. doi:10.1371/journal.pone.0049068.
12 Alison Abbott, "Animal Behaviour: Inside the Cunning, Caring and Greedy Minds of Fish," *Nature News*, May 26, 2015.
13 Salwiczek et al., "Adult Cleaner Wrasses Outperform Capuchin Monkeys," 3.
14 Sana Inoue and Tetsuro Matsuzawa, "Working Memory of Numerals in Chimpanzees," *Current Biology* 17, no. 23 (2007): R1004–R1005.
15 チンパンジーが自らアルキメデスの原理を応用して食べものを手に入れる様子が以下の動画 "Insight Learning: Chimpanzee Problem Solving" で見られる．www.youtube.com/watch?v=fPz6uvlbWZE.
16 Eugene Linden, *The Octopus and the Orangutan: Tales of Animal Intrigue, Intelligence and Ingenuity* (London: Plume, 2003).
17 Howard Gardner, *Frames of Mind: The Theory of Multiple Intelligences* (New York: Basic Books, 1983).

V　魚は誰を知っているか

連れ立って泳げ

1 *A Matthew Shardlake Tudor Mystery* (New York: Viking, 2009), 57.
2 McFarland, *Oxford Companion to Animal Behavior*.
3 J. K. Parrish and W. K. Kroen, "Sloughed Mucus and Drag Reduction in a School of Atlantic Silversides, *Menidia menidia*," *Marine Biology* 97 (1988): 165–69.
4 D. P. Chivers, G. E. Brown, and R. J. F. Smith, "Familiarity and Shoal Cohesion in Fathead Minnows (*Pimephales promelas*): Implications for Antipredator Behavior," *Canadian Journal of Zoology* 73, no. 5 (1995): 955–60.
5 Jens Krause, "The Influence of Food Competition and Predation Risk on Size-assortative Shoaling in Juvenile Chub (*Leuciscus cephalus*)," *Ethology* 96, no. 2 (1994): 105–16.
6 McFarland, *Oxford Companion to Animal Behavior*.
7 Scott P. McRobert and Joshua Bradner, "The Influence of Body Coloration on Shoaling Preferences in Fish," *Animal Behaviour* 56 (1998): 611–15.
8 Jens Krause and Jean-Guy J. Godin, "Influence of Parasitism on Shoal Choice in the Banded Killifish (*Fundulus diaphanus*, Teleostei: Cyprinodontidae)," *Ethology* 102, no. 1 (1996): 40–49.
9 McFarland, *Oxford Companion to Animal Behavior*.
10 D. J. Hoare et al., "Context-Dependent Group Size Choice in Fish," *Animal Behaviour* 67, no. 1 (2004): 155–64.
11 Redouan Bshary, "Machiavellian Intelligence in Fishes," in *Fish Cognition and Behaviour*, C. Brown, K. Laland, and J. Krause, eds. (Oxford: Wiley-Blackwell, 2006).
12 McFarland, *Oxford Companion to Animal Behavior*.
13 Joseph Stromberg, "Are Fish Far More Intelligent Than We Realize?" Last updated August 4, 2014, www.vox.com/2014/8/4/5958871/fish-intelligence-smart-research-behavior-pain.
14 Stromberg, "Are Fish Far More Intelligent... ?"

pdf.

20 Andrea S. Griffin, Daniel T. Blumstein, and Christopher S. Evans, “Training Captive-Bred or Translocated Animals to Avoid Predators,” *Conservation Biology* 14 (2000): 1317–26.

21 Flavia de Oliveira Mesquita and Robert John Young, “The Behavioural Responses of Nile Tilapia (*Oreochromis niloticus*) to Anti-Predator Training,” *Applied Animal Behaviour Science* 106 (2007): 144–54.

22 Lester R. Aronson, Frederick R. Aronson, and Eugenie Clark, “Instrumental Conditioning and Light-Dark Discrimination in Young Nurse Sharks,” *Bulletin of Marine Science* 17, no. 2 (1967): 249–56.

23 *Shark*, BBC, 2015, www.bbc.co.uk/programmes/p02n7s0d.

24 Michael J. Kuba, Ruth A. Byrne, and Gordon M. Burghardt, “A New Method for Studying Problem Solving and Tool Use in Stingrays (*Potamotrygon castexi*),” *Animal Cognition* 13, no. 3 (2010): 507–13.

25 Benjamin B. Beck, *Animal Tool Behavior: The Use and Manufacture of Tools by Animals* (New York: Taylor and Francis, 1980).

26 K. K. Sheenaja and K. John Thomas, “Influence of Habitat Complexity on Route Learning Among Different Populations of Climbing Perch (*Anabas testudineus* Bloch, 1792),” *Marine and Freshwater Behaviour and Physiology* 44, no. 6 (2011): 349–58.

27 Lisa Davis, 私信, September 2013.

28 www.youtube.com/watch?v=Mbz1Caiq1Ys シェッド水族館のサメ．www.youtube.com/watch?v=5k1FTrs0vno マンタの担架乗りのトレーニング.

道具，計画，サルの心

1 Alfred, Lord Tennyson, “Locksley Hall,” 1835.

2 Giacomo Bernardi, “The Use of Tools by Wrasses (Labridae),” *Coral Reefs* 31, no. 1 (2012): 39.

3 Łukasz Paśko, “Tool-like Behavior in the Sixbar Wrasse, *Thalassoma hardwicke* (Bennett, 1830),” *Zoo Biology* 29, no. 6 (2010): 767–73.

4 Robert W. Shumaker, Kristina R. Walkup, and Benjamin B. Beck, *Animal Tool Behavior: The Use and Manufacture of Tools by Animals*, rev. and updated ed. (Baltimore: Johns Hopkins University Press, 2011).

5 Stefan Schuster et al., “Animal Cognition: How Archer Fish Learn to Down Rapidly Moving Targets,” *Current Biology* 16, no. 4 (2006): 378–83.

6 Stefan Schuster et al., “Archer Fish Learn to Compensate for Complex Optical Distortions to Determine the Absolute Size of Their Aerial Prey,” *Current Biology* 14, no. 17 (2004): 1565–68, doi:10.1016/j.cub.2004.08.050.

7 Sandie Millot et al., “Innovative Behaviour in Fish: Atlantic Cod Can Learn to Use an External Tag to Manipulate a Self-Feeder,” *Animal Cognition* 17, no. 3 (2014): 779–85.

8 Gordon C. O’Brien et al., “First Observation of African Tigerfish *Hydrocynus vittatus* Predating on Barn Swallows *Hirundo rustica* in Flight,” *Journal of Fish Biology* 84, no. 1 (2014): 263–66, doi:10.1111/jfb.12278.

9 G. C. O’Brien et al., “A Comparative Behavioural Assessment of an Established and New Tigerfish (*Hydrocynus vittatus*) Population in Two Artificial Impoundments in the Limpopo Catchment, Southern Africa,” *African Journal of Aquatic Sciences* 37, no. 3 (2012): 253–63.

IV 魚は何を考えているか

ひれ，うろこ，知性

1 Michael Faraday, laboratory journal entry #10,040 (19 March 1849), published in *The Life and Letters of Faraday Vol. II*, edited by Henry Bence Jones (Longmans, Green and Company, 1870), 253.

2 Vladimir Dinets, *Dragon Songs: Love and Adventure among Crocodiles, Alligators and Other Dinosaur Relations* (New York: Arcade Publishing, 2013), 317.

3 Edward C. Tolman, "Cognitive Maps in Rats and Men," *The Psychological Review* 55, no. 4 (1948): 189–208.

4 Lester R. Aronson, "Further Studies on Orientation and Jumping Behaviour in the Gobiid Fish, *Bathygobius soporator*," *Annals of the New York Academy of Sciences* 188 (1971): 378–92.

5 G. E. White and C. Brown, "Microhabitat Use Affects Brain Size and Structure in Intertidal Gobies," *Brain, Behavior and Evolution* 85, no. 2 (2015): 107–16.

6 V. Dinets, post on *r/science*, the forum of the *New Reddit Journal of Science*, November 6, 2014, www.reddit.com/r/science/comments/2lgxl6.

7 Tony J. Pitcher, Foreword, *Fish Cognition and Behaviour*, ed. Culum Brown, Kevin Laland, and Jens Krause (Oxford: Wiley-Blackwell, 2006).

8 Jacob Reighard, "An Experimental Field-study of Warning Coloration in Coral Reef Fishes," *Papers from the Tortugas Laboratory of the Carnegie Institution of Washington*, vol. II (Washington, D.C.: Carnegie Institution, 1908): 257–325.

9 Culum Brown, "Familiarity with the Test Environment Improves Escape Responses in the Crimson Spotted Rainbowfish, *Melanotaenia duboulayi*," *Animal Cognition* 4 (2001): 109–13.

10 Beukema, "Acquired Hook-Avoidance," "Angling Experiments with Carp."

11 Vilmos Csanyi and Antal Doka, "Learning Interactions between Prey and Predator Fish," *Marine Behaviour and Physiology* 23 (1993): 63–78.

12 Zoe Catchpole, "Fish with a Memory for Meals Like a Pavlov Dog," *The Telegraph*, February 2, 2008, www.telegraph.co.uk/news/earth/earthnews/3323994/Fish-with-a-memory-for-meals-like-a-Pavlov-dog.html.

13 Reebs, *Fish Behavior*, 74.

14 Chandroo et al., "Can Fish Suffer?"

15 Culum Brown, 未発表データ．Stephan G. Reebs, "Time-Place Learning in Golden Shiners (Pisces: Cyprinidae)," *Behavioral Processes* 36, no. 3 (1996): 253–62.

16 Reebs, "Time-Place Learning" ; L. M. Gomez-Laplaza and R. Gerlai, "Quantification Abilities in Angelfish (*Pterophyllum scalare*): The Influence of Continuous Variables," *Animal Cognition* 16 (2013): 373–83.

17 Larry W. Means, S. R. Ginn, M. P. Arolfo, J. D. Pence, "Breakfast in the Nook and Dinner in the Dining Room: Time-of-day Discrimination in Rats," *Behavioral Processes*, 2000, 49: 21–33.

18 Herbert Biebach, Marijke Gordijn, and John R. Krebs, "Time-and-Place Learning by Garden Warblers, *Sylvia borin*," *Animal Behaviour* 37, part 3 (1989): 353–60.

19 W. J. McNeil, "Expansion of Cultured Pacific Salmon into Marine Ecosystems, " *Aquaculture* 98 (1991): 123–30; www.usbr.gov/uc/rm/amp/twg/mtgs/03jun30/Attach_02.

4 F. A. Huntingford et al., "Current Issues in Fish Welfare," *Journal of Fish Biology* 68, no. 2 (2006): 332–72; S. E. Wendelaar Bonga, "The Stress Response in Fish," *Physiological Reviews* 77, no. 3 (1997): 591–625.

5 Adam R. Reddon et al., "Effects of Isotocin on Social Responses in a Cooperatively Breeding Fish," *Animal Behaviour* 84 (2012): 753–60; "Swimming with Hormones: Researchers Unravel Ancient Urges That Drive the Social Decisions of Fish," McMaster University Press Release, October 9, 2012, www.eurekalert.org/pub_releases/2012-10/mu-swh100912.php.

6 Chandroo et al., "Can Fish Suffer?"

7 Manuel Portavella, Blas Torres, and Cosme Salas, "Avoidance Response in Goldfish: Emotional and Temporal Involvement of Medial and Lateral Telencephalic Pallium," *Journal of Neuroscience* 24, no. 9 (2004): 2335–42.

8 Chandroo et al., "Can Fish Suffer?"

9 Huntingford et al., " Current Issues in Fish Welfare."

10 Jonatan Klaminder et al., "The Conceptual Imperfection of Aquatic Risk Assessment Tests: Highlighting the Need for Tests Designed to Detect Therapeutic Effects of Pharmaceutical Contaminants," *Environmental Research Letters* 9, no. 8 (2014): 084003.

11 D. P. Chivers and R. J. F. Smith, "Fathead Minnows, *Pimephales promelas*, Acquire Predator Recognition When Alarm Substance Is Associated with the Sight of Unfamiliar Fish," *Animal Behaviour* 48, no. 3 (1994): 597–605.

12 Adam L. Crane and Maud C. O. Ferrari, "Minnows Trust Conspecifics More Than Themselves When Faced with Conflicting Information About Predation Risk," *Animal Behaviour* 100 (2015): 184–90.

13 以下で発表済の80件の研究が取り上げられている．J. P. Balcombe, Neal D. Barnard, and Chad Sandusky, "Laboratory Routines Cause Animal Stress," *Contemporary Topics in Laboratory Animal Science* 43, no. 6 (2004): 42–51.

14 L. Ziv et al., "An Affective Disorder in Zebrafish with Mutation of the Glucocorticoid Receptor," *Molecular Psychiatry* 18 (2013): 681–91.

15 Chelsea Whyte, "Study: Fish Get a Fin Massage and Feel More Relaxed," *Washington Post*, November 21, 2011, www.washingtonpost.com/national/health-science/study-fish-get-a-fin-massage-and-feel-more-relaxed/2011/11/16/gIQAxoZvhN story.html.

16 Marta C. Soares et al., "Tactile Stimulation Lowers Stress in Fish," *Nature Communications* 2 (2011): 534.

17 Bow Tong Lett and Virginia L. Grant, "The Hedonic Effects of Amphetamine and Pentobarbital in Goldfish," *Pharmacological Biochemistry and Behavior* 32, no. 1 (1989): 355–56.

18 Karl Groos, *The Play of Animals* (New York: Appleton and Company, 1898).

19 Gordon M. Burghardt, *The Genesis of Animal Play: Testing the Limits* (Cambridge, MA: The MIT Press, 2005).

20 G. M. Burghardt, Vladimir Dinets, and James B. Murphy, "Highly Repetitive Object Play in a Cichlid Fish (*Tropheus duboisi*)," *Ethology* 121, no. 1 (2014): 38–44.

21 H. Dickson Hoese, "Jumping Mullet— The Internal Diving Bell Hypothesis," *Environmental Biology of Fishes* 13, no. 4 (1985): 309–14.

22 Burghardt, *Genesis of Animal Play*.

Society B: Biological Sciences 270 (2003): 1115–21; reported in Braithwaite, *Do Fish Feel Pain?*〔『魚は痛みを感じるか?』既出〕
15 Lilia S. Chervova and Dmitri N. Lapshin, "Pain Sensitivity of Fishes and Analgesia Induced by Opioid and Nonopioid Agents," *Proceedings of the Fourth International Iran and Russia Conference* (Moscow: Moscow State University, 2004).
16 Braithwaite, *Do Fish Feel Pain?*, 68.〔『魚は痛みを感じるか?』既出〕
17 Vilmos Csanyi and Judit Gervai, "Behavior-Genetic Analysis of the Paradise Fish, *Macropodus opercularis*. II. Passive Avoidance Learning in Inbred Strains," *Behavior Genetics* 16, no. 5 (1986): 553–57.
18 Caio Maximino, "Modulation of Nociceptive-like Behavior in Zebrafish (*Danio rerio*) by Environmental Stressors," *Psychology and Neuroscience* 4, no. 1 (2011): 149–55.
19 L. U. Sneddon, "Clinical Anesthesia and Analgesia in Fish," *Journal of Exotic Pet Medicine* 21, no. 1 (2012): 32–43; "Do Painful Sensations and Fear Exist in Fish?" In *Animal Suffering: From Science to Law: International Symposium*, ed. Thierry Auffret Van der Kemp and Martine Lachance, 93–112 (Toronto: Carswell, 2013).
20 Janicke Nordgreen et al., "Thermonociception in Fish: Effects of Two Different Doses of Morphine on Thermal Threshold and Post-Test Behaviour in Goldfish (*Carassius auratus*)," *Applied Animal Behaviour Science* 119 (2009): 101–07.
21 *AVMA Guidelines for the Euthanasia of Animals: 2013 Edition*, American Veterinary Medical Association, www.avma.org/KB/Policies/Documents/euthanasia.pdf.
22 Philip Low et al., "The Cambridge Declaration on Consciousness," 人間および人間以外の動物の意識に関するフランシス・クリック・メモリアル・カンファレンスで宣言された. Cambridge, UK, July 7, 2012.
23 G. A. Bradshaw, "The Elephants Will Not Be Televised," *Psychology Today*, December 4, 2012, www.psychologytoday.com/blog/bear-in-mind/201212/the-elephants-will-not-be-televised.
24 Rudoph H. Ehrensing and Gary F. Michell, "Similar Antagonism of Morphine Analgesia by MIF-1 and Naloxone in *Carassius auratus*," *Pharmacology Biochemistry and Behavior* 17, no. 4 (1981): 757–61; Beukema, "Acquired Hook-Avoidance," "Angling Experiments with Carp."

ストレスからたのしさまで

1 Brian Curtis, *The Life Story of the Fish: His Manners and Morals* (New York: Harcourt Brace, 1949; repr. ed., Dover Publications, 1961).
2 Joan Dunayer, *Animal Equality: Language and Liberation* (Derwood, MD: Ryce Publishing, 2001). Dunayerの情報源はRobin Brown, "Blackie Was (Fin)ished until Big Red Swam In," *Weekend Argus* (Cape Town, South Africa), August 18, 1984: 15で取り上げられたTrevor Berryの話.
3 K. P. Chandroo, I. J. H. Duncan, and R. D. Moccia, "Can Fish Suffer? Perspectives on Sentience, Pain, Fear and Stress," *Applied Animal Behaviour Science* 86 (2004): 225–50; C. Broglio et al., "Hallmarks of a Common Forebrain Vertebrate Plan: Specialized Pallial Areas for Spatial, Temporal and Emotional Memory in Actinopterygian Fish," *Brain Research Bulletin* 66 (2005): 277–81; Eleanor Boyle, "Neuroscience and Animal Sentience," March 2009, www.ciwf.org.uk/includes/documents/cm_docs/2009/b/boyle_2009_neuroscience_and_animal_sentience.pdf.

29 *Shark* [nature documentary series], BBC, 2015, www.bbc.co.uk/programmes/p02n7s0d.
30 Karen Furnweger, “Shark Week: Sharks of a Different Stripe,” Shedd Aquarium Blog, August 6, 2013, www.sheddaquarium.org/blog/2013/08/Shark-Week-Sharks-of-a-Different-Stripe.
31 Tierney Thys, “Swimming Heads,” *Natural History* 103 (1994): 36–39.

III　魚は何を感じているか

痛み，意識，認識

1 D. H. Lawrence, “Fish.”〔『愛と死の詩集』既出〕
2 D. H. Lawrence, “Fish.”〔『愛と死の詩集』既出〕
3 Caleb T. Hasler et al., “Opinions of Fisheries Researchers, Managers, and Anglers Towards Recreational Fishing Issues: An Exploratory Analysis for North America,” *American Fisheries Symposium* 75 (2011): 141–70.
4 R. Muir et al., “Attitudes Towards Catchand-Release Recreational Angling, Angling Practices and Perceptions of Pain and Welfare in Fish in New Zealand,” *Animal Welfare* 22 (2013): 323–29.
5 James D. Rose et al., “Can Fish Really Feel Pain?” *Fish and Fisheries* 15, no. 1 (2014): 97–133, オンライン誌に発表． December 20, 2012, doi:10.1111/faf.12010. この文献が科学誌上で発表されたのと同様，オーストラリアの神経科学者Brian Keyの「魚はなぜ痛みを感じないのか」と題された記事も*Animal Sentience*誌に掲載されたが，正式なコメント（大半は反論）が同誌に数多く寄せられた．http://animalstudiesrepository.org/animsent.
6 Erich D. Jarvis et al., “Avian Brains and a New Understanding of Vertebrate Brain Evolution,” *Nature Reviews Neuroscience* 6 (2005): 151–59.
7 O. R. Salva, V. A. Sovrano, and G. Vallortigara, “What Can Fish Brains Tell Us About Visual Perception?” *Frontiers in Neural Circuits* 8 (2014): 119, doi:10.3389/fncir.2014.00119.
8 Keith A. Jones, *Knowing Bass: The Scientific Approach to Catching More Fish* (Guilford, CT: Lyons Press, 2001), 244.
9 J. J. Beukema, “Acquired Hook-Avoidance in the Pike *Esox lucius L*. Fished with Artificial and Natural Baits,” *Journal of Fish Biology* 2, no. 2 (1970): 155–60; J. J. Beukema, “Angling Experiments with Carp (*Cyprinus carpio L.*) II. Decreased Catchability Through One Trial Learning,” *Netherlands Journal of Zoology* 19 (1970): 81–92.
10 R. O. Anderson and M. L. Heman, “Angling as a Factor Influencing the Catchability of Largemouth Bass,” *Transactions of the American Fisheries Society* 98 (1969): 317–20.
11 Bruce Friedrich, “ Toward a New Fish Consciousness: An Interview with Dr. Culum Brown,” June 23, 2014, www.thedodo.com/community/FarmSanctuary/toward-a-new-fish-consciousness-601529872.html.
12 Victoria A. Braithwaite, *Do Fish Feel Pain?* (Oxford: Oxford University Press, 2010)〔ブレイスウェイト『魚は痛みを感じるか?』高橋洋訳，紀伊国屋書店〕; Lynne U. Sneddon, “The Evidence for Pain in Fish: The Use of Morphine as an Analgesic,” *Applied Animal Behaviour Science* 83, no. 2 (2003): 153–62.
13 L. U. Sneddon, “Pain in Aquatic Animals.” *Journal of Experimental Biology* 218 (2015): 967–76.
14 L. U. Sneddon, V. A. Braithwaite, and Michael J. Gentle, “Do Fishes Have Nociceptors? Evidence for the Evolution of a Vertebrate Sensory System,” *Proceedings of the Royal*

Magnetoreceptor Cells," *Proceedings of the National Academy of Sciences of the United States of America* 109 (2012): 12022–27.

5 Andrew H. Dittman and Thomas P. Quinn, "Homing in Pacific Salmon: Mechanisms and Ecological Basis," *Journal of Experimental Biology* 199 (1996): 83–91.

6 Arthur D. Hasler and Allan T. Scholz, *Olfactory Imprinting and Homing in Salmon: Investigations into the Mechanism of the Homing Process* (Berlin: Springer-Verlag, 1983).

7 Hiroshi Ueda et al., "Lacustrine Sockeye Salmon Return Straight to Their Natal Area from Open Water Using Both Visual and Olfactory Cues," *Chemical Senses* 23 (1998): 207–12.

8 Norman and Greenwood, *History of Fishes.*〔『定訳　魚の博物学』既出〕

9 Myrberg and Fuiman, "Sensory World of Coral Reef Fishes."

10 T. Burt de Perera, "Fish Can Encode Order in Their Spatial Map," *Proceedings of the Royal Society B: Biological Sciences* 271 (2004): 2131–34, doi:10.1098/rspb.2004.2867.

11 T. Burt de Perera and V. A. Braithwaite, "Laterality in a Non-Visual Sensory Modality—The Lateral Line of Fish," *Current Biology* 15, no. 7 (2005): R241–R242.

12 Brian Palmer, "Special Sensors Allow Fish to Dart Away from Potential Theats at the Last Moment," *Washington Post*, November 26, 2012, www.washingtonpost.com/national/health-science/special-sensors-allow-fish-to-dart-away-from-potential-theats-at-the-last-moment/2012/11/26/574d0960-3254-11e2-bb9b-288a310849ee_story.html.

13 Mark E. Nelson, "Electric Fish," *Current Biology* 21, no. 14 (2011): R528–R529.

14 R. Douglas Fields, "The Shark's Electric Sense," *Scientific American* 297 (2007): 74–81.

15 R. W. Murray, "Electrical Sensitivity of the Ampullae of Lorenzini," *Nature* 187 (1960): 957, doi:10.1038/187957a0.

16 Helfman et al., *Diversity of Fishes* (1997).

17 Nelson, "Electric Fish."

18 Stephen Paintner and Bernd Kramer, "Electrosensory Basis for Individual Recognition in a Weakly Electric, Mormyrid Fish, *Pollimyrus adspersus* (Gunther, 1866)," *Behavioral Ecology & Sociobiology* 55 (2003): 197–208. doi:10.1007/s00265-003-0690-4.

19 Nelson, " Electric Fish."

20 Andreas Scheffel and Bernd Kramer, "Intra- and Interspecific Communication among Sympatric Mormyrids in the Upper Zambezi River," in Ladich et al., eds., *Communication in Fishes*, 733–51.

21 Theodore H. Bullock, Robert H. Hamstra Jr., and Henning Scheich, "The Jamming Avoidance Response of High Frequency Electric Fish," *Journal of Comparative Physiology* 77, no. 1 (1972): 1–22.

22 A. S. Feng, "Electric Organs and Electroreceptors," in *Comparative Animal Physiology*, 4th ed., ed. C. L. Prosser, 217–34 (New York: John Wiley and Sons, 1991).

23 Scheffel and Kramer, "Intra- and Interspecific Communication."

24 Helfman et al., *Diversity of Fishes* (1997).

25 Helfman et al., 1997.

26 www.youtube.com/watch?v=gWcaZs683Lk.

27 Redouan Bshary and Manuela Wurth, "Cleaner Fish *Labroides dimidiatus* Manipulate Client Reef Fish by Providing Tactile Stimulation," *Proceedings of the Royal Society of London B: Biological Sciences* 268 (2001): 1495–1501.

28 Jennifer S. Holland, *Unlikely Friendships: 47 Remarkable Stories from the Animal Kingdom* (New York: Workman Publishing, 2011), 32.

Schreckstoff der Fischhaut und seine biologische Bedeutung," *Zeitschrift für vergleichende Physiologie* 29, no. 1 (1942): 46–145.
32 Reebs, *Fish Behavior*.
33 R. Jan F. Smith, "Alarm Signals in Fishes," *Reviews in Fish Biology and Fisheries* 2 (1992): 33–63; Wolfgang Pfeiffer, "The Distribution of Fright Reaction and Alarm Substance Cells in Fishes," *Copeia* 1977, no. 4 (1977): 653–65.
34 Grant E. Brown, Douglas P. Chivers, and R. Jan F. Smith, "Fathead Minnows Avoid Conspecific and Heterospecific Alarm Pheromones in the Faeces of Northern Pike," *Journal of Fish Biology* 47, no. 3 (1995): 387–93.; "Effects of Diet on Localized Defecation by Northern Pike, *Esox lucius*," *Journal of Chemical Ecology* 22, no. 3 (1996): 467–75.
35 Brown, Chivers, and Smith, "Localized Defecation by Pike: A Response to Labelling by Cyprinid Alarm Pheromone?" *Behavioral Ecology and Sociobiology* 36 (1995): 105–10.
36 Robert E. Hueter et al., "Sensory Biology of Elasmobranchs," in *Biology of Sharks and Their Relatives*, ed. Jeffrey C. Carrier, John A. Musick, and Michael R. Heithaus (Boca Raton, FL: CRC Press, 2004).
37 Laura Jayne Roberts and Carlos Garcia de Leaniz, "Something Smells Fishy: Predator-Naive Salmon Use Diet Cues, Not Kairomones, to Recognize a Sympatric Mammalian Predator," *Animal Behaviour* 82, no. 4 (2011): 619–25.
38 W. N. Tavolga, "Visual, Chemical and Sound Stimuli as Cues in the Sex Discriminatory Behaviour of the Gobiid Fish *Bathygobius soporator*," *Zoologica* 41 (1956): 49–64.
39 Heidi S. Fisher and Gil G. Rosenthal, "Female Swordtail Fish Use Chemical Cues to Select Well-Fed Mates," *Animal Behaviour* 72 (2006): 721–25.
40 Theodore W. Pietsch, *Oceanic Anglerfishes: Extraordinary Diversity in the Deep Sea* (Berkeley, CA: University of California Press, 2009).
41 Pietsch, *Oceanic Anglerfishes*.
42 Gil G. Rosenthal et al., "Tactical Release of a Sexually-Selected Pheromone in a Swordtail Fish," *PLo SONE* 6, no. 2 (2011): e16994, doi:10.1371/journal.pone.0016994.
43 魚の味覚に関するすぐれた考察については以下を参照のこと．Kasumyan and Døving, "Taste Preferences in Fish."
44 McFarland, *Oxford Companion to Animal Behavior*; Sosin and Clark, *Through the Fish's Eye*.
45 Thomas E. Finger et al., "Postlarval Growth of the Peripheral Gustatory System in the Channel Catfish, *Ictalurus punctatus*," *The Journal of Comparative Neurology* 314, no. 1 (1991): 55–66.
46 Yoshiyuki Yamamoto, "Cavefish," *Current Biology* 14, no. 22 (2004): R943.
47 Norman and Greenwood, *History of Fishes*.〔『定訳　魚の博物学』既出〕
48 Reebs, *Fish Behavior*, 86.

方向感覚，触覚，そして……

1 Wallace Stegner, *Angle of Repose* (New York: Doubleday, 1971).
2 Helfman et al., *Diversity of Fishes* (2009).
3 Victoria A. Braithwaite and Theresa Burt De Perera, "Short-Range Orientation in Fish: How Fish Map Space," *Marine and Freshwater Behaviour and Physiology* 39, no. 1 (2006): 37–47.
4 Stephan H. K. Eder et al., "Magnetic Characterization of Isolated Candidate Vertebrate

and Simulated Dolphin Echolocation Clicks by a Teleost Fish, the American Shad (*Alosa sapidissima*)," *Journal of the Acoustical Society of America* 104, no. 1 (1998): 562–68.

11 O. Sand and H. E. Karlsen, "Detection of Infrasound and Linear Acceleration in Fishes," *Philosophical Transactions of the Royal Society of London B: Biological Sciences* 355 (2000): 1295–98.

12 Robert D. McCauley, Jane Fewtrell, and Arthur N. Popper, "High Intensity Anthropogenic Sound Damages Fish Ears," *The Journal of the Acoustical Society of America* 113, no. 1 (2003): 638–42.

13 Arill Engas et al., "Effects of Seismic Shooting on Local Abundance and Catch Rates of Cod (*Gadus morhua*) and Haddock (*Melanogrammus aeglefinus*)," *Canadian Journal of Fisheries and Aquatic Sciences* 53 (1996): 2238–49.

14 Stephan Reebs, *Fish Behavior in the Aquarium and in the Wild* (Ithaca, New York: Comstock Publishing Associates/Cornell University Press, 2001).

15 Sosin and Clark, *Through the Fish's Eye*.

16 Sosin and Clark. 魚の声を聞くことについてガーナの漁師がつづった随筆が以下で読める．B. Konesni, *Songs of the Lalaworlor: Musical Labor on Ghana's Fishing Canoes*, June 14, 2008, www.worksongs.org/blog/2013/10/18/songs-of-the-lalaworlor-musical-labor-on-ghanas-fishing-canoes.

17 Sandie Millot, Pierre Vandewalle, and Eric Parmentier, "Sound Production in Red-Bellied Piranhas (*Pygocentrus nattereri*, Kner): An Acoustical, Behavioural and Morphofunctional Study," *Journal of Experimental Biology* 214 (2011): 3613–18.

18 Ava R. Chase, " Music Discriminations by Carp (*Cyprinus carpio*)," *Animal Learning and Behavior* 29, no. 4 (2001): 336–53.

19 Chase, " Music Discriminations," 352.

20 Richard R. Fay, "Perception of Spectrally and Temporally Complex Sounds by the Goldfish (*Carassius auratus*)," *Hearing Research* 89 (1995): 146–54.

21 Sofronios E. Papoutsoglou et al., "Common Carp (*Cyprinus carpio*) Response to Two Pieces of Music ("Eine Kleine Nachtmusik" and "Romanza") Combined with Light Intensity, Using Recirculating Water System," *Fish Physiology and Biochemistry* 36, no. 3 (2009): 539–54.

22 Jenny Hole et al., " Music as an Aid for Postoperative Recovery in Adults: A Systematic Review and Meta-Analysis," *Lancet* 386 (2015): 1659–71.

23 Karakatsouli, personal communication, June 2015.

24 Ben Wilson, Robert S. Batty, and Lawrence M. Dill, "Pacific and Atlantic Herring Produce Burst Pulse Sounds," *Proceedings of the Royal Society of London, B: Biological Sciences* 271, supplement 3 (2004): S95–S97.

25 Wilson et al., "Herring Produce Burst Pulse Sounds."

26 Nicole E. Rafferty and Janette Wenrick Boughman, "Olfactory Mate Recognition in a Sympatric Species Pair of Three-Spined Sticklebacks," *Behavioral Ecology* 17, no. 6 (2006): 965–70.

27 Norman and Greenwood, *History of Fishes*.〔『定訳　魚の博物学』既出〕

28 Sosin and Clark, *Through the Fish's Eye*.

29 Toshiaki J. Hara, "Olfaction in Fish," *Progress in Neurobiology* 5, part 4 (1975): 271–335.

30 Sosin and Clark, *Through the Fish's Eye*.

31 Karl von Frisch, "The Sense of Hearing in Fish," *Nature* 141 (1938): 8–11; "Über einen

19 Interpretive sign at the Smithsonian National Museum of Natural History, Washington, D.C., September 2012.
20 Norman and Greenwood, *History of Fishes*.〔『定訳　魚の博物学』既出〕
21 D. J. Woodland et al., "A Synchronized Rhythmic Flashing Light Display by Schooling 'Leiognathus Splendens' (Leiognathidae: Perciformes)," *Marine and Freshwater Research* 53, no. 2 (2002): 159–62; Akara Sasaki et al., "Field Evidence for Bioluminescent Signaling in the Pony Fish, *Leiognathus elongatus*," *Environmental Biology of Fishes* 66 (2003): 307–11.
22 James G. Morin et al., "Light for All Reasons: Versatility in the Behavioral Repertoire of the Flashlight Fish," *Science* 190 (1975): 74–76.
23 Stephen R. Palumbi and Anthony R. Palumbi, *The Extreme Life of the Sea* (Princeton: Princeton University Press, 2014).
24 Irene Pepperberg, *Alex & Me: How a Scientist and a Parrot Uncovered a Hidden World of Animal Intelligence—and Formed a Deep Bond in the Process* (New York: HarperCollins, 2008), 202.〔ペパーバーグ『アレックスと私』佐柳信男訳，幻冬舎〕
25 Valeria Anna Sovrano, Liliana Albertazzi, and Orsola Rosa Salva, "The Ebbinghaus Illusion in a Fish (*Xenotoca eiseni*)," *Animal Cognition* 18 (2015): 533–42.
26 V. A. Sovrano, "Perception of the Ebbinghaus and Müller-Lyer Illusion in a Fish (*Xenotoca eiseni*)," poster presented at CogEvo 2014, the 4th Rovereto Workshop on Cognition and Evolution, Rovereto, Italy, July 7–9.
27 O. R. Salva, V. A. Sovrano, and Giorgio Vallortigara, "What Can Fish Brains Tell Us About Visual Perception?" *Frontiers in Neural Circuits* 8 (2014): 119, doi:10.3389/fncir.2014.00119.
28 Desmond Morris, *Animalwatching: A Field Guide to Animal Behavior* (London: Jonathan Cape, 1990).

魚は何を聞き，何を嗅ぎ，何を味わっているか

1 Eden Phillpotts, *A Shadow Passes* (London: Cecil Palmer and Hayward, 1918), 19. 誤って W. B. Yeats や Bertrand Russell の言葉とされることがよくある.
2 Helfman et al., *Diversity of Fishes* (1997); A. O. Kasumyan and Kjell B. Døving, "Taste Preferences in Fish," *Fish and Fisheries* 4, no. 4 (2003): 289–347.
3 Friedrich Ladich, "Sound Production and Acoustic Communication," in *The Senses of Fish: Adaptations for the Reception of Natural Stimuli*, Gerhard Von der Emde et al., eds., 210–30 (Dordrecht, Netherlands: Springer, 2004).
4 Norman and Greenwood, *History of Fishes*.〔『定訳　魚の博物学』既出〕
5 Arthur A. Myrberg Jr. and M. Lugli, "Reproductive Behavior and Acoustical Interactions," in *Communication in Fishes*, Vol. 1, ed. Friedrich Ladich et al., 149–76 (Enfield, NH: Science Publishers, 2006).
6 Helfman and Collette, *Fishes: The Animal Answer Guide*.
7 Tania Munz, "The Bee Battles: Karl von Frisch, Adrian Wenner and the Honey Bee Dance Language Controversy," *Journal of the History of Biology* 38, no. 3 (2005): 535–70.
8 Norman and Greenwood, *History of Fishes*.〔『定訳　魚の博物学』既出〕
9 Norman and Greenwood, *History of Fishes*.〔『定訳　魚の博物学』既出〕
10 David A. Mann, Zhongmin Lu, and Arthur N. Popper, "A Clupeid Fish Can Detect Ultrasound," *Nature* 389 (1997): 341; D. A. Mann et al., "Detection of Ultrasonic Tones

34 Prothero, *Evolution: What the Fossils Say*.
35 Norman and Greenwood, *History of Fishes*.〔『定訳　魚の博物学』既出〕

II　魚は何を知覚しているか

魚は何を見ているか

1 Gustave Flaubert, 出典不明. 引用は以下より. https://en.wikiquote.org/wiki/Talk:Gustave Flaubert.
2 D. H. Lawrence, "Fish" (1921), in *Birds, Beasts and Flowers: Poems* (London: Martin Secker, 1923).〔ロレンス『愛と死の詩集』安藤一郎訳, 角川文庫〕
3 Helfman et al., *Diversity of Fishes* (1997).
4 David McFarland, ed., *The Oxford Companion to Animal Behavior* (Oxford: Oxford University Press, 1982; reprint ed., 1987).
5 Arthur A. Myrberg Jr. and Lee A. Fuiman, "The Sensory World of Coral Reef Fishes," in *Coral Reef Fishes: Dynamics and Diversity in a Complex Ecosystem*, ed. Peter F. Sale, 123–48 (Burlington, MA: Academic Press/Elsevier, 2002); Mark Sosin and John Clark, *Through the Fish's Eye: An Angler's Guide to Gamefish Behavior* (New York: Harper and Row, 1973).
6 Ofir Avni et al., "Using Dynamic Optimization for Reproducing the Chameleon Visual System," presented at the 45th IEEE Conference on Decision and Control, San Diego, CA, December 13–15, 2006.
7 Helfman et al., *Diversity of Fishes* (2009), 138.
8 David Alderton, "New Study Unveils Mysteries of Vision in *Anableps anableps*, the Four-Eyed Fish," FishChannel.com, July 25, 2011, www.fishchannel.com/fish-news/2011/07/25/anableps-four-eyedfish.aspx.
9 Helfman et al., *Diversity of Fishes* (1997).
10 Kerstin A. Fritsches, Richard W. Brill, and Eric J. Warrant, "Warm Eyes Provide Superior Vision in Swordfishes," *Current Biology* 15, no. 1 (2005): 55–58.
11 Sosin and Clark, *Through the Fish's Eye*.
12 Sosin and Clark.
13 Gengo Tanaka et al., "Mineralized Rods and Cones Suggest Colour Vision in a 300 Myr–Old Fossil Fish," *Nature Communications* 5 (2014): 5920; Sumit Passary, "Scientists Discover Rods and Cones in 300-Million-Year-Old Fish Eyes. What Findings Suggest," *Tech Times*, December 24, 2014, www.techtimes.com/articles/22888/20141224/scientists-discover-rods-and-cones-in-300-million-year-old-fish-eyes-what-findings-suggest.htm.
14 Brown, "Fish Intelligence."
15 George S. Losey et al., "The UV Visual World of Fishes: A Review," *Journal of Fish Biology* 54, no. 5 (1999): 921–43.
16 Ulrike E. Siebeck et al., "A Species of Reef Fish That Uses Ultraviolet Patterns for Covert Face Recognition," *Current Biology* 20, no. 5 (2010): 407–10.
17 Ulrike E. Siebeck and N. Justin Marshall, "Ocular Media Transmission of Coral Reef Fish—Can Coral Reef Fish See Ultraviolet Light?" *Vision Research* 41 (2001): 133–49.
18 市松模様になってカムフラージュするカレイの写真. http://users.rcn.com/jkimball.ma.ultranet/BiologyPages/C/Chromatophores.html.

11 Xabier Irigoien et al., "Large Mesopelagic Fishes Biomass and Trophic Efficiency in the Open Ocean," *Nature Communications* 5 (2014): 3271.

12 *The Discovery, Ecology, and Conservation of the Deep Sea* (Chicago: University of Chicago Press, 2007), 48.

13 Helfman, Collette, and Facey, *Diversity of Fishes* (1997).

14 David Alderton, "Many Fish Identified in the Past De cade," FishChannel.com, December 24, 2008, www.fishchannel.com/fish-news/2008/12/24/mekong-fish-discoveries.aspx.

15 Allen, "*Fish Cognition and Consciousness*."

16 *Pandaka pygmaea* には競争相手がいる．www.scholastic.com/browse/article.jsp?id=11044; http://en.microcosmaquariumexplorer.com/wiki/Fish_Facts_-_Smallest_Species. 以下のブログ記事は「小ささを超されて」しまったことをおどけて嘆いている．http://unholyhours.blogspot.com/2006/01/farewell-to-pandaka-pygmaea.html.

17 John R. Norman and Peter H. Greenwood, *A History of Fishes*, 3rd rev. ed. (London: Ernest Benn Ltd., 1975).〔ノルマン『定訳　魚の博物学』黒沼勝造・上野達治訳，社会思想社（邦訳は原書の第２版を底本としている)〕

18 Tierney Thys, "For the Love of Fishes," in *Oceans: The Threats to Our Seas and What You Can Do to Turn the Tide*, ed. Jon Bowermaster (New York: Public Affairs, 2010), 137–42.

19 Gene Helfman, Bruce B. Collette, Douglas E. Facey, and Brian W. Bowen, *The Diversity of Fishes: Biology, Evolution, and Ecology*, 2nd ed. (Chichester, UK: Wiley-Blackwell, 2009).

20 Norman and Greenwood, *History of Fishes*.

21 Norman and Greenwood.

22 E. W. Gudger, "From Atom to Colossus," *Natural History* 38 (1936): 26–30.

23 Mark W. Saunders and Gordon A. McFarlane, "Age and Length at Maturity of the Female Spiny Dogfish, *Squalus acanthias*, in the Strait of Georgia, British Columbia, Canada," *Environmental Biology of Fishes* 38, no. 1 (1993): 49–57.

24 Helfman, Collette, and Facey, *Diversity of Fishes* (1997).

25 Helfman et al., 1997.

26 Norman and Greenwood, *History of Fishes*.

27 Rod Preece と Lorna Chamberlain は 1993 年の著作 *Animal Welfare and Human Values* で次のように述べている．「冷血動物が……温血動物よりも知覚能力に劣るという広く信じられている見解に正当性を見出すことはできない」．また，世界中の野生のクロコダイルを観察し，このような驚くべき道具使用や狩りの協力，求愛パーティー，木登りなどの例を報告しているロシア系アメリカ人の科学者 Vladimir　Dinets はもっと遠慮なく，一刀両断している．「温血の人間はだいたいが石頭だ」．(Vladimir Dinets, 私信 , 2014 年３月 18 日).

28 Helfman et al., 1997.

29 Francis G. Carey and Kenneth D. Lawson, "Temperature Regulation in Free-Swimming Bluefin Tuna," *Comparative Physiology and Biochemistry Part A: Physiology* 44, no. 2 (1973): 375–92.

30 Nancy G. Wolf, Peter R. Swift, and Francis G. Carey, "Swimming Muscle Helps Warm the Brain of Lamnid Sharks," *Journal of Comparative Physiology B* 157 (1988): 709–15.

31 Helfman et al., *Diversity of Fishes* (1997).

32 Nicholas C. Wegner et al., "Whole-Body Endothermy in a Mesopelagic Fish, the Opah, *Lampris guttatus*," *Science* 348 (2015): 786–89.

33 Culum Brown, "Fish Intelligence, Sentience and Ethics," *Animal Cognition* 18, no. 1 (2015): 1–17.

参考文献

はじめに

1 FAO (Food and Agriculture Organization of the United Nations), *The State of World Fisheries and Aquaculture 2012* (Rome, Italy: Fisheries and Aquaculture Department, FAO, 2012).

2 Stephen J. Cooke and Ian G. Cowx, 2004. "The Role of Recreational Fisheries in Global Fish Crises," *BioScience* 54 (2004): 857–59.

3 Steven J. Cooke and Ian G. Cowx, "The Role of Recreational Fisheries in Global Fish Crises," *BioScience* 54, no. 9 (2004): 857–59. レジャーで釣られた魚の世界総数はカナダの統計値をもとに人口比で算出された，目安程度のものである．

4 Daniel Pauly and Dirk Zeller, "Catch Reconstructions Reveal That Global Marine Fisheries Catches Are Higher than Reported and Declining." *Nature Communications* 7 (2016):10244 doi: 10.1038/ncomms10244.

5 D. H. F. Robb and S. C. Kestin, "Methods Used to Kill Fish: Field Observations and Literature Reviewed," *Animal Welfare* 11, no. 3 (2002): 269–82.

6 霊的思想を説いたイエズス会の神父で著述家の Anthony de Mello (1931–1987) のものとされている．以下を参照のこと．www.beyondpoetry.com/anthony-de-mello.html (その他多数).

I 誤解されている魚たち

1 T. S. Eliot, "Little Gidding" (1942), in *Four Quartets* (New York: Harcourt Brace, 1943).〔エリオット『四つの四重奏』岩崎宗治訳，岩波文庫〕

2 Rainer Froese and Alexander Proelss, "Rebuilding Fish Stocks No Later Than 2015: Will Europe Meet the Deadline?" *Fish and Fisheries* 11, no. 2 (2010): 194–202.

3 Colin Allen, "Fish Cognition and Consciousness," *Journal of Agricultural and Environmental Ethics* 26, no. 1 (2013): 25–39.

4 Gene Helfman, Bruce B. Collette, and Douglas E. Facey, *The Diversity of Fishes* (Oxford, UK: Blackwell, 1997).

5 Gene Helfman and Bruce B. Collette, *Fishes: The Animal Answer Guide* (Baltimore: The Johns Hopkins University Press, 2011).

6 Allen, "Fish Cognition and Consciousness."

7 Sy Montgomery, "Deep Intellect: Inside the Mind of the Octopus," *Orion*, November/December 2011.

8 *What the Fossils Say and Why It Matters* (New York: Columbia University Press, 2007).

9 アッテンボローの講演のこの部分は以下で見ることができる．www.youtube.com/watch?v=OXqgFkeTnJI.

10 National Geographic, *Creatures of the Deep Ocean* [documentary film], 2010.

や

ら，わ

は

ま

た

な

さ

索引

ジョナサン・バルコム（Jonathan Balcombe）
米国人道協会の科学・政策研究所に所属。動物行動学者。著書に『動物たちの喜びの王国』（インターシフト）、*Second Nature*（未邦訳）などがある。BBCや「ナショナルジオグラフィックチャンネル」などでコメンテーターも務めるほか、「ニューヨークタイムズ」「ワシントンポスト」「ウォールストリートジャーナル」「ネイチャー」などにも寄稿している。

桃井緑美子（ももい・るみこ）
翻訳家。訳書にヴァンダービルト『好き嫌い』、ボール『枝分かれ』、フランクリン『小犬に脳を盗まれた』、フェリス『スターゲイザー』、スクワイヤーズ『ローバー、火星を駆ける』、プレイター＝ピニー『「雲」の楽しみ方』、トウェンギ＆キャンベル『自己愛過剰社会』など多数。

ISBN 978-4-8269-0204-5

魚《さかな》たちの愛《あい》すべき知《ち》的《てき》生《せい》活《かつ》

二〇一八年十一月九日　第一版第一刷発行

著　者　ジョナサン・バルコム
訳　者　桃《もも》井《い》緑《る》美《み》子《こ》
発行者　中村幸慈
発行所　株式会社　白揚社　©2018 in Japan by Hakuyosha
〒101-0062　東京都千代田区神田駿河台1-7
電話03-5281-9772　振替00130-1-25400
装　幀　吉野愛
印刷・製本　中央精版印刷株式会社